Stable Baselines를 이용한 강화학습

박유성 지음

자유아카데미

머리말

저자는 코딩에 능숙하지 못하지만 파이썬 라이브러리 sklearn 덕분에 큰 어려움 없이 머신러닝을 이해하고 실습할 수 있었으며 Keras나 Pytorch라는 high level 프로그래밍 언어 덕분에 딥러닝을 이해하고 활용할 수 있었다. 강화학습(reinforcement learning)은 인공지능에서 가장 코딩이 복잡하고 난해하여 배우기 어려우나 응용 분야가 게임, 금융, 자율자동차, 자율주차, 로봇 등 무궁무진하며, 발전 가능성이 매우 높은 분야이다. 딥러닝과 통계적 추정 방법을 근간으로 하는 강화학습은 40년 이상 통계학만 연구해온 저자에게 정적인 통계학을 동적인 통계학으로 응용할 수 있겠다는 설렘과 호기심으로 다가왔다.

지난 3년 동안 강화학습에 관련된 책들을 모두 구매하여 마치 수험생처럼 공부하였지만 머신러닝이나 딥러닝처럼 이해하는 것이 쉽지는 않았다. 이는 이론 위주의 책이든 응용 위주의 책이든 관계없이 강화학습의 핵심 이론인 Markov Decision Process(MDP)와 Bellman 방정식을 명료하게 설명한 책이 없었고 책마다 이에 대한 설명이 다른 경우가 많아 혼란스러웠던 것이 한 요인이었다. 그러나 가장 큰 이유는 강화학습 책들 대부분이 코드 작성에 집중하여 저자에게는 넘을 수 없는 코딩기술 배우기로 인식되었기 때문이다. 저자는 programmer보다는 modeller를 지향하기 때문에 먼저 강화학습의 이론적 근간인 MDP와 Bellman 방정식을 명확하게 이해하고 강화학습의 수많은 알고리즘의 원리와 구조, 목적 등을 확실히 정립한 후, 실습은 인터넷 검색을 통해 이미 구현되어 있는 프로그램으로 실행해도 된다는 생각을 가지고 있다.

이러한 생각을 토대로 강의안을 준비하는 중 2020년 12월 말에 Stable Baselines라는 강화학습 라이브러리가 있다는 사실을 알게 되었다. Stable Baselines는 최근까지 발표된 대표적인 강화학습 알고리즘들을 단 몇 줄의 명령어로 실행할 수 있을 뿐만 아니라 다양한 옵션을 이용하여 맞춤형 강화학습도 어렵지 않게 만들

수 있는 라이브러리이다. 비록 해설집(documentation)이 충분하지 않아 사용법과 출력 결과 해석에 어려움이 있었지만 소스코드와 try and error를 통해 modeller로서의 강화학습 접근방식을 충족시키기에 충분하였다.

저자처럼 코딩에 능숙하지 못하지만, 강화학습 응용에 관심 있는 사람에게 도움이 될 것이라는 생각과 함께 머신러닝과 딥러닝 책을 출간한 저자의 입장에서 강화학습으로 인공지능 시리즈를 완성하고 싶은 개인적인 욕심도 이 책을 쓰게 된 동기가 되었다.

이 책은 강화학습의 작동원리를 toy example을 통해 쉽게 이해할 수 있도록 집필되었으며, MDP와 Bellman 방정식을 일일이 구체적 수치로 계산한 후 통계적·수학적 수식으로 재표현하여 수식의 의미를 이해할 수 있도록 구성하였다. Stable Baselines는 현재까지 총 15개의 강화학습법을 실행할 수 있다. 이 책에는 10개의 강화학습을 추가하여 25개의 강화학습법을 수록하였다. 강화학습 발표 논문을 기반으로 강화학습법의 장단점과 원리를 충실하게 반영하였지만 상당한 수준의 수학적 배경을 요구하는 이론적 증명은 생략하였다. 코딩에 능숙한 독자가 직접 프로그래밍이 가능할 만큼 상세한 알고리즘을 제공하여 강화학습법의 원리와 구조를 충분하게 파악할 수 있도록 하였다. Stable Baselines의 사용법을 최대한 자세하게 수록하였고 출력 결과에 대한 해설도 충실하게 작성하였다. Stable Baselines에서 제공하지 않은 강화학습 중 일부는 해설과 함께 프로그램을 제공하였고 일부는 프로그램을 download 할 수 있는 주소를 제공하였다.

강화학습은 이론적으로 계층적 구조를 가지고 있다. 근본적으로 모든 강화학습 알고리즘은 MDP와 Bellman 방정식을 기초로 작성되어 있으므로 최근에 개발된 강화학습은 과거의 강화학습에서 개선된 형태라고 보면 된다. 참고할 수 있도록 머리말 마지막 부분에 강화학습 계보도를 실어 두었다. 이 책을 공부하면 자연스럽게 이 계보도를 이해할 수 있도록 책의 차례도 계보도의 순서로 구성하였으며 부록에 따로 실행 알고리즘을 정리해 놓았다. 강화학습의 계보도와 정리된 실행 알고리즘은 강화학습을 비교하고 특성을 파악하는 데 매우 간단하고 유용한 일종의 summary로 활용할 수 있다. 계보도에서 (off)는 해당 강화학습이 off-policy라는 의미이며 별도의 표식이 없는 강화학습은 on-policy 학습법임을 의미한다. 본문을 공부하면 on-policy와 off-policy를 구분할 수 있겠지만 간단하게 구별하는 방법은 별도의 표본 저장공간으로부터 표본을 뽑아서 policy를 개선하면 이를 off-policy라고 생각하고, 그렇지 않으면 on-policy라고 생각하면 된다.

좋은 책을 위해 최선을 다했지만 부족한 부분이 있을 수 있다. 이 점은 양해를 바라며, 책에 나오는 실습 프로그램과 출간 후 나올 수 있는 수정사항 등은 자유아카데미 홈페이지(www.freeaca.com) 자료실을 통해 제공할 예정이니 참조하기를 바란다.

끝으로 책에 제시한 여러 개념도를 그려준 박진세군에게 감사한 마음을 전하며, 끊임없는 성원과 사랑으로 지원을 아끼지 않은 사랑하는 아내와 가족에게도 감사한 마음을 전한다.

저자 박유성

강화학습 계보도

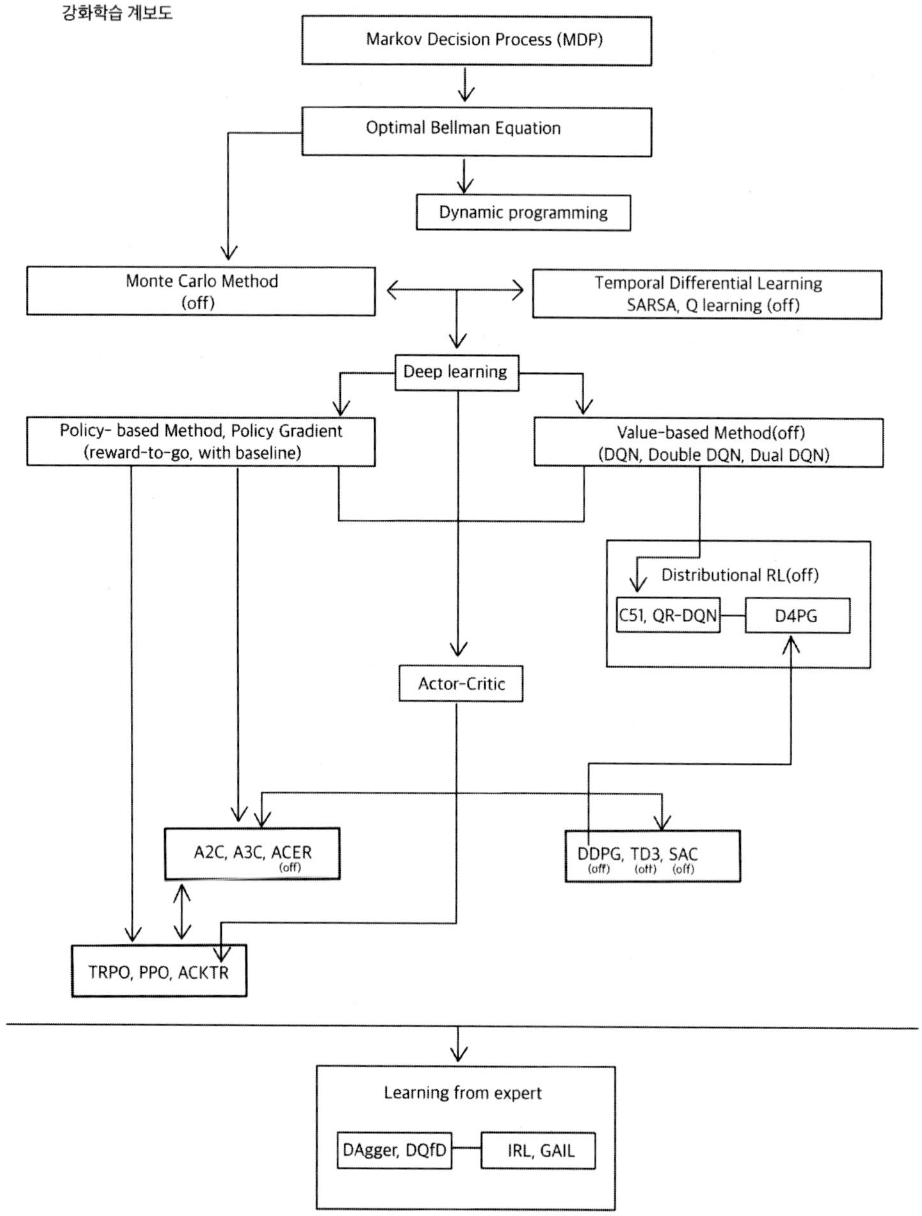

*off: off-policy

차례

부록 강화학습 알고리즘 273

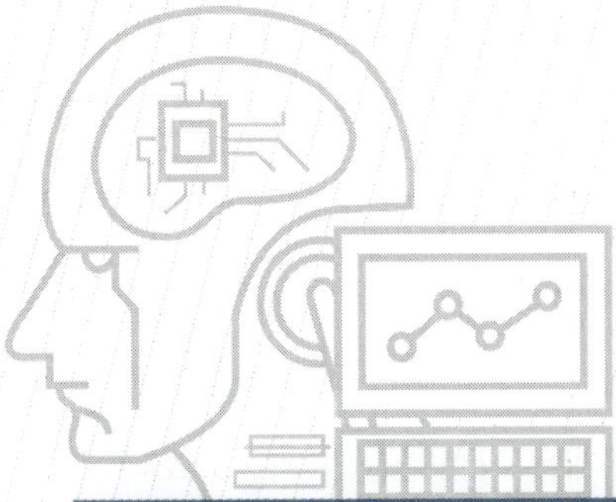

1장

강화학습의 이해

플라잉디스크를 던지면 개가 공중제비로 물어오는 훈련 과정을 살펴보자. 처음에는 실패를 거듭하다가 성공할 때마다 보상으로 간식을 주면 개는 간식을 더 얻기 위해 점차 플라잉디스크가 날아가는 방향을 가늠하고 바람의 방향에 따라 플라잉디스크의 속도와 방향을 인지하게 되어, 이에 따른 방향 전환, 달리는 속도, 그리고 점프 방법을 터득하게 될 것이다. 숙달되면 개는 플라잉디스크를 어김없이 물고와서 간식을 얻게 될 것이다. 이 플라잉디스크 예제는 강화학습의 기본요소와 학습 방법을 잘 설명하고 있다.

강화학습의 기본요소는 agent, 환경(environment), state, action, 그리고 보상(reward)이다. agent는 지적 의사결정(intelligent decision)을 하도록 훈련하고자 하는 대상으로, 플라잉디스크 예제에서 개가 agent이다. 환경은 agent가 학습하는 세계를 말하며 플라잉디스크에서 개의 관점에서 관측할 수 있는 플라잉디스크의 위치, 속도, 방향, 지면으로부터의 높이 등이 환경이며, 장기를 둘 때 장기판이 환경에 해당한다. State는 agent가 관측하는 환경으로, 플라잉디스크가 던져졌을 때의 디스크 속도, 방향, 디스크의 형태 등의 환경, agent인 개가 달려가고 있을 때의 환경, 그리고 점프했을 때의 환경 등이 state의 예제이다. 즉, state는 agent가 고정된 시점에서 관측한 환경이다. 장기의 경우, 특정 시점에서 관측되는 장기 말들의 위치가 state가 된다. action은 agent가 관측한 현재 state에서 다음 state로 옮기는 행위를 말하며, 플라잉디스크의 경우 agent인 개가 플라잉디스크의 환경에 따라 달릴 것인지, 멈출 것인지, 방향 전환을 할 것인지, 또는 점프할 것인지가 action의 예제이며, 장기의 경우는 장기 말을 어디로 옮길 것인지가 action이 된다. 끝으로 reward는 agent가 action을 취해 한 state에서 다른 state로 이동함에 따라 받는 보상이다. 플라잉디스크의 경우 간식이 reward이고 장기의 경우 상대 장기 말을 제거하는 것이다.

강화학습은 agent가 무엇을 해야 할지 또는 어떻게 해야 할지를 가르치지 않고 단순하게 agent의 action에 보상을 주어 try and error를 통해 스스로 배우게 하는 학습 방법이며 최종적으로 보상을 최대로 하는 state 별 최적 action을 취하도록 하는 것을 목표로 한다. 즉 state s를 입력하면 최대의 보상을 받는 action을 출력하는

policy(정책)를 구축하는 데에 목표를 두고 있다.

지금까지 논의한 강화학습 작동원리를 정리하면 다음과 같다.

1. agent는 action을 통해 환경을 파악하고 action을 통해 한 state에서 다른 state로 이동한다.
2. agent는 reward로 선택한 action이 좋은 action인지 나쁜 action인지를 평가한다.
3. agent는 동일한 state에서 다양한 action을 취해 최선의 action을 선택한 후
4. 최종적으로 action의 임무를 완성(플라잉디스크에서는 디스크를 물어서 주인에게 갖다주기, 장기의 경우는 승리)하기 위해 reward를 최대화하는 정책을 찾는다.

이제 좀 더 구체적인 예를 통해 강화학습의 작동원리를 논의해 보자.

1.1 3×3 환경에서의 강화학습

<그림 1.1>은 3 × 3 환경을 보여주고 있다. A에서 출발하여 I에 도착하도록 agent를 학습시키고자 한다. agent가 빗금 친 state(B, G, H)를 방문하면 −0.5의 reward를, “hole”을 방문하면 −2의 reward를 받게 되고 agent는 사망하게 된다. 그리고 D, E state를 방문하면 +0.1의 reward를 받고 최종 목적지인 I를 방문하면 +2의 reward를 받는 환경이다. action은 {왼쪽, 오른쪽, 위, 아래} 중 하나를 선택하며 {왼쪽, 오른쪽, 위, 아래}를 action space라고 한다. 그러므로 3 × 3 환경에서는 “hole”을 방문하거나 I에 도착하면 agent의 action은 종결(terminate)된다. 이를 강화학습에서는 한 episode 또는 경로(trajectory)가 끝났다고 말한다. 이미 논의한 대로 강화학습은 반복적인 episode를 통해 스스로 배우게 된다.

그림 1.1 3×3 환경

최초의 episode는 agent가 환경에 대한 정보를 가지고 있지 않으므로 다음 episode 1과 같이 임의(random)의 action을 취하게 된다.

1. episode 1

A ⟶ B ⟶ C

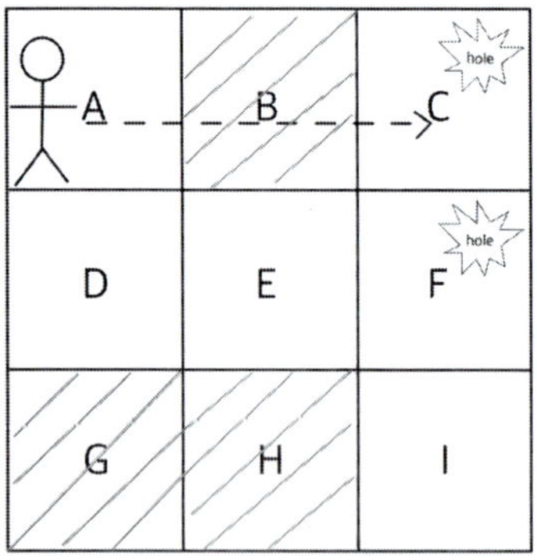

state A에서 "오른쪽" action을 취해 state B를 방문하게 되어 -0.5의 reward를 받게 되고 A에서 "오른쪽" action은 좋지 않은 action인 것을 알게 된다. B에서 임의의 action "오른쪽"을 선택하여 -2의 reward를 받고 agent가 사망하게 되므로 B에서 "오른쪽" action은 아주 나쁜 action임을 알게 되고 episode는 종결된다.

2. episode 2

A → D → E → F

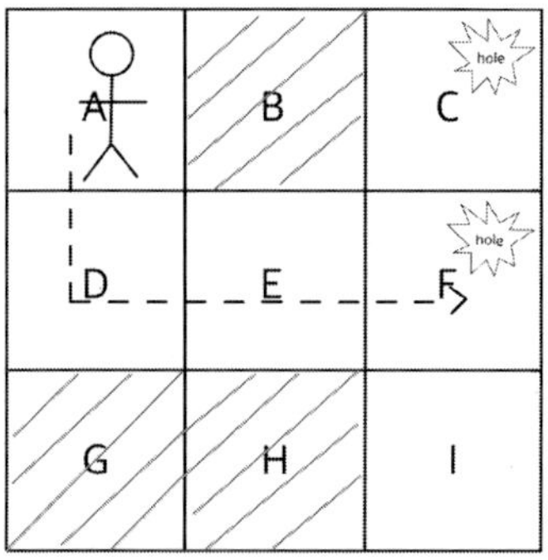

episode 1에서 A에서 “오른쪽” action은 나쁜 action이므로 “아래” action을 선택하게 된다(A에서 “왼쪽” 또는 “위” action은 가능하지 않다. 즉 선택할 확률이 0). 그러면 +0.1의 reward를 받아 A에서 “아래” action은 좋은 action이 된다. “아래” action에 의해 state D에 도달하게 되지만 agent는 state D를 처음 방문하므로 임의의 action으로 “오른쪽”을 선택하여 E로 이동하고 +0.1의 reward를 받는다. 그러므로 agent는 D에서 “오른쪽” action을 좋은 action으로 인식하게 된다. state E도 첫 방문이므로 agent는 임의로 “오른쪽” action을 선택하고 F를 방문하게 되고 -2의 reward를 받고 episode를 종결하게 된다. E에서 “오른쪽” action은 아주 나쁜 action으로 인식하게 된다.

3. episode 3

A → D → G → H → I

episode 1과 2에서 A는 "아래" action을 선택하고 D로 이동한다. episode 2에서 D에서 "오른쪽"이 좋은 action인지는 알지만 다른 action, 즉 "아래" action이 더 좋을 수 있으므로 "아래" action을 선택해 G로 이동한다. -0.5의 reward에 의해 D에서 "아래" action은 나쁜 action임을 알게 된다. 강화학습에서는 이를 탐구(exploration)라고 하며 주어진 state에서 다양한 action을 경험하기 위해 필수적으로 요구되는 사항이다. G는 agent가 처음 방문하므로 임의로 "오른쪽" action을 택했고, state H에서 "오른쪽" action을 택해 최종 목적지 I에 도달했으므로 state H에서 "오른쪽" action은 +2의 reward를 받아 아주 좋은 action임을 인식하게 된다.

4. episode 4

A → D → E → H → I

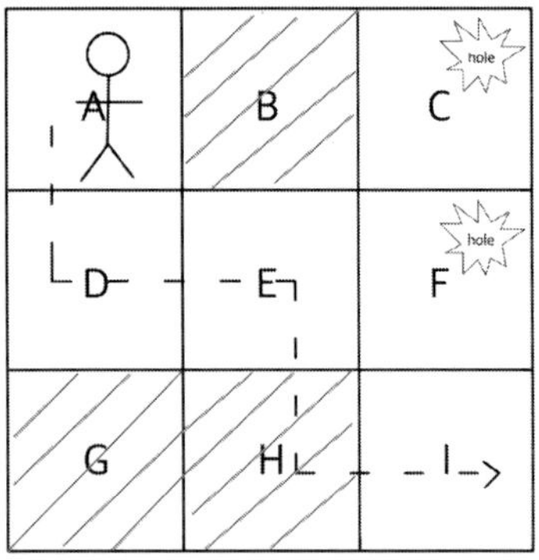

episode 1과 2에서 학습한 것을 기초로 A에서 "아래" action을 선택하고 episode 3에서 학습한 대로 D에서 "오른쪽" action을 선택한다. episode 2로부터 E에서 "오른쪽" action은 아주 나쁜 action인 것을 학습했으므로, E에서 "아래" action을 취한 후, episode 3에 의해 학습한 대로 H에서 "오른쪽"으로 action을 취해 최종목적 state I에 도달하게 된다.

episode 2로부터 state E에서 "오른쪽" action은 -2 reward를 받고 episode 4로부터 "아래" action은 -0.5 reward를 받으므로 이 두 개의 action은 "왼쪽" action보다 나쁜 action에 해당한다. 이에 따라 E에서 "왼쪽" action을 선택하여 D로 이동하면 D에서 오른쪽이 좋으므로 다시 E로 이동하게 된다(물론 state D에서 A로 이동할 수 있지만, 다시 D로 이동하게 되어 동일한 상황이 된다). 그러므로 state D와 E를 반복 이동하게 되어 결코 목적지 I에 도달하지 못한다. 이를 방지하기 위해 강화학습에서는 두 가지 개념을 도입한다. 첫 번째는 미래의 reward를 현재 가치로 환산하는 discount factor를 도입한다. 예를 들어, E → D → E → D는 $0.1 + \gamma 0.1 + \gamma^2 0.1$이 된다. 여기에서 γ를 discount factor라고 한다. 다음 절에서 discount factor는 자세하게 다룰 것이다. 만약 $\gamma = 0.9$로 하면 E → D → E → D는 $0.1 + 0.9(0.1) + 0.9^2(0.1) = 0.271$이 된다. 두 번째 개념은 주어진 state에서 action의 평가는 reward가 아니라 episode가 끝날 때까지의 reward의 합인 return으로 평가한다는 것이다. E → D → E → D가 계속 반복되면 episode는 끝나지 않지만, return은 $0.1 + \gamma 0.1 + \gamma^2 0.1 + \cdots = 1$로 계산된다. 한편 E → D가 E → H보다 reward가 높지만, E → H → I를 취하면 episode가 완성되고 return은 $-0.5 + 0.9 \times 2 = 1.3$이 되어, state E에서 "아래" action이 "오른쪽" action보다 더 좋다고 평가한다. 이러한 개념의 일반화가 2장의 주제인 Bellman 방정식이 된다.

episode 3으로부터 state G에서 "오른쪽" action은 -0.5 reward를 받으므로 "위" action을 취하면 state D로 이동하고 episode 경험으로 A → D → G → D → E → H → I의 경로(trajectory)로 목적지 I에 도달하게 된다. 하지만 $\gamma = 1$을 가정할 때 이 경로의 return은 $0.1 - 0.5 + 0.1 + 0.1 - 0.5 + 2 = 1.2$이고 episode 4의 return은 $0.1 + 0.1 - 0.5 + 2 = 1.7$이 되어 경로 A → D → E → H → I가 return을 최대로 하는 최적 policy(optimal policy)가 된다.

1.2 MDP(Markov Decision Process)

MDP의 이해는 강화학습의 구조와 강화학습의 이론적 근간인 Bellman 방정식의 이해를 위해 필수적이다. 1.1절의 <3 × 3 환경>에서 각 episode는 시간스텝(time step)에 따라 경로가 만들어진다. episode 1에서는 3개의 시간스텝, episode 4에서는 5개의 시간스텝으로 구성된 것을 볼 수 있다. S_t를 시간스텝 t에서의 state라고 정의하면 episode 4에서는 $S_0 = A,\ S_1 = D,\ S_2 = E,\ S_3 = H,\ S_4 = I$ 이다. episode 1에서 $S_2 = C$, episode 2에서 $S_2 = E$, 그리고 episode 3에서는 $S_2 = G$ 임을 알 수 있다. 이처럼 S_t 에서 t를 고정하여도 S_t가 다른 값을 갖는다는 것은 S_t가 확률변수라는 것이며 이에 따라 확률변수의 시간별 계열인 $S_0, S_1, \cdots, S_T$는 확률과정(stochastic process)이 된다. 여기에서 S_T는 terminal state를 말한다. <3 × 3 환경>에서 C, F, I 가 S_T 에 해당한다. 확률과정 $S_0, S_1, \cdots, S_T$의 결합분포(joint probability distribution)를 $P(S_0 = s_0, S_1 = s_1, \cdots, S_T = s_T) = p(s_0, s_1, \cdots, s_T)$라고 표기할 때, 이를 조건부확률분포(conditional probability distribution)로 재표현하면 다음과 같다.

$$
\begin{aligned}
p(s_0, s_1, \cdots, s_T) &= p(s_0)p(s_1, s_2, \cdots, s_T | s_0) \\
&= p(s_0)p(s_1 | s_0)p(s_2, \cdots, s_T | s_1, s_0) \\
&= p(s_0)p(s_1 | s_0)p(s_2 | s_1, s_0)p(s_3, \cdots, s_T | s_2, s_1, s_0) \qquad (1.1) \\
&\cdots \\
&= p(s_0)p(s_1 | s_0)p(s_2 | s_1, s_0)p(s_3 | s_2, s_1, s_0) \cdots p(s_T | s_{T-1}, \cdots, s_1, s_0)
\end{aligned}
$$

만약 $p(s_t | s_{t-1}, s_{t-2}, \cdots, s_0) = p(s_t | s_{t-1})$이 성립된다면, 즉 s_{t-1}가 주어져 있을 때 s_t와 s_{t-k}, $k \geq 2$는 서로 간에 독립(s_t는 오직 가장 최근 정보인 s_{t-1}에만 의존)이면 확률과정 $S_0, S_1, \cdots, S_T$가 Markov 성질을 가지고 있다고 말하며 $S_0, S_1, \cdots, S_T$는 Markov chain이라고 말한다. 그러므로 $S_0, S_1, \cdots, S_T$가 Markov chain이면 식 (1.1)은

$$
\begin{aligned}
p(s_0, s_1, \cdots, s_T) &= p(s_0)p(s_1 | s_0)p(s_2 | s_1) \cdots p(s_{T-1} | s_T) \\
&= p(s_0)\Pi_{t=1}^{T} p(s_t | s_{t-1})
\end{aligned}
$$

이 된다.

강화학습은 Markov chain을 따르는 state에 action과 reward가 추가된 확률과정이다. 즉, $S_0, S_1, \cdots, S_T$ 대신

$$S_0, a_0, r_0, S_1, a_1, r_{1,} \cdots, S_{T-1}, a_{T-1}, r_{T-1}, S_T$$

으로 구성된 확률과정이다. 여기에서 a_t와 r_t는 각각 시점 t에서의 action과 reward를 말하며 r_t는 실숫값을 갖는 확률변수로 S_t, a_t, S_{t+1}으로 결정된다는 의미에서 $r_t(S_t, a_t, S_{t+1})$으로 표기한다. r_t가 S_t, a_t, S_{t-1}의 함수이므로 $S_0, a_0, r_0, S_1, a_1, r_1, \cdots, S_{T-1}, a_{T-1}, r_{T-1}, S_T$의 결합분포는 오직 $S_0, a_0, S_1, a_1, \cdots, S_{T-1}, a_{T-1}, S_T$의 결합분포 $p(s_0, a_0, s_1, a_1, \cdots, s_{T-1}, a_{T-1}, s_T)$로 정의할 수 있으며 이를 통해 강화학습의 MPD(Markov Decision Process)의 구조를 이해할 수 있다.

$$\begin{aligned}
&p(s_0, a_0, s_1, a_1, \cdots, s_{T-1}, a_{T-1}, s_T) \\
&\quad = p(s_0)p(a_0, s_1, \cdots, s_T | s_0) \\
&\quad = p(s_0)p(a_0 | s_0)p(s_1, a_1, \cdots, s_T | a_0, s_0) \\
&\quad = p(s_0)p(a_0 | s_0)p(s_1 | a_0, s_0)p(a_1, \cdots, s_T | _1, a_0, s_0) \\
&\quad = p(s_0)p(a_0 | s_0)p(s_1 | a_0, s_0)p(a_1 | s_1, a_0, s_0)p(s_2, \cdots, s_T | a_1, s_1, a_0, s_0) \qquad (1.2) \\
&\quad \cdots \\
&\quad = p(s_0)p(a_0 | s_0)p(s_1 | a_0, s_0)p(a_1 | s_1, a_0, s_0)p(s_2 | a_1, s_1, a_0, s_0) \times \cdots \times \\
&\qquad p(s_{T-1} | a_{T-2}, s_{T-2}, \cdots, a_0, s_0)p(a_{T-1} | s_{T-1}, a_{T-2}, \cdots, a_0, s_0)p(s_T | a_{T-1}, s_{T-1}, \cdots, a_0, s_0)
\end{aligned}$$

이다. 그런데 MDP에서는 action a_t는 오직 s_t에만 의존하고 state s_t는 오직 a_{t-1}과 s_{t-1}에만 의존한다고 가정한다. 즉, action은 과거의 state가 무엇이든지 관계없이 현재의 state에만 의존하여 action이라는 의사결정을 하고 현재의 state는 직전 과거의 state와 action에만 의존하는 Markov chain의 특성을 가지고 있다. 그러면 식 (1.2)는 다음과 같이 간단하게 쓸 수 있다.

$$
\begin{aligned}
& p(s_0, a_0, s_1, a_1, \cdots, s_{T-1}, a_{T-1}, s_T) \\
& \quad = p(s_0) p(a_0|s_0) p(s_1|a_0, s_0) p(a_1|s_1) \cdots p(a_{T-1}|s_{T-1}) p(s_T|a_{T-1}, s_{T-1}) \\
& \quad = p(s_0) \Pi_{t=0}^{T} \pi(a_t|s_t) p(s_{t+1}|a_t, s_t)
\end{aligned}
$$

여기에서 $\pi(a_t|s_t) = p(a_t|s_t)$이며(즉, s_t가 주어진 상태에서 action a_t를 선택할 확률) 이를 policy라고 한다. 강화학습의 목적은 return을 최대화하는 policy를 구하는 것이며 $p(s_{t+1}|a_t, s_t)$는 일반적으로 관측되지 않고 현재의 state s_t에서 action a_t를 취하면 환경이 자체의 확률구조에 따라 s_{t+1}로 이동하게 된다. 그러므로 action a_t는 state s_t에서 state s_{t+1}로 이동하는 transition 확률 $p(s_{t+1}|s_t)$을 변화시키는 역할을 하게 된다. 이 결과로 policy $\pi(a_t|s_t)$가 다르면 주어진 s_t에 대해 다른 a_t를 선택하게 되어 transition 확률 $p(s_{t+1}|s_t)$가 다르게 된다. 이러한 차이 때문에 MDP는 앞에서 설명한 Markov chain와 근본적으로 다르다. 이제 강화학습에서 사용하는 핵심적인 용어를 논의해 보도록 하자.

Policy

주어진 state s_t에서 return을 최대화하는 action a_t를 선택하는 것이 강화학습의 궁극적인 목적이므로 MDP에서 가장 중요한 것은 policy $\pi(a_t|s_t)$를 설정하고 추정하는 것이다. policy는 state s를 입력히고 return을 최대로 하는 action a를 출력하는 구조로 되어 있다. policy는 결정적 policy(deterministic policy)와 확률적 policy(stochastic policy)로 구분할 수 있다. 결정적 policy는 state가 주어지면 항상 동일한 action을 취하는 것을 말한다. 3×3 환경에서 $\pi(down|A) = 1$이면 이는 결정적 policy가 되고 $\pi(down|A) = 0.8$, $\pi(right|A) = 0.2$이면 확률적 policy가 된다. policy는 결정적이든 확률적이든 모두 이산형 또는 연속형으로 나눌 수 있다. 특히, 확률적 policy는 action이 이산형이면 이를 범주형 policy라고 하고, 연속형이면 Gaussian policy라고 한다. 이산형 action은 3×3 환경과 같이 {위, 아래, 오른쪽, 왼쪽}과 같이 유한개로 구성되어 있는 경우이고, 연속형 action은 자동차의 속력, 운전대의 각도 등과 같이 action이 실숫값을 가질 때이다. 범주형 policy는 state가

입력되면 범주형 분포(예를 들어, 3×3 환경에서 $\pi(위|A)=0$, $\pi(아래|A)=0.8$, $\pi(왼쪽|A)=0$, $\pi(오른쪽|A)=0.2$)를 출력하고 연속형 policy인 Gaussian policy는 평균 μ와 분산 σ^2를 가진 정규분포를 출력한다. 물론 μ와 σ^2는 추정해야 한다.

Return과 discount factor

return은 한 episode에서 획득한 reward의 합이다. 즉, τ를 어떤 episode의 경로(trajectory)라고 할 때,

$$G(\tau)=\sum_{t=0}^{T} r_t$$

로 정의된다. 여기에서 $t=0$의 의미는 시점이 0이라기보다는 특정 state의 출발 시점으로 해석하는 것이 맞는 해석이다. 예를 들어, 3×3 환경에서 state E가 출발 시점이 되면 그 시점이 $t=0$이 된다. T가 3×3 환경과 같이 유한인 경우도 있지만, 서비스 로봇처럼 terminal state가 없는 경우에는

$$G(\tau)=\sum_{t=0}^{\infty} r_t$$

가 된다. 그런데 강화학습의 궁극적인 목표는 이 $G(\tau)$를 최대화하는 경로 τ를 찾는 것(같은 의미로 $\tau=(s_0, a_0, s_1, a_1, \cdots)$이므로 $G(\tau)$를 최대로 하는 $\pi(a_t|s_t)$를 구하는 것)이 목적이므로 r_t가 일정 시점 이후에 0이 아닌 한 $G(\tau)=\infty$가 된다. 이를 방지하기 위해 discount factor $\gamma\,(0 \le \gamma \le 1)$를 곱해주어

$$G(\tau)=\sum_{t=0}^{\infty} \gamma^t r_t$$

으로 return을 정의한다. γ가 1에 가까울수록 미래의 reward에 좀 더 가중치를 부여한다는 의미이고 γ가 0에 가까울수록 미래의 reward에 가중치를 줄이는 역할을 하게 된다. 금융에서 미래 가치를 현재 가치로 환산할 때의 할인율과 동일한 개념이다.

1.3 가치함수와 Q 함수 (Value function and Q function)

가치함수와 Q 함수는 $G(\tau)$를 최대로 하는 $\pi(a_t|s_t)$(이를 optimal policy라고 함)를 구하는데, 가장 중요한 역할을 한다. 가치함수는 state s에서 출발했을 때 agent가 얻게 되는 return으로

$$V^{\pi}(s) = [G(\tau)|S_0 = s]$$

으로 정의된다. 여기에서 π는 $G(\tau)$가 π에 의존한다는 의미로 특정 policy π가 주어졌을 때의 return을 말한다. 이 $V^{\pi}(s)$를 policy π에서 state s의 가치(value of state s)라고 한다.

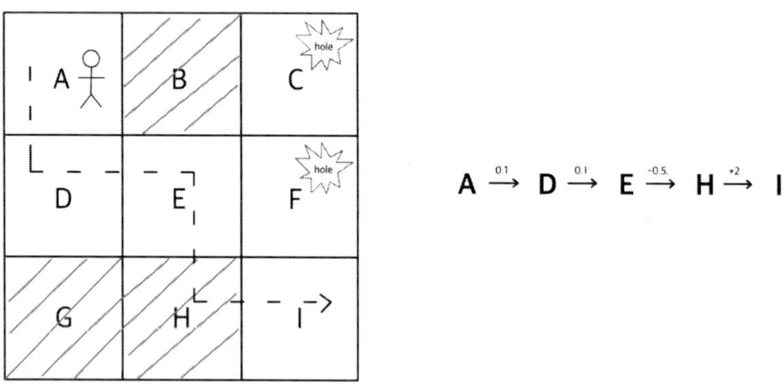

그림 1.2 3×3 환경에서의 가치함수

위 그림에서 경로 A→D→E→H→I를 선택한 policy를 π라고 할 때,

$$V^{\pi}(A) = 0.1 + 0.1 - 0.5 + 2 = 1.7$$

$$V^{\pi}(D) = 0.1 - 0.5 + 2 = 1.6$$

$$V^{\pi}(E) = -0.5 + 2 = 1.5$$

$$V^{\pi}(H) = 2$$

이 된다. 그러나 경로 A→D→E→H→I를 선택한 policy π가 확률적 policy라면 동일한 policy에서 다른 경로가 얼마든지 있으므로 앞에서 계산된 $V^{\pi}(s)$는 동일한 π에 수많은 값이 나오게 되어 대표성이 없게 된다. 그래서 다음과 같이 가치 함수

$$V^{\pi}(s) = E_{\tau \sim \pi}(G(\tau) \mid S_0 = s)$$

를 재정의하고, policy π에 대응되는 state s의 가치는 오직 하나의 값을 가도록 한다. 이런 결과로 다른 policy π'와의 비교가 가능하게 된다.

<그림 1.2>에 MDP의 확률구조를 구체적으로 부여하여 $V^{\pi}(s)$를 구해보자.

$\pi(\text{오른쪽}|A) = 0.2, \pi(\text{아래}|A) = 0.8, p(B|A,\text{오른쪽}) = 0.9, p(D|A,\text{오른쪽}) = 0.1,$

$p(D|A,\text{아래}) = p(\text{아래}|B) = p(E|B,\text{아래}) = p(\text{오른쪽}|D) = p(E|D,\text{오른쪽}) = 1,$

그리고 $p(\text{아래}|E) = p(H|E,\text{아래}) = p(\text{오른쪽}|H) = 1$

를 가정해 보자. 즉,

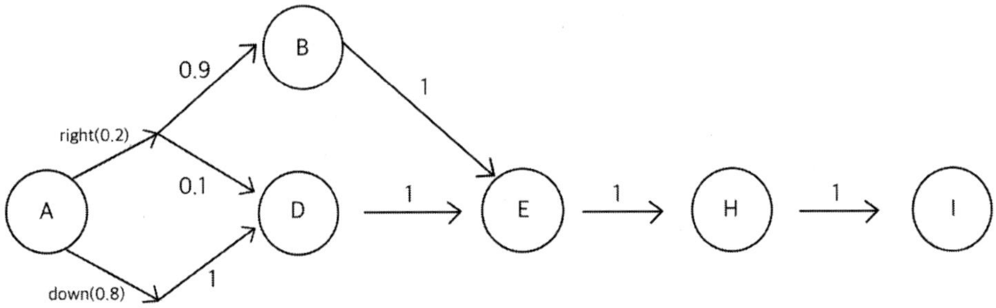

그림 1.3 3×3 환경에서의 확률구조

<그림 1.3>에서 볼 수 있듯이 state B, D, E, H는 모두 결정적 policy를 따르고 있음을 볼 수 있다. <그림 1.3>의 확률구조에서 가능한 경로는

A→B→E→H→I와 A→D→E→H→I

이다. 여기에서 두 번째 경로는 2개의 서로 다른 확률과정에서 접근 가능한 경로이

다. 첫 번째 경로의

$$\pi(\tau_1) = \pi(\text{오른쪽} \mid A)p(B \mid A, \text{오른쪽})\pi(\text{아래} \mid B)p(E \mid B, \text{아래})\pi(\text{아래} \mid E)$$
$$\times p(H \mid E, \text{아래})\pi(\text{오른쪽} \mid H) = 0.18$$

이고 두 번째 경로의

$$\begin{aligned}\pi(\tau_2) = &\pi(\text{오른쪽}|A)p(D|A, \text{오른쪽})\pi(\text{오른쪽}|D)p(E|D, \text{오른쪽})\pi(\text{아래}|E) \\ &\times p(H|E, \text{아래})\pi(\text{오른쪽} \mid H) \\ &+ \pi(\text{아래}|A)p(D|A, \text{아래})\pi(\text{오른쪽}|D)p(E|D, \text{오른쪽})\pi(\text{아래} \mid E) \\ &\times p(H|E, \text{아래})\pi(\text{오른쪽}|H) \\ &= 0.02 + 0.8\end{aligned}$$

이다.

$$G(\tau_1)=-0.5+0.1-0.5+2=1.1 \text{이고 } G(\tau_2)=0.1+0.1-0.5+2=1.7$$

이므로

$$V^\pi(A) = 0.18 \times 1.1 + 0.02 \times 1.7 + 0.8 \times 1.7 = 1.592$$

Q 함수는 state-action 쌍 (s,a)에서 출발했을 때 기대되는 $G(\tau)$로 정의된다. 즉,

$$Q^\pi(s, a) = E_{\tau \sim \pi}[G(\tau)|S_0 = s, a_0 = a]$$

으로 정의된다. <그림 1.3>을 이용하여 Q 함수를 구해보도록 하자.

$$Q^\pi(A, \text{오른쪽}) = 0.9 \times 0.1 + 0.1 \times 2 = 0.29$$
$$Q^\pi(A, \text{아래}) = 1 \times 2 = 2$$

이 되어 <그림 1.3>의 policy에서는 state A에서 "아래" action이 "오른쪽" action보다 우수하다는 것을 알게 되어 <그림 1.3>의 policy를 $\pi(\text{아래}|A) = 1$로 수정하여 policy를 개선하게 된다. Q 함수에 의한 policy의 개선은 앞으로 반복적으로 논의될

것이다.

강화학습에 대한 학습방법은 <그림 1.3>과 같이 $\pi(a_t|s_t)$와 전환확률(transition probability), 즉 $p(s_{t+1}|a_t, s_t)$를 모두 안다는 가정에서 optimal policy를 구하는 모형기반학습(model-based learning)이 있고, agent가 환경에 내재되어 있는 $\pi(a_t|s_t)$와 $p(s_{t+1}|a_t, s_t)$ (이를 model dynamics라고 한다)에 대한 정보가 전혀 없을 때 optimal policy를 구하는 model-free 학습이 있다. 실제 문제에서 model dynamics를 아는 경우가 거의 없으므로 model-free 학습으로 강화학습을 실행한다. 그러나 model-free 학습 알고리즘을 이해하기 위한 근간은 모형기반학습이므로 다음 장에서는 Bellman 방정식과 더불어 모형기반학습을 공부하게 될 것이다. 강화학습에서 사용되는 용어를 하나 더 소개하면 <그림 1.3>에서 $p(E|B, \text{아래}) = 1$과 같이 모든 state-action 쌍 각각에 대해 대응되는 오직 하나의 특정 state로 이동할 확률이 1이면 이를 결정적 환경(deterministic environment)이라고 말한다. 이외의 모든 환경은 확률적 환경(stochastic environment)이다.

머신러닝은 지도학습(supervised learning), 비지도학습(unsupervised learning), 그리고 강화학습(reinforcement learning)으로 구분된다. 지도학습은 구체적으로 무엇을 해야 하는지 표식(label)이 있지만, 지금까지 논의한 바와 같이 강화학습은 학습을 위해 어떤 표식도 없다는 점에서 지도학습과 다르다. 비지도학습도 표식이 없지만, 데이터에 숨어있는 패턴이나 특성을 찾아내는 학습방법이다. 그러나 강화학습은 reward를 이용하여 최적정책(optimal policy)을 구하는 학습방법이므로 비지도학습과 다르다. 지도학습과 비지도학습은 데이터가 주어져야 학습할 수 있지만, 강화학습은 action을 취해 환경과 접촉(interact)함으로써, 스스로 데이터(state)를 수집하여 학습한다는 점에서 큰 차이점이 있다.

2장

Bellman 방정식과 다이나믹 프로그래밍

강화학습의 목적은 각 state에서 올바른 action을 선택하여 agent가 최대의 return을 받고 학습목표(goal)를 완성하게 되는 최적정책을 구하는 데 있다. Bellman 방정식은 강화학습에서 가장 중요한 도구 중의 하나이며 1장에서 논의한 가치함수와 Q 함수의 최적 가치(optimal value)를 구할 수 있는 이론적 배경을 제공해 준다. 최적 가치함수와 최적 Q 함수를 구하게 되면 이를 이용하여 optimal policy를 구할 수 있게 된다.

2.1 Bellman 방정식

policy π에서 구한 state s의 가치함수는

$$V^{\pi}(s) = E_{\tau \sim \pi}(G_t | S_t = s)$$

임을 공부한 바 있다. 여기에서 $\tau \sim \pi$로 표현한 것은 trajectory τ의 확률과정이 policy π에 의존한다는 의미이다. 또한 $G_t = \sum_{k=0}^{\infty} \gamma^k r_{t+k}$이며 $G_t = r_t + \gamma G_{t+1}$이 됨을 쉽게 알 수 있다.

$$V^{\pi}(s) = E_{\pi}(G_t | S_t = s) = E_{\pi}[r_t(S_t, a_t, S_{t+1}) + \gamma G_{t+1} | S_t = s]$$

이 된다. F_t를 $\sigma(S_t, S_{t-1}, \cdots, S_0)$라고 하면(즉, $S_t, S_{t-1}, \cdots, S_0$으로 만들어진 σ-field), $F_t \subset F_{t+1}$의 관계를 갖게 된다. 통계학에서 자주 응용되는 이중기대치(double expectation)에 의해

$$\begin{aligned} & E_{\pi}[r_t(S_t, a_t, S_{t+1}) + \gamma G_{t+1} | S_t = s] \\ &= E_{\pi}[E_{\pi}(r_t(S_t, a_t, S_{t+1}) + \gamma G_{t+1} | S_t = s) | S_{t+1}] \end{aligned} \tag{2.1}$$

으로 쓸 수 있다. S_t는 F_t에 속하고 S_{t+1}은 F_{t+1}에 속하므로 식 (2.1)의 등식은 항상 성립한다. 즉, 식 (2.1)에서 $E_\pi(r_t(S_t, a_t, S_{t+1}) + \gamma G_{t+1} | S_t = s)$는 F_{t+1}에서는 상수이기 때문에 식 (2.1)이 성립한다. 또한, 이중기대치에서 F_t와 F_{t+1}은 바꿔도 되기 때문에 식 (2.1)은

$$E_\pi[E_\pi(r_t(S_t, a_t, S_{t+1}) + \gamma G_{t+1} | S_{t+1}) | S_t = s] \tag{2.2}$$

으로 쓸 수 있다. $r_t(S_t, a_t, S_{t+1})$은 S_{t+1}(즉, F_{t+1})이 주어진 조건에서는 상수이므로 식 (2.2)는

$$E_\pi[r_t(S_t, a_t, S_{t+1}) + \gamma E_\pi(G_{t+1} | S_{t+1}) | S_t = s] \tag{2.3}$$

이 된다. 정의에 의해 $E_\pi(G_{t+1} | S_{t+1}) = V^\pi(S_{t+1})$이므로 식 (2.3)은

$$V^\pi(s) = E_\pi[r_t(S_t, a_t, S_{t+1}) + \gamma V^\pi(S_{t+1}) | S_t = s] \tag{2.4}$$

이 된다. 식 (2.4)를 policy π에서 state $S_t = s$의 Bellman 방정식이라고 한다. 식 (2.4)에서 $S_t = s$로 주어져 있고 $V^\pi(S_{t+1})$은 오직 S_{t+1}의 함수이므로 식 (2.4)는

$$V^\pi(s) = E_{\substack{a_t \sim \pi(a_t | s) \\ s_{t+1} \sim p(s_{t+1} | s, a_t)}}[r_t(s, a_t, s_{t+1}) + \gamma V^\pi(s_{t+1})] \tag{2.5}$$

이 된다.

두 개의 policy π와 π'이 있을 때, 모든 state s에 대해 $V^\pi(s) \geq V^{\pi'}(s)$이면 policy π가 policy π'보다 더욱 우수하다고 말하고 optimal policy π^*는 모든 다른 policy보다 우수한 policy를 말한다. 즉, 모든 state s에 대해

$$V^{\pi^*} = \max_\pi V^\pi(s)$$

이면 이를 π^*로 표기하고 이를 optimal policy라고 한다. 물론 π^*도 policy이므로

식 (2.5)에 의해

$$V^{\pi^*}(s) = E_{\substack{a_t \sim \pi^*(a_t|s) \\ s_{t+1} \sim p(s_{t+1}|s,a_t)}} [r_t(s,a_t,s_{t+1}) + \gamma V^{\pi^*}(s_{t+1})]$$

이 성립한다. 이를 optimal Bellman 방정식이라고 한다.

이제 Q 함수에 대해 논의해 보자. policy π에서

$$\begin{aligned} Q^{\pi}(s,a) &= E_{\pi}(G_t | S_t = s, a_t = a) \\ &= E_{\pi}[r_t(S_t,a_t,S_{t+1}) + \gamma G_{t+1} | S_t = s, a_t = a) \end{aligned}$$

가치함수 $V^{\pi}(s)$에서 S_{t+1}을 도입하여 이중기대치의 성질을 이용했듯이 식 (2.1) ~ (2.4)와 동일한 방법으로

$$\begin{aligned} Q^{\pi}(s,a) &= E_{\pi}[r_t(S_t,a_t,S_{t+1}) + \gamma V^{\pi}(S_{t+1}) | S_t = s, a_t = a] \\ &= E_{s_{t+1} \sim p(s_{t+1}|s,a)}[r_t(s,a,s_{t+1}) + \gamma V^{\pi}(s_{t+1})] \end{aligned} \tag{2.6}$$

을 보일 수 있다. $V^{\pi^*}(s)$와 동일하게 optimal Q 함수는 모든 s와 a에 대해

$$Q^{\pi^*}(s,a) = \max_{\pi} Q^{\pi}(s,a)$$

으로 정의된다. 식 (2.6)에 의해

$$Q^{\pi^*}(s,a) = E_{s_{t+1} \sim p(s_{t+1}|s,a)}[r_t(s,a,s_{t+1}) + \gamma V^{\pi^*}(s_{t+1})] \tag{2.7}$$

이 성립한다. 식 (2.7)을 최대로 하는 action a^*를 선택하면 $V^{\pi^*}(s_{t+1})$이 optimal이므로 $\pi(a_t = a^* | S_t = s)$이 optimal이 되어

$$\max_a Q^{\pi^*}(s,a) = V^{\pi^*}(s) \tag{2.8}$$

가 된다. 식 (2.8)을 (2.7)에 대입하면

$$Q^{\pi^*}(s,a) = E_{s_{t+1} \sim p(s_{t+1}|s,a)}[r_t(s,a,s_{t+1}) + \gamma \max_{a'} Q^{\pi^*}(s_{t+1},a')] \quad (2.9)$$

식 (2.9)를 Bellman의 optimal Q 함수라고 한다.

2.2 DP(Dynamic Programming)

Bellman 방정식을 정리하면, 고정된 policy π에 대해

$$V^\pi(s) = E_\pi[r_t(S_t, a_t, S_{t+1}) + \gamma V^\pi(S_{t+1}) | S_t = s]$$

$$= E_{\substack{a_t \sim \pi(a_t|s) \\ s_{t+1} \sim p(s_{t+1}|s,a_t)}}[r_t(s,a_t,s_{t+1}) + \gamma V^\pi(s_{t+1})]$$

이고

$$Q^\pi(s,a) = E_\pi[r_t(S_t,a,S_{t+1}) + \gamma V^\pi(S_{t+1}) | S_t = s, a_t = a]$$

$$= E_{s_{t+1} \sim p(s_{t+1}|s,a)}[r_t(s,a,s_{t+1}) + \gamma V^\pi(s_{t+1})]$$

그리고

$$V^\pi(s) = \max_a Q^\pi(s,a)$$

이다. optimal 가치함수와 Q 함수는 위 세 개의 식에서 π를 π^*로 바꿔주면 된다. DP는 환경의 확률구조(model dynamics)를 완전하게 안다고 가정하고 Bellman 방정식을 이용하여 optimal policy를 구하는 알고리즘이다. 비록 DP가 환경의 확률구조가 알려져 있다는 비현실적인 가정에서의 알고리즘이지만 model-free 학습의 이론적 배경을 제공한다. DP는 가치계산(value evaluation)과 정책개선(policy improvement)을 통해 최적 policy를 구한다.

2.2.1 정책 반복법(policy iteration)

1. 정책 반복법의 가치계산은 다음의 절차에 따라 실행된다.
2. 임의의 결정적 policy π를 선택한다.
3. 모든 state s에 대해 $V^{\pi}(s)$에 임의로 초기치를 부여한다. 단 terminal state s_T의 $V^{\pi}(s_T)=0$으로 놓는다. terminal state에서는 agent의 action이 없기 때문이다.

   $V^{\pi}(s)=E_{\substack{a_t \sim \pi(a_t|s) \\ s_{t+1} \sim p(s_{t+1}|s,a_t)}}[r_t(s,a_t,s_{t+1})+\gamma V^{\pi}(s_{t+1})]$을 이용하여

   $$V^{[k]}(s)=E_{s' \sim p(s'|s,a)}[r_t(s,a,s')+\gamma V^{[k-1]}(s')],\ k=1,2,\cdots,T$$

   으로 $V^{\pi}(s)$를 update한다. 여기에서 π가 결정적(deterministic)이기 때문에 주어진 state s에 대응하는 action a가 유일하게 결정되므로 $V^{\pi}(s)$에서 a_t에 대한 기대치가 필요 없게 된다.
4. 모든 state s에 대해 $|V^{[k]}(s)-V^{[k-1]}(s)|<\epsilon$을 만족할 때까지 단계 3을 반복한다.

그러므로 정책 반복법에서 가치계산은 주어진 π에서 참 $V^{\pi}(s)$를 구하는 과정이다. 가치계산에 의해 수렴한 $V^{\pi}(s)$가 계산되면 정책개선(policy improvement)은 다음과 같이 Q 함수에 의해 실행된다.

1. $Q^{\pi}(s,a)=E_{s' \sim p(s'|s,a)}[r_t(s,a,s')+\gamma V^{\pi}(s')]$

   을 모든 action a에 대해 계산한 후
2. $Q^{\pi}(s,a) \geq V^{\pi}(s)$를 만족하는 action a가 있으면 $\pi^{new}(s)=a$로 전환한다.
3. 이 새로운 $\pi^{new}(s)$를 이용하여 가치계산을 다시 한다.
4. 모든 s에 대해 $\pi^{new}(s)=\pi^{old}(s)$가 될 때까지 1~3을 반복한다.

이처럼 가치계산과 정책개선을 반복하는 것을 정책 반복법이라고 말한다. 정책 반복법을 요약하면

$$\pi_0 \xrightarrow{e} v^{\pi_0} \xrightarrow{i} \pi_1 \xrightarrow{e} v^{\pi_1} \xrightarrow{i} \pi_2 \longrightarrow \dots \xrightarrow{i} \pi^* \xrightarrow{e} v^{\pi^*}$$

와 같이 π_0에서 가치계산(e)으로 V^{π_0}를 구하고 V^{π_0}를 기준으로 정책개선(i)을 하여 π_1을 구한다. 이 절차를 반복하여 optimal policy π^*와 최적 가치함수 V^{π^*}를 구한다. 그러나 이러한 정책 반복법의 약점은 고정된 π에서 V^{π}가 수렴할 때까지 계산을 반복해야 하므로 계산 부담이 크다는 것이다. 이를 보완한 것이 아래의 가치 반복법이다. 가치 반복법의 절차는 다음과 같다.

2.2.2 가치 반복법(value iteration)

가치 반복법은

$$V^{\pi}(s) = \max_a Q^{\pi}(s,a)$$

의 관계로부터 $V^{\pi}(s)$를 계속 update하여 $V^{\pi^*}(s)$를 구한 후, 최적 π^*를 구한다. 즉,

1. 모든 state s에 대해 $V(s)$에 임의로 초기치를 부여하고 $V(s_T) = 0$로 놓는다.
2. $V^{[k]}(s) = \max_a E_{s' \sim p(s'|s,a)}[r_t(s,a,s') + V^{[k-1]}(s')]$, $k = 1,2,\cdots,T$을 반복 적용하여 모든 s에 대해 $|V^{[k]}(s) - V^{[k-1]}(s)| < \epsilon$을 만족할 때까지 $V^{[k]}(s)$를 update한다.
3. 단계 2에서 최종적으로 구한 $V(s)$를 이용하여 optimal policy π^*를

   $$\pi^*(s) = \mathrm{arg}max_a E_{s' \sim p(s'|s,a)}[r_t(s,a,s') + V(s')]$$

   으로 구한다.

이제 정책 반복법과 가치 반복법을 간단한 예제를 이용하여 계산해 보자.

2.3 DP 예제

다음과 같은 간단한 3개의 state(A,B,C)와 2개의 action(좌우이동: 0, 아래: 1)으로 구성된 환경을 이용하여 정책 반복법과 가치 반복법을 실제로 계산해 보자. A 또는 B에서 출발하여 state C에 도착하는 간단한 구조이다.

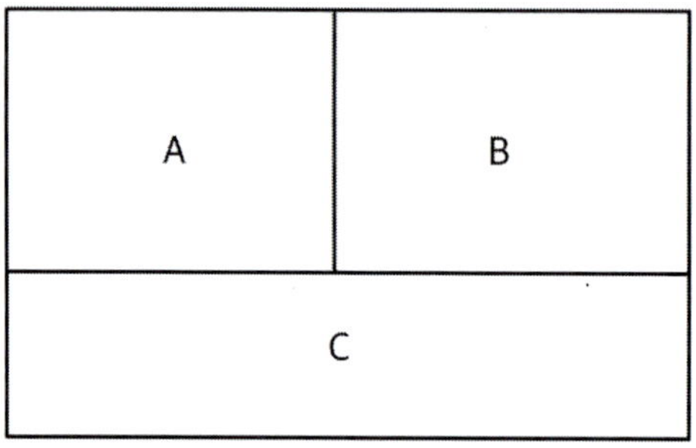

그림 2.1 종결 state가 C인 환경

<그림 2.1>에서 볼 수 있듯이 optimal policy는

$$\pi^*(\text{아래} \mid A) = 1,\ \ \pi^*(\text{아래} \mid B) = 1$$

임을 쉽게 알 수 있다. 즉 state A에서 최적 policy는 "아래"이고 state B에서 최적 policy 역시 "아래"임을 그림에서 자명하게 알 수 있다. 이러한 결과를 정책 반복법과 가치 반복법을 통해 구할 수 있는지 살펴보고자 한다.

<표 2.1>은 <그림 2.1> 환경의 확률구조(model dynamics)를 정리한 것이다. state A에서 action 0(좌 또는 우)을 선택하면 다음 state로 이동하는 확률은 $p(s' \mid s,a)$로 주어져 있다. 좌우 action으로 다음 state가 A가 될 확률은 0.1이고 결과로 0의 reward를 받게 되고, 다음 state가 B가 될 확률은 0.8이며 reward는 -1을 받게 된다. 또한, 다음 state가 C가 될 확률은 0.1이고 reward는 1을 받게 된다. 다른 경우들도 동일하게 해석할 수 있다.

표 2-1 state A와 B의 확률구조

state	A						B					
action	0			1			0			1		
다음 state	A	B	C	A	B	C	A	B	C	A	B	C
reward	0	−1	1	0	−1	1	0	−1	1	0	−1	1
$p(s'\|s,a)$	0.1	0.8	0.1	0.2	0	0.8	0.5	0.5	0	0.1	0.1	0.8

이제 정책 반복법을 적용하여 최적 policy를 구해 보도록 하자.

(1) $\pi_0(1|A) = \pi_0(0|B) = 1$을 임의로 부여하고, 즉 state A에서는 "아래" action을 취하고, state B에서는 "좌 또는 우"를 action으로 취하는 결정적 policy를 임의로 선택한다. 계산의 편의를 위해 $\gamma = 1$로 한다.

(2) $V(A) = V(B) = V(C) = 0$으로 초기치를 임의로 부여한다.

(3) π_0에서

$$V^{[k]}(s) = E_{s' \sim p(s'|s,a)}[r_t(s,a,s') + \gamma V^{[k-1]}(s')]$$
$$= \sum_{s'} p(s'|s,a)(r(s,a,s') + V^{[k-1]}(s'))$$

이므로

$$V^{[1]}(A) = p(A|A,1)(r(A,1,A) + V^{[0]}(A)) + p(B|A,1)(r(A,1,B) + V^{[0]}(B))$$
$$+ p(C|A,1)(r(A,1,C) + V^{[0]}(C))$$
$$= 0.2(0+0) + 0(-1+0) + 0.8(1+0)$$
$$= 0.8$$
$$V^{[1]}(B) = p(A|B,0)(r(B,0,A) + V^{[0]}(A)) + p(B|B,0)(r(B,0,B) + V^{[0]}(B))$$
$$+ p(C|B,0)(r(B,0,C) + V^{[0]}(C))$$
$$= 0.5(0+0) + 0.5(-1+0) + 0(1+0)$$
$$= -0.5$$

이제 $V^{[1]}(A)$와 $V^{[1]}(B)$를 이용하여 $V^{[2]}(A)$와 $V^{[2]}(B)$를 구하면

$$V^{[2]}(A) = 0.2(0+0.8) + 0(-1-0.5) + 0.8(1+0) = 0.96$$
$$V^{[2]}(B) = 0.5(0+0.8) + 0.5(-1-0.5) = -0.35$$

이다. 또한

$$V^{[3]}(A) = 0.2 \times 0.96 + 0.8 = 0.992$$
$$V^{[3]}(B) = 0.5 \times 0.96 + 0.5(-1-0.35) = -0.195$$
$$V^{[4]}(A) = 0.2 \times 0.992 + 0.8 = 0.998$$
$$V^{[4]}(B) = 0.5 \times 0.992 + 0.5(-1-0.195) = -0.1015$$

가 되어 $V(A)$는 1로 수렴하고 $V(B)$는 0으로 수렴하게 된다. 그러므로 가치계산으로 $V^{\pi_0}(A) = 1$, $V^{\pi_0}(B) = 0$가 된다. 이제 정책개선을 해보자.

(4) $Q^{\pi}(s,a) = E_{s' \sim p(s'|s,a)}[r_t(s,a,s') + \gamma V^{\pi}(s')]$이므로

$$\begin{aligned} Q^{\pi_0}(A,0) &= p(A|A,0)(r(A,0,A) + V^{\pi_0}(A)) + p(B|A,0)(r(A,0,B) + V^{\pi_0}(B)) \\ &\quad + p(C|A,0)(r(A,0,C) + V^{\pi_0}(C)) \\ &= 0.1(0+1) + 0.8(-1+0) + 0.1(1+0) \\ &= -0.6. \end{aligned}$$

같은 방법으로,

$$Q^{\pi_0}(A,1) = 0.2(0+1) + 0(-1+0) + 0.8(1+0) = 1$$
$$Q^{\pi_0}(B,0) = 0.5(0+1) + 0.5(-1+0) + 0(1+0) = 0$$
$$Q^{\pi_0}(B,1) = 0.1(0+1) + 0.1(-1+0) + 0.8(1+0) = 0.8$$

(5) $V^{\pi_0}(A) = \max(Q^{\pi_0}(A,0), Q^{\pi_0}(A,1))$이므로 $\pi_1(1|A) = 1$이 되고 $V^{\pi_0}(B) \leq Q^{\pi_0}(B,1)$이므로 $\pi(1|B) = 1$로 policy를 개선한다.

(6) (3)과 (4)를 반복하여 $V^{\pi_1}(A)$와 $V^{\pi_1}(B)$를 구하고 각각을 (5)와 같이

$\max(Q^{\pi_1}(A,0), Q^{\pi_1}(A,1))$와 $\max(Q^{\pi_1}(B,0), Q^{\pi_1}(B,1))$ 비교하여 새로운 policy π_2를 만든다. 이를 $\pi^{new} = \pi^{old}$가 될 때까지 반복한다.

이제 가치 반복법을 적용하여 최적 policy를 구해 보자.

(1) $V(A) = V(B) = V(C) = 0$로 초기화한다.

(2) $Q(s,a) = E_{s' \sim p(s'|s,a)}[r_t(s,a,s') + V^{[k-1]}(s')]$이고 $V^{[k]}(s) = \max_a Q(s,a)$이므로

$$Q(A,0) = 0.1(0+0) + 0.8(-1+0) + 0.1(1+0) = -0.7$$
$$Q(A,1) = 0.2(0+0) + 0(-1+0) + 0.8(1+0) = 0.8$$

에 의해 $V^{[1]}(A) = 0.8$이 된다.

$$Q(B,0) = 0.5(0+0) + 0.5(-1+0) + 0(1+0) = -0.5$$
$$Q(B,1) = 0.1(0+0) + 0.1(-1+0) + 0.8(1+0) = 0.7$$

이므로 $V^{[1]}(B) = 0.7$이 된다.

$V^{[1]}(A) = 0.8$과 $V^{[1]}(B) = 0.7$를 이용하여 같은 방법으로

$$Q(A,0) = 0.1(0+0.8) + 0.8(-1+0.7) + 0.1(1+0) = -0.06$$
$$Q(A,1) = 0.2(0+0.8) + 0(-1+0.7) + 0.8(1+0) = 0.96$$
$$Q(B,0) = 0.5(0+0.8) + 0.5(-1+0.7) = 0.25$$
$$Q(B,1) = 0.1(0+0.8) + 0.1(-1+0.7) + 0.8 = 0.85$$

이므로 $V^{[2]}(A) = 0.96$, $V^{[2]}(B) = 0.85$가 된다. 이를 반복하면 $V(A) = 1$로 수렴하고 $V(B) = 0.89$로 수렴하게 된다.

(3) $V(A) = 1$이고 $V(B) = 0.89$이므로

$$Q(A,0) = 0.1(0+1) + 0.8(-1+0.89) + 0.1(1+0) = 0.112$$

$$Q(A,1) = 0.2(0+1) + 0(-1+0.89) + 0.8(1+0) = 1$$

$$Q(B,0) = 0.5(0+1) + 0.5(-1+0.89) = 0.445$$

$$Q(B,1) = 0.1(0+1) + 0.1(-1+0.89) + 0.8 = 0.889$$

가 되어 optimal policy는

$$\pi^*(\text{아래}|A) = 1, \pi^*(\text{아래}|B) = 1$$

이 된다.

지금까지 살펴본 DP(dynamic programming)는 모형기반기법으로 전환확률 등의 모형확률구조를 정확하게 알아야 적용될 수 있다. 모형확률구조를 알지 못할 때, 최적 policy를 구하기 위해서는 4장부터 논의할 model-free 방법을 적용해야 한다. 다음 장에서는 강화학습을 실습하기 위한 시뮬레이션 환경을 제공하는 OpenAI의 Gym을 소개하고 어떠한 시뮬레이션 환경이 있는지를 살펴보게 될 것이다.

3장

OpenAI Gym

Gym은 강화학습 알고리즘들의 성능을 측정하고 비교할 수 있는 가상환경 시뮬레이터이다. 실제 도로에서 자동차 운전과 같은 현실환경에서 강화학습 알고리즘의 성능측정이나 비교는 불가능하다. 강화학습은 근본적으로 try and error를 통해 최적 policy를 구축해야 하므로 자동차 운전을 try and error로 학습한다는 것은 상상하기도 어렵기 때문이다. Gym에서 제공하는 가상환경은 체스, 테니스, atari 등 거의 게임에 해당하기 때문에 게임을 위한 강화학습에는 매우 유용하다고 할 수 있다. 그러면 게임에 관심이 없다면 강화학습은 필요 없는 것이 아닌가? 그렇지 않다.

강화학습 환경은 주어진 state에서 action을 취하면 다음 state와 reward를 주는 구조를 갖추어 만들면 된다. 예를 들어, 현재의 주식 가격이 주어져 있을 때(며칠간의 주식가격 추이나 주식관련 정보가 주어져 있을 때) 주식을 얼마나 살 것인지, 또는 보유하고 있는 주식을 팔지 등 action을 취하면 다음 시점의 주식가격에 따라 수익(reward)이 발생하게 된다. 그러므로 실제 주식가격 데이터가 실제 환경이 되므로 강화학습에 의한 투자전략을 만들 수 있을 것이다. 강화학습은 AI의 궁극적인 목표인 AGI(artificial general intelligence)를 실현하기 위한 핵심적인 역할을 할 것으로 기대되는 분야이다. 실생활 환경의 구축은 Gym에서 제공하는 모듈을 부모모듈로 하여 맞춤형으로 만들 수 있으므로 Gym의 작동원리를 정확하게 파악해야 한다. 2021년 1월 기준으로 Gym에는 859개의 환경이 내장되어 있고 점차적으로 현실 환경과 유사한 환경을 제공하고 있다.

저자가 사용하고 있는 Windows 10 기준으로 Gym의 설치는 매우 간단하다. Anaconda 프롬프트에

```
pip install gym
```

을 입력하면 gym이 설치된다. 이제 jupyter notebook에서 다음을 실행하여 보자.

```
import gym
env=gym.make("FrozenLake-v0")
env.render()
env.close()
```

```
SFFF
FHFH
FFFH
HFFG
```

위 프로그램에서 gym.make('FrozenLake-v0')는 FrozenLake 환경(version 0)을 만들고, env.render( )는 FrozenLake 환경에서 현재의 state(어두운 S자)를 위 프로그램의 출력과 같이 보여준다. 총 16개의 state로 구성되어 있으며 S를 출발하여 H(hole)에 빠지지 않고 호수가 얼은 부분(F)를 통과해서 G에 도달하는 것이 목적이다. env.close( )로 환경을 닫을 수 있다.

0 S	1 F	2 F	3 F
4 F	5 H	6 F	7 H
8 F	9 F	10 F	11 H
12 H	13 F	14 F	15 G

위 그림과 같이 16개의 state는 0부터 15로 재표현되어 있다. 이를 확인하기 위해 다음 프로그램을 실행하여 보자.

```
print(env.observation_space)
print(env.action_space)
print(env.observation_space.n)
print(env.action_space.n)
```

```
Discrete(16)
Discrete(4)
16
4
```

위 프로그램에서 볼 수 있듯이 observation_space는 Discrete(16), 즉 16개의 유한한 state(0~15)이고 action_space는 유한한 4개(0~3)의 action으로 구성되어 있다. FrozenLake의 action은 left: 0, down: 1, right: 2, 그리고 up: 3으로 되어 있고 observation_space.n과 action_space.n은 각각 state와 action의 길이(length)를 나타낸다. 곧 설명하겠지만 observation_space와 action_space가 연속형이면 Box( )로 출력된다. 다음 P[state][action]는 $\pi(action|state)$를 나타내고 transition 확률, 다음 state, reward, 그리고 다음 state가 terminal state인지 여부를 출력해 준다.

```
print(env.P[0][0])
print(env.P[15][1])
print(env.P[5][0])
```

```
[(0.33, 0, 0.0, False), (0.33, 0, 0.0, False), (0.33, 4, 0.0, False)]
[(1.0, 15, 0, True)]
[(1.0, 5, 0, True)]
```

위에서 볼 수 있듯이 P[state][action]은 [($p(s'|s,a)$,s',r,terminal 여부)]를 출력한다. 즉, 현재 state s에서 action a를 선택하여 s'으로 이동할 확률 $p(s'|s,a)$, 다음 state s', reward r, 그리고 s'이 terminal state인지 해당 여부를 출력한다. P[0][0]는 state 0에서 action 0(left)를 취하면 0.66의 확률로 state 0에 계속 머물고 0.33의 확률로 state 4로 이동하는 것을 보여주고 있으며, P[15][1]은 state 15가 G이므로

어떤 action은 취해도 최종 목적지에 계속 머물고 있으며 G가 terminal state임을 보여주고 있다. P[5][0]은 state 5가 hole이므로 terminal state이며 state 5에 계속 머물고 있음을 보여주고 있다. 물론 state 7, 11, 12도 hole에 빠지게 되므로 다른 state로 이동하지 못한다.

```
state=env.reset()
env.render()
print(env.step(1))
env.render()
```

```
SFFF
FHFH
FFFH
HFFG
(4, 0.0, False, {'prob': 0.3333333333333333})
  (Down)
SFFF
FHFH
FFFH
HFFG
```

위 프로그램에서 env.reset( )은 환경을 초기화하는 명령어로, FrozenLake에서는 state 0으로 초기화된다. 뒤따르는 env.render( )에 의해 state 0으로 초기화된 것을 볼 수 있다. 이어지는 env.step(1)은 state 0에서 action 1(down)을 취했을 때의 결과로 (next_state, reward, terminal 여부, information)을 출력해 준다. 즉, next_state=4, reward=0.0, terminal 여부=False, 그리고 information은 transition 확률 $p(s'=4|s=0,\ a=1)=0.33$을 출력하고 있다. env.render( )에 의해 state 4로 이동한 것을 확인할 수 있다.

아래 프로그램은 임의의 action(random action)으로 총 20번의 반복을 실행하여 agent의 이동 경로를 살펴보는 프로그램이다. random action은 env.action_space.sample( ) 함수로 구현되며 강화학습을 위해 환경에 대한 정보를 수집할 때 주로 사용된다.

```
import gym
env=gym.make("FrozenLake-v0")
state=env.reset()

print('Time step 0:')
env.render()

num_timesteps=20
for t in range(num_timesteps):
    random_action=env.action_space.sample()

    new_state, reward, done,_=env.step(random_action)
    print('timestep {}:'.format(t+1))

    env.render()

    if done:
        break
```

```
Time step 0:

SFFF
FHFH
FFFH
HFFG
timestep 1:
  (Right)
SFFF
FHFH
FFFH
HFFG
timestep 2:
  (Down)
SFFF
FHFH
FFFH
HFFG
```

위 프로그램 결과를 보면 state 0에서 임의의 action을 right(2)로 취한 결과 state 4로 이동하였고, state 4에서 임의의 action down(1)의 결과로 state 5로 이동한 것을 볼 수 있다. state 5가 terminal state이므로 break에 의해 timestep 2에서 멈춘 것을 볼 수 있다.

이제 정책 반복법(policy iteration)과 가치 반복법(value iteration)을 FrozenLake-v0에 적용하여 최적 policy를 산출하여 보자. 아래 프로그램은 정책 반복법으로 value_evaluation( ) 함수에 의해 주어진 policy에서 $V^{\pi}(s)$를

$$V^{[k]}(s) = E_{s' \sim p(s'|s,a)}[r(s,a,s') + \gamma V^{[k-1]}(s')]$$

으로 5,000번 반복하여 구하고 있다. value_table[s]가 이에 해당한다. policy_improvement( ) 함수로 Q 함수를 구한 후 새로운 policy를 구하고 있다. policy_iteration( ) 함수로 value_evaluation( ) 함수와 policy_improvement( ) 함수를 반복 적용하여 최적 가치함수 $V^{\pi^*}(s)$와 최적 policy $\pi^*(a|s)$를 반환하고 있다. optimal_value와 optimal_policy가 이에 해당한다. $V^{\pi^*}(0) = 0.068$, $V^{\pi^*}(5) = 0$, $V^{\pi^*}(14) = 0.639$임을 보여주고 있고 state 0에서는 action 0, state 3에서는 action 3, state 14에서는 action 1이 최적 policy인 것을 볼 수 있다. 이처럼 학습된 최적 policy를 FrozenLake-v0 환경에 실제 적용해본 결과 14번의 이동 만에 hole에 빠지지 않고 목적지 G에 도달한 것을 볼 수 있다(지면상 생략함).

```
import numpy as np
import gym
env=gym.make('FrozenLake-v0')

def value_iteration(env):
    num_iterations=5000
    thre=1e-20
    gamma=0.9
    value_table=np.zeros(env.observation_space.n)

    for i in range(num_iterations):
        updated_value_table=np.copy(value_table)
        for s in range(env.observation_space.n):
            q_values=[sum([prob*(r+gamma*updated_value_table[s_])
```

```
                                for prob,s_,r,_ in env.P[s][a]])
                              for a in range(env.action_space.n)]
            value_table[s]=max(q_values)
        if (np.sum(np.fabs(updated_value_table-value_table))<=thre):
            break
    return value_table

def policy_iteration(value_table):
    gamma=0.9
    policy=np.zeros(env.observation_space.n)

    for s in range(env.observation_space.n):
        q_values=[sum([prob*(r+gamma*value_table[s_])
                                for prob,s_,r,_ in env.P[s][a]])
                              for a in range(env.action_space.n)]
        policy[s]=np.argmax(np.array(q_values))
    return policy

optimal_value_function=value_iteration(env)
optimal_policy=policy_iteration(optimal_value_function)
print(optimal_value_function)
print(optimal_policy)

obs=env.reset()
episode_reward=0.0
for _ in range(20):
    action=np.int_(optimal_policy[obs])
    obs,reward,done,info=env.step(action)
    env.render()
    episode_reward+=reward
    if done:
        print('rewards:', episode_reward)
        episode_reward=0.0
        obs=env.reset()
```

```
[0.0688909  0.06141457 0.07440976 0.05580732 0.09185454 0.
 0.11220821 0.         0.14543635 0.24749695 0.29961759 0.
 0.         0.3799359  0.63902015 0.        ]
[0. 3. 0. 3. 0. 0. 0. 0. 3. 1. 0. 0. 0. 2. 1. 0.]
```

다음은 가치 반복법을 실행하는 프로그램이다. 초기치로 모든 state에 대해 $V(s)$

$=0$으로 부여한 후, value_iteration( ) 함수를 이용하여

$$V^{[k]}(s) = \max_a E_{s' \sim p(s'|s,a)}[r(s,a,s') + \gamma\, V^{[k-1]}(s')]$$

를 5,000번 반복하여 최적 $V^{\pi^*}(s)$를 구하고 있다. 이 $V^{\pi^*}(s)$를 policy_iteration( ) 함수에 입력하여

$$\pi^*(s) = \mathrm{arg}max_a E_{s' \sim p(s'|s,a)}[r(s,a,s') + \gamma\, V^{\pi^*}(s')]$$

으로 최적 policy를 구한다. 가치 반복법으로 구한 최적 가치함수 $V^{\pi^*}(s)$와 최적 policy π^*가 정책 반복법에서 구한 최적 가치함수, 최적 policy와 일치하는 것을 확인할 수 있다.

```
import numpy as np
import gym
env=gym.make('FrozenLake-v0')

def value_iteration(env):
    num_iterations=5000
    thre=1e-20
    gamma=0.9
    value_table=np.zeros(env.observation_space.n)

    for i in range(num_iterations):
        updated_value_table=np.copy(value_table)
        for s in range(env.observation_space.n):
            q_values=[sum([prob*(r+gamma*updated_value_table[s_])
                              for prob,s_,r,_ in env.P[s][a]])
                            for a in range(env.action_space.n)]
            value_table[s]=max(q_values)
        if (np.sum(np.fabs(updated_value_table-value_table))<=thre):
            break
    return value_table

def policy_iteration(value_table):
    gamma=0.9
    policy=np.zeros(env.observation_space.n)
```

```
    for s in range(env.observation_space.n):
        q_values=[sum([prob*(r+gamma*value_table[s_])
                          for prob,s_,r,_ in env.P[s][a]])
                        for a in range(env.action_space.n)]
        policy[s]=np.argmax(np.array(q_values))
    return policy

optimal_value_function=value_iteration(env)
optimal_policy=policy_iteration(optimal_value_function)
print(optimal_value_function)
print(optimal_policy)

obs=env.reset()
episode_reward=0.0
for _ in range(20):
    action=np.int_(optimal_policy[obs])
    obs,reward,done,info=env.step(action)
    env.render()
    episode_reward+=reward
    if done:
        print('rewards:', episode_reward)
        episode_reward=0.0
        obs=env.reset()
```

```
[0.0688909  0.06141457 0.07440976 0.05580732 0.09185454 0.
 0.11220821 0.          0.14543635 0.24749695 0.29961759 0.
 0.          0.3799359  0.63902015 0.          ]
[0. 3. 0. 3. 0. 0. 0. 0. 3. 1. 0. 0. 0. 2. 1. 0.]
```

다음은 비교적 간단한 동적 환경인 CartPole-v0를 보여주고 있다.

```
import gym
env=gym.make('CartPole-v0')

env.render()
```

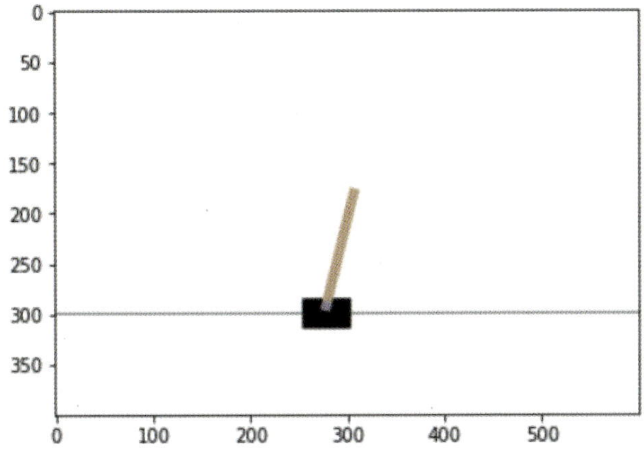

그림에서 볼 수 있듯이 검은색의 cart 위에 폴대가 세워져 있으며 cart를 좌우로 이동하여 폴대가 쓰러지지 않게 하는 것이 목적이다. 폴대가 쓰러지거나 cart가 화면 밖으로 이탈하면 게임이 끝나게 된다. 즉, terminal state는 폴대가 쓰러지거나 cart가 화면 밖으로 나갔을 때가 된다. 게임을 시작하여 terminal state에 도달할 때까지의 경로(trajectory)를 한 episode라고 말한다. 이 episode는 서로 간에 독립이므로 하나의 표본이 된다. 그러므로 model-free 강화학습에서는 이러한 episode를 수없이 반복하여 최적 policy를 추정하게 된다.

다음은 CartPole-v0를 임의의 action으로 실행하는 프로그램이다. 그러면 아나콘다 이미지 옆에 popup 창이 나타나는데 이를 클릭하면 CartPole이 움직이는 이미지를 볼 수 있을 것이다.

```
import gym
import matplotlib.pyplot as plt

env=gym.make('CartPole-v0')

env.reset()
for _ in range(100):
    env.step(env.action_space.sample())
```

```
    env.render()

env.close()
```

정지된 CartPole-v0 이미지를 보기 위해서 다음과 같이 matplotlib를 이용하여 10회 정도 실행하면 다음과 같은 그림을 출력할 수 있다.

```
import gym
import matplotlib.pyplot as plt
%matplotlib inline
env=gym.make('CartPole-v0')
render=lambda:plt.imshow(env.render(mode='rgb_array'))
env.reset()
for _ in range(10):
    env.step(env.action_space.sample())
    render()

env.close()
```

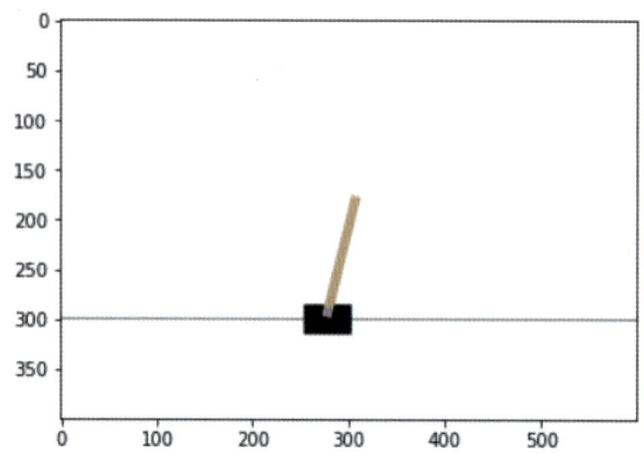

CartPole-v0의 state space와 action space를 살펴보면 다음과 같다.

```
print(env.observation_space)
print(env.observation_space.shape)
print(env.action_space)
```

```
Box(-3.4028234663852886e+38, 3.4028234663852886e+38, (4,), float32)
(4,)
Discrete(2)
```

위 프로그램 결과에서 볼 수 있듯이 CartPole-v0의 state는 1D 텐서로 실숫값을 갖는 4개의 변수로 구성되어 있으며(Box((4,), float32)), 변수의 최솟값은 -3.4×10^{38}, 최댓값은 3.4×10^{38}임을 보여주고 있다. action space는 2개의 값을 갖는 이산형으로 push the cart to left: 0과 push the cart to right: 1로 구성되어 있다.

아래 프로그램과 같이 cartpole의 state는 [cart position, cart velocity, pole angle, pole velocity at the tip]으로 구성되어 있으며 4개 변수 값의 최댓값과 최솟값을 각각 high와 low 속성을 이용하여 출력할 수 있다. env.reset( )은 시행할 때마다 다른 값을 보여줄 것이다. FrozenLake와 달리 CartPole의 초기치는 임의(random)로 결정되기 때문이다.

```
print(env.reset())
print(env.observation_space.high)
print(env.observation_space.low)
```

```
[-0.04540091 -0.00455206 -0.00966456 -0.02281859]
[4.8000002e+00 3.4028235e+38 4.1887903e-01 3.4028235e+38]
[-4.8000002e+00 -3.4028235e+38 -4.1887903e-01 -3.4028235e+38]
```

Cartpole은 매 action마다 cartpole이 세워져 있으면 +1의 reward를 부여한다. 아래 프로그램과 같이 매번의 episode마다 50번의 임의 action을 시행하여 terminal state에 도달할 때까지 몇 번이나 pole이 세워져 있는가를 살펴볼 수 있다. 출력 결과를 보면 첫 번째 episode에서는 22번 연속하여 pole이 세워져 있었고 21번째 episode

에서는 16번 pole이 세워져 있는 것으로 나타났다.

```
import gym
env=gym.make("CartPole-v0")
num_episodes=100
num_timesteps=50

for i in range(num_episodes):

    Return = 0
    state=env.reset()

    for t in range(num_timesteps):
        random_action=env.action_space.sample()
        next_state, reward, done, _ =env.step(random_action)
        Return+=reward
        if done:
            break

    if i%20==0:
        print('Episode:{}, Return:{}'.format(i,Return))
env.close()
```

```
Episode:0, Return:22.0
Episode:20, Return:16.0
Episode:40, Return:16.0
Episode:60, Return:26.0
Episode:80, Return:22.0
```

다음 그림은 MountainCar-v0와 Pendulum-v0 환경을 보여주고 있다. MountainCar-v0의 목적은 우측상단 깃발에 자동차가 도달하는 것이고 Pendulum-v0는 추를 좌우로 흔들어서 추를 똑바로 세우는 것이 목적이다.

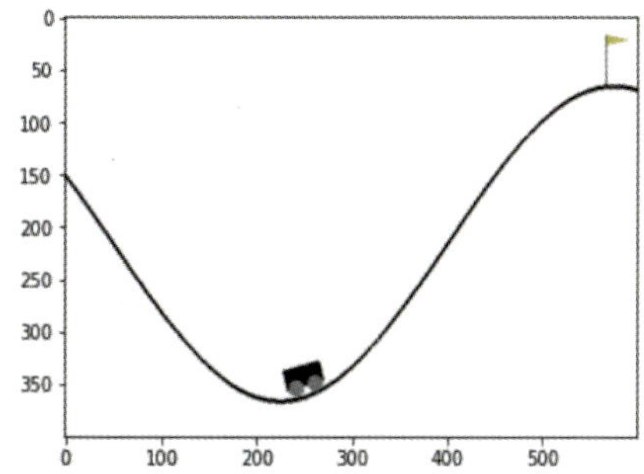

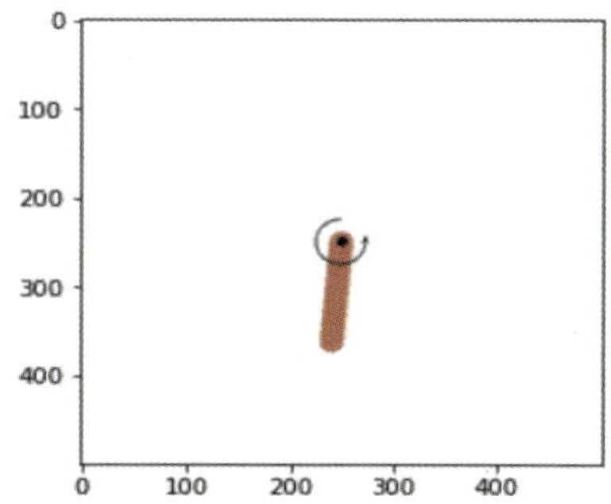

Gym은 atari 게임환경도 지원하고 있다. 거의 모든 강화학습 알고리즘은 atari 환경을 이용하여 성능을 비교하고 측정하고 있다. 그러나 Windows에서 atari 환경을 구축하는 데에는 어려움이 있다. 다음 주소를 방문하여 Windows에 atari를 설치해야 한다.

https://stackoverflow.com/questions/42605769/openai-gym-atari-on-windows%20

atari 환경이 설치되었는지를 확인하기 위해 다음 프로그램을 실행하여 error가 발생하지 않으면 성공적으로 설치된 것이다.

```
import gym
env=gym.make('Pong-v0')
env.reset()
env.close()
```

다음 프로그램은 atari 게임 중 Pong-v0, SpaceInvaders-v0, Tennis-v0, 그리고 Boxing-v4 환경을 차례로 보여주고 있다.

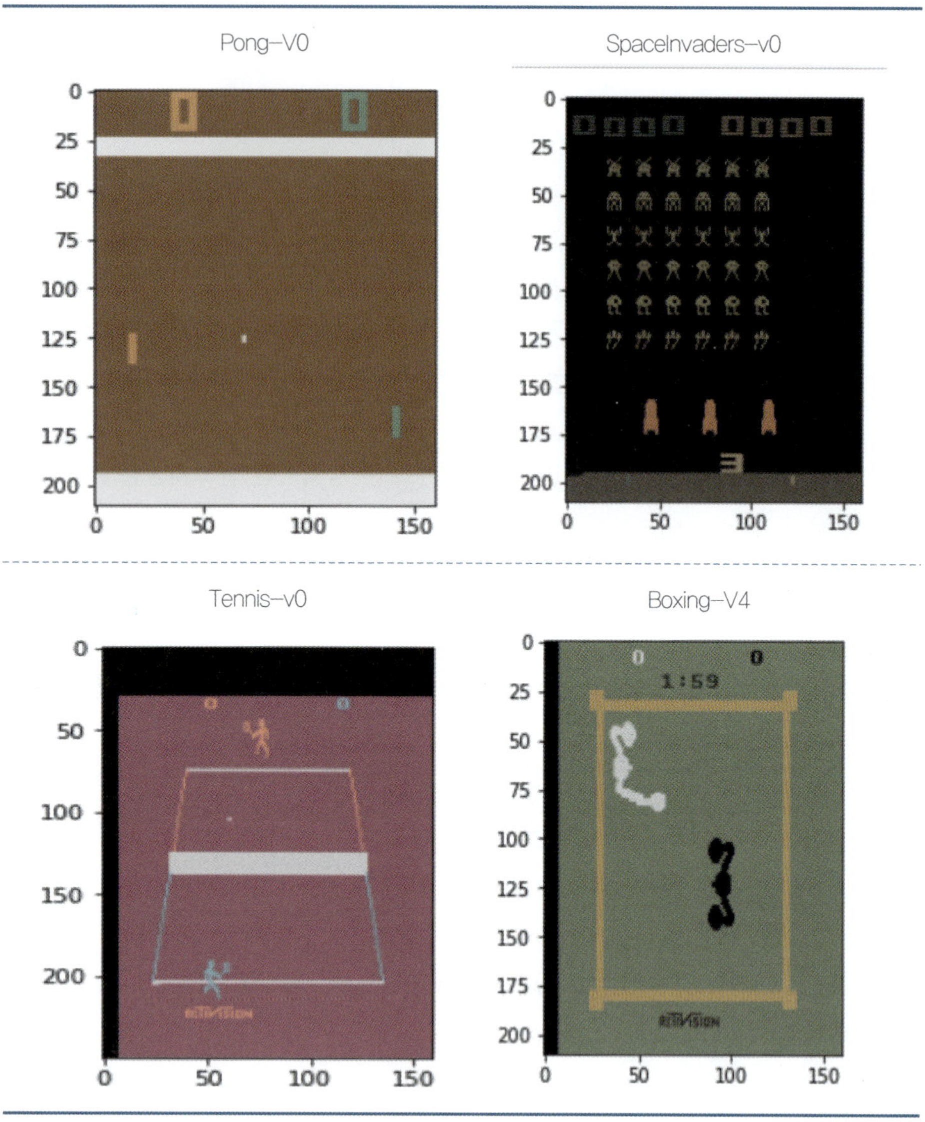

위 그림에서 볼 수 있듯이 atari 환경의 state는 이미지 자료이므로 3D 텐서 자료 또는 128 byte 1D 텐서 자료이다.

아래 프로그램과 같이 Pong-v0는 3D 텐서로 state를 제공하고 Pong-ram-v0는 state를 128 byte인 1D 텐서로 제공한다. atari 환경 이름에 'ram'이 있으면 128 byte 1D 텐서로 state가 제공된다는 의미이다.

```
import gym
env=gym.make('Pong-v0')
print(env.observation_space)
print(env.reset())
env.close()

env=gym.make('Pong-ram-v0')
print(env.observation_space)
print(env.reset())
```

```
Box(0, 255, (210, 160, 3), uint8)
[[[  0   0   0]
  [  0   0   0]
  [  0   0   0]
  ...
  [109 118  43]
  [109 118  43]
  [109 118  43]]

 [[109 118  43]
  [109 118  43]
  [109 118  43]
  ...
  [109 118  43]
  [109 118  43]
  [109 118  43]]


 ...

 [[ 53  95  24]
  [ 53  95  24]
  [ 53  95  24]
  ...
  [ 53  95  24]
  [ 53  95  24]
  [ 53  95  24]]

 [[ 53  95  24]
  [ 53  95  24]
  [ 53  95  24]
  ...
  [ 53  95  24]
  [ 53  95  24]
  [ 53  95  24]]
```

```
[[ 53  95  24]
 [ 53  95  24]
 [ 53  95  24]
 ...
 [ 53  95  24]
 [ 53  95  24]
 [ 53  95  24]]]
Box(0, 255, (128,), uint8)
[192   0   0   0 110  38   0   7  71   1  60  59   0   0   0  62 255   0
 255 253   0  22   0  24 128  32   1  86 247  86 247  86 247 134 243 245
 243 240 240 242 242  32  32  64  64  64 188  65 189   0  22 109  37  37
  60   0   0   0   0 109 109  37  37 192 192 192 192   1 192 202 247 202
 247 202 247 202 247   0   0   0   0   0   0   0   0   0   0   0   0   0
   0   0   0   0   0   0   0   0   0   0   0   0   0   0   0   0   0   0
   0   0   0   0   0   0   0   0   0   0   0   0   0   0   0  54 236 242
 121 240]
```

위 프로그램에서 볼 수 있듯이 Pong-v0는 (210,160,3)인 3D 텐서, 3개의 channel을 가진 210×160 픽셀 컬러이미지 자료이고 Pong-ram-v0는 크기가 (128,)인 1D 텐서 자료임을 알 수 있다. 또한 자료의 최솟값은 0(검은색), 최댓값은 255(흰색)인 것을 보여주고 있다.

또 다른 Gym 환경으로 Box2D가 있다. Box2D 환경은 다음 주소에서 설치할 수 있다.

https://mclearninglab.tistory.com/136

다음 그림은 Bipedalwalker-v3, LunarLander-v2, CarRacing-v0, Freeway-v4 Box2D 환경을 차례로 보여주고 있다.

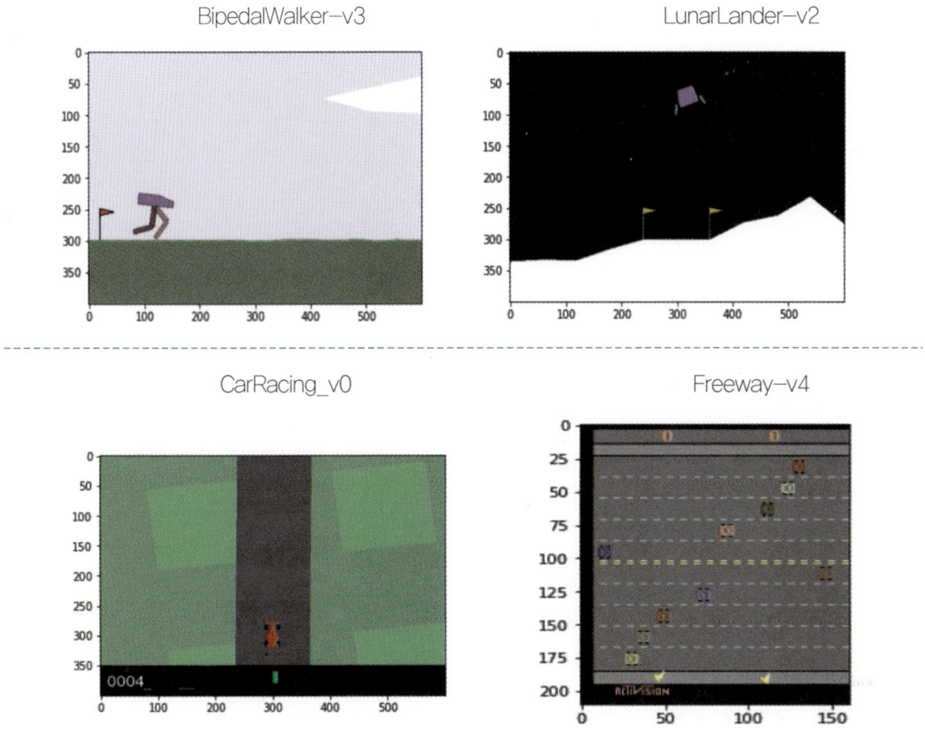

끝으로 Gym은 MuJoCo(Multi-joint dynamic with contact) 환경을 제공하고 있다. MuJoCo는 중력이 작용하는 물리 엔진을 구현해서 만든 가상환경으로 현실과 비슷한 환경에서 강화학습 알고리즘 성능을 점검하고 비교할 수 있다. MuJoCo를 실행하기 위해서는 별도의 라이센스가 필요하고 30일 동안 무료체험이 있으나 유료 소프트웨어이다(학생용 계정은 무료이다).

4장

몬테카를로 추정방법

최적 가치 및 Q 함수를 산출하고 최적 policy를 구하기 위해 DP(Dynamic programming)는 환경의 확률구조(model dynamics)를 알고 있다는 가정을 해야 한다. 그러나 실제 문제에서는 이러한 가정은 성립되지 않는다. 몬테카를로는 환경의 확률구조를 알지 못할 때 이용하는 강화학습법 중의 하나이다.

4.1 가치함수 및 Q 함수의 몬테카를로 추정

어떤 확률변수 X의 분포함수가 $f(x)$일 때 확률변수 X의 기대치는

$$E(X) = \int xf(x)dx$$

이다.

이 기대치를 구하기 위해 분포함수 $f(x)$를 알아야 하지만 이를 알지 못하면 분포함수 $f(x)$를 따르는 모집단으로부터 임의표본 $X_1, X_2, \cdots, X_n$을 추출하여

$$\frac{1}{n}\sum_{i=1}^{n} X_i$$

으로 $E(X)$를 추정한다. 이를 $E(X)$의 몬테카를로 추정치라고 한다. 여기에서 임의표본의 의미는 동일한 분포함수 $f(x)$(그러나 이 분포를 알지 못함)에서 독립적으로 뽑힌 표본 $X_1, X_2, \cdots, X_n$이라는 뜻이다. 그러면 대수의 법칙(law of large number)에 의해 n이 커짐에 따라 $\frac{1}{n}\sum_{i=1}^{n} X_i$는 $E(X)$에 수렴하게 된다.

DP에서 구해야 하는 기대치는

$$V^{\pi}(s) = E_{\pi(\tau)}(G_t | S_t = s)$$
$$Q^{\pi}(s,a) = E_{\pi(\tau)}(G_t | S_t = s, a_t = a)$$

임을 공부한 바 있다. 여기에서

$$G_t = \sum_{k=t}^{T-1} \gamma^{k-t} r_k, \quad V^\pi(s)\text{에서의 } \pi(\tau) = \Pi_{k=t}^{T-1} \pi(a_k | s_k) p(s_{k+1} | s_k, a_k)$$

그리고

$$Q^\pi(s,a)\text{에서의} \quad \pi(\tau) = \Pi_{k=t}^{T-1} p(s_{k+1} | s_k, a_k) \pi(a_{k+1} | s_{k+1})$$

이다. $E(X) = \int x f(x) dx$와 비교하여 X는 G_t에 대응하고 $f(x)$는 $\pi(\tau)$와 대응된다. 이미 언급한 바 있지만 $\pi(\tau)$에서 transition 확률 $p(s_{k+1} | s_k, a_k)$는 모르지만 환경에 s_k와 a_k가 입력되면 transition 확률에 따라 s_{k+1}로 이동하게 된다. 그러므로 $\pi(a_t | s_t)$가 결정되면 $\pi(\tau)$가 결정되게 된다. 따라서, $\pi(a|s)$가 $f(x)$에 대응되는 분포함수가 된다. 이러한 이유로 고정된 $\pi(a|s)$로부터 G_t를 반복적으로 구한 후 G_t의 평균을 구하면 이 평균이 policy π에서 구한 $V^\pi(s)$와 $Q^\pi(s,a)$의 몬테카를로 추정치가 된다.

간단한 예제를 통해 $V^\pi(s)$와 $Q^\pi(s,a)$를 어떻게 구하는지 살펴보도록 하자. policy $\pi(a|s)$가 확률적(stochastic)이고 transition도 확률이므로 반복된 episode의 경로는 서로 간에 다르게 나타난다. 여기에서 반복된 episode의 수가 $\frac{1}{n}\sum_{i=1}^{n} X_i$의 n에 해당한다. 4개의 state A, B, C, G가 있고 두 개의 action 0과 1이 있다고 가정하고 G는 terminal state라고 가정하자. 고정된 $\pi(\tau)$에 의해 다음과 같이 5개의 episode가 관측되었다고 하자.

episode 1:

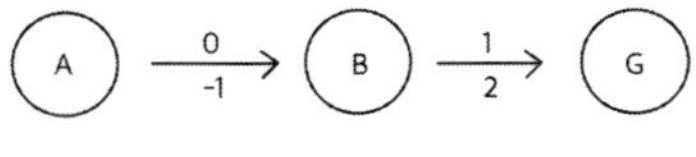

episode 2:

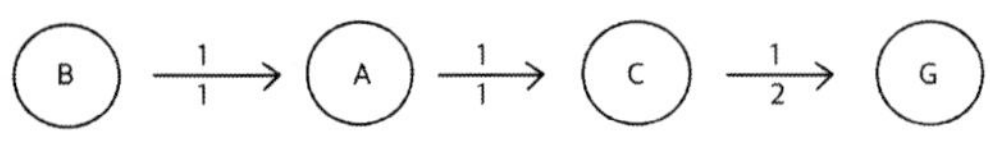

episode 3:

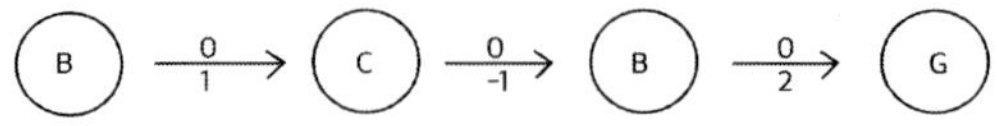

episode 4:

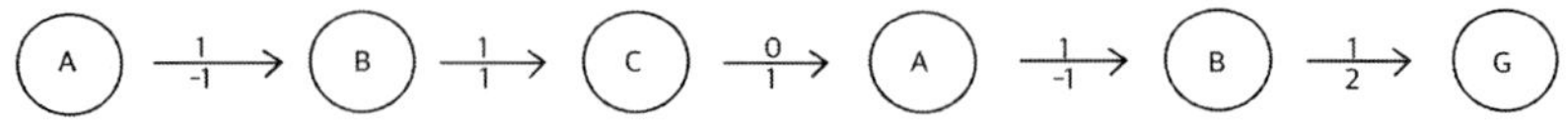

episode 5:

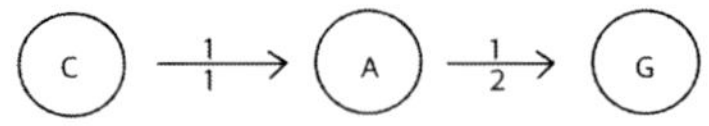

episode 1로 위 episode 그림의 의미를 살펴보도록 하자. episode 1은 state A에서 action 0을 취해 reward -1을 받고 state B로 이동한다. 그리고 state B에서 action 1을 선택하여 reward로 +2를 받고 목적지 G에 도달하는 경로이다. 그러므로 화살표 위의 0과 1은 action을 의미하고 화살표 아래는 action의 결과로 받게 되는 reward -1, 1 또는 2를 의미한다. 먼저 $V^{\pi}(A)$를 계산하자. episode 1에서 시점 0에서 state A가 최초로 관측되었으므로 state A에 대한 $G_0 = r_0 + \gamma r_1 = -1 + \gamma \cdot 2$, episode 2에서는 state A를 시점 $t = 1$에서 최초로 방문했으므로 $G_1 = r_1 + \gamma r_2 = 1 + \gamma \cdot 2$, episode 3에서는 state A를 방문하지 않았으므로 생략하였다. episode 4에서는 $G_0 = r_0 + \gamma r_1 + \gamma^2 r_2 + \gamma^3 r_3 + \gamma^4 r_4 = -1 + \gamma \cdot 1 + \gamma^2 \cdot 1 + \gamma^3 \cdot 1 - \gamma^4 \cdot 2$, 그리고 episode 5에서는 $G_1 = r_1 = 2$가 된다. 계산을 간단하게 $\gamma = 1$로 놓으면 episode 1에서 $G_0 = 1$, episode 2에서 $G_1 = 3$, episode 4에서 $G_0 = 2$, 그리고 episode 5에서 $G_1 = 2$이므로 $V^{\pi}(s)$의 몬테카를로 추정치는

$$V^{\pi}(A) = \frac{1+3+2+2}{4} = 2$$

가 된다. 위 계산에서 episode 4의 경우, state A를 두 번 방문했지만 최초로 방문한 state A의 G_0만을 이용하였다. 이를 최초방문 몬테카를로(First-visit Monte Carlo: FVMC)라고 하고 한 episode에서 동일한 state를 두 번 이상 방문할 때도 이

를 모두 G_t로 계산하여 몬테카를로 추정치에 추가하면 이를 모든 방문 몬테카를로(Every-visit Monte Carlo: EVMC)라고 한다. 그러므로 episode 4에서 $G_0 = 2$이고 $G_3 = 1$이므로 $V^\pi(A)$의 EVMC 추정치는

$$V^\pi(A) = \frac{1+3+2+1+2}{5} = 1.8$$

이 된다. FVMC 추정치에서 각 episode는 서로 간에 독립적이고 동일한 확률분포 $\pi(\tau)$에서 실행되었으므로 각 episode의 G_t가 $\frac{1}{n}\sum_{i=1}^{n} X_i$에서 X_i에 해당한다. 이러한 의미에서 FVMC가 EVMC보다 본래의 Monte Carlo 추정치에 가깝다고 할 수 있다. 그러나 episode 반복 수가 많아지면 이들 간의 차이는 거의 없다. 엄밀하게 구분한다면, FVMC는 매 episode의 초기 state가 임의로 설정되었을 때 유리하고, EVMC는 매 episode의 초기 state가 동일하게 고정되어 있을 때 좀 더 유리하다. 같은 방법으로 $V^\pi(B)$와 $V^\pi(C)$를 구하면 아래 표와 같이 정리할 수 있다.

표 4-1 몬테카를로 가치함수 추정치

	FVMC	EVMC
$V^\pi(A)$	$\frac{1+3+2+2}{4}$	$\frac{1+3+2+1+2}{5}$
$V^\pi(B)$	$\frac{2+4+2+3}{4}$	$\frac{2+4+2+2+3+2}{6}$
$V^\pi(C)$	$\frac{2+1+2+3}{4}$	$\frac{2+1+2+3}{4}$

위 <표 4-1>에 있는 추정치의 정밀도를 높이기 위해서는 훨씬 많은 수의 episode가 필요하다.

$Q^\pi(s,a)$의 추정도 $V^\pi(s)$와 동일하다. 예를 들어, $Q^\pi(A,1)$을 위한 state A와 action 1이 동시에 있는 episode는 episode 2, 4, 5이므로 $Q^\pi(A,1)$의 FVMC 추정치는 $\frac{3+2+2}{3}$이고 EVMC 추정치는 $\frac{3+2+1+2}{4}$가 된다. 지금까지 논의한 몬

테카를로 추정치를 수식으로 표현하기 위해 $G_i(s)$를 i번째 episode에서 state s의 return이라고 정의하면, $V^\pi(s)$의 몬테카를로 추정치는

$$\overline{G}_n(s) = \frac{1}{n}\sum_{i=1}^{n} G_i(s)$$

가 된다. 동일하게 $G_i(s,a)$를 i번째 episode에서 state-action쌍 (s,a)의 return이라고 정의하면 $Q^\pi(s)$의 몬테카를로 추정치는

$$\overline{G}_n(s,a) = \frac{1}{n}\sum_{i=1}^{n} G_i(s,a)$$

이다. $V^\pi(s)$의 추정치 $\overline{G}_n(s)$는 다음과 같이 재표현할 수 있다.

$$\begin{aligned}
\overline{G}_n(s) &= \frac{1}{n}\sum_{i=1}^{n} G_i(s) \\
&= \frac{1}{n-1}\sum_{i=1}^{n-1} G_i(s) + \frac{1}{n}\sum_{i=1}^{n} G_i(s) - \frac{1}{n-1}\sum_{i=1}^{n-1} G_i(s) \\
&= \frac{1}{n-1}\sum_{i=1}^{n-1} G_i(s) + \frac{1}{n}\Big(\sum_{i=1}^{n} G_i(s) - \sum_{i=1}^{n-1} G_i(s) - \frac{1}{n-1}\sum_{i=1}^{n-1} G_i(s)\Big) \\
&= \frac{1}{n-1}\sum_{i=1}^{n-1} G_i(s) + \frac{1}{n}\Big(G_n(s) - \frac{1}{n-1}\sum_{i=1}^{n-1} G_i(s)\Big) \\
&= \overline{G}_{n-1}(s) + \frac{1}{n}\big(G_n(s) - \overline{G}_{n-1}(s)\big)
\end{aligned}$$

위 식에 의해 $\overline{G}_n(s)$는 $(n-1)$번째까지 관측된 $G_i(s)$들로 구한 몬테카를로 추정치 $\overline{G}_{n-1}(s)$에 n번째 관측된 return $G_n(s)$의 변화량을 합한 형태이다. 변화량 $G_n(s) - \overline{G}_{n-1}(s)$는 직전 평균값과 비교하여 n번째 관측 return $G_n(s)$가 크면 증가하고 작으면 감소하고 있다. 그러므로 이 변화량은 추가된 $G_n(s)$이 $\overline{G}_{n-1}(s)$ 대비하여 좋은 값인지 아닌지를 평가하여 증분 또는 감소분에 $\frac{1}{n}$을 곱해서 개선된 몬테카를로 추정치 $\overline{G}_n(s)$를 구하게 된다. 여기에서 $\frac{1}{n}$은 머신러닝에서 모수를

update할 때 쓰는 학습률(learning rate) 역할을 하고 있다. 이와 같은 형태로 추정치를 update하는 것을 평균증분(mean increment)이라고 하며 일반적인 형태는 다음과 같다.

$$\overline{G}_n(s) = \overline{G}_{n-1}(s) + \alpha(G_n(s) - \overline{G}_{n-1}(s))$$

여기에서 α는 매우 작은 값이며 이는 머신러닝에서 gradient ascent에 의한 모수 update인 $\theta_n = \theta_{n-1} + \alpha \nabla_\theta L(\theta)$와 매우 유사함을 알 수 있다. 이러한 형태의 추정치 update는 앞으로 논의할 모든 강화학습법에서 사용될 것이며, 특히 평균증분(mean increment)은 4.4절에서 설명할 off-policy의 update에서 유용하게 사용될 것이다.

4.2 최적 policy 몬테카를로 추정

DP(dynamic programming)에서 정책 반복법(policy iteration)과 가치 반복법(value iteration)을 논의한 바 있다. 정책 반복법은 policy π를 고정한 상태에서 가치함수를 최적화한 후 policy π를 개선한다. 한편, 가치 반복법에서는 모든 가능한 state s와 action a쌍에 대해 Q 함수를 구한 후 최적 policy π^*를 구하였다. 몬테카를로에서는 관측된 episode를 이용하여 몬테카를로 추정치를 구하기 때문에, 가능한 state와 action 쌍을 반복적으로 관측하여 신뢰성 있는 몬테카를로 추정치를 위해서는 셀 수 없을 만큼의 episode가 필요하다. 이러한 이유로 몬테카를로에서는 정책 반복법을 사용하여 최적 policy를 구하게 된다. 몬테카를로 정책 반복법은 다음과 같이 네 단계로 구성되어 있다.

단계 1: 결정적 π를 임의로 부여한다.

단계 2: 주어진 π에서 $Q^{\pi}(s,a)$를 구한다.

단계 3: $\mathrm{arg}max_a Q^{\pi}(s,a)$로 π를 개선한다.

단계 4: 단계 2와 단계 3을 반복한다.

그러나 이러한 몬테카를로 정책 반복법은 치명적인 약점을 가지고 있다. 결정적 초기 policy와 마찬가지로 개선되는 policy도 $\mathrm{arg}max_a Q^{\pi}(s,a)$으로 선택된 action만 이용하므로 개선된 policy 역시 결정적(deterministic)이라는 것이다. 이는 주어진 state s에서 다른 action을 측정할 기회가 없다는 것을 의미한다. 그러므로 주어진 state s에서 결정적 action a의 $Q(s,a)$보다 더 큰 $Q(s,a')$를 갖는 action a'를 찾을 기회가 없어지게 된다. 이처럼 $\mathrm{arg}max_a Q^{\pi}(s,a)$에 의해 결정적으로 만든 policy를 greedy policy라고 한다. 이러한 greedy policy의 약점을 보완한 것이 epsilon-greedy policy이다. epsilon-greedy policy는 몬테카를로 정책 반복법 단계 3에서 $a^* = \mathrm{arg}max_a Q^{\pi}(s,a)$라고 표기할 때 개선된 π는 state s에서 $1-\epsilon$의 확률로 action a^*를 선택하고 ϵ의 확률로 임의의 action a를 선택하는 policy를 말한다. 이제 epsilon-greedy policy를 이용한 몬테카를로 정책 반복법을 좀 더 세밀한 알고리즘으로 정리해 보자.

1. 모든 state s와 action a에 대해 $T(s,a)=0$, $N(s,a)=0$으로 놓는다.
2. (1) 임의의 policy π에서 하나의 episode를 생성한다.

   (2) episode에서 생성된 $(s_0,a_0,r_0), (s_1,a_1,r_1),\cdots,(s_{T-1},a_{T-1},r_{T-1})$을 저장한다.

   (3) 시점 $t=0$부터 $T-1$까지:

   만약 (s_t,a_t)가 최초의 방문이면:

   (3.1) $G(s_t,a_t)=\sum_{k=t}^{T-1}\gamma^{k-t}r_k$를 계산한다.

   (3.2) $T(s_t,a_t)=T(s_t,a_t)+G(s_t,a_t)$를 계산한다.

   (3.3) $N(s_t,a_t)=N(s_t,a_t)+1$으로 $N(s_t,a_t)$를 증가시킨다.

(3.4) $Q(s_t,a_t) = \dfrac{T(s_t,a_t)}{N(s_t,a_t)}$를 구한다.

(4) (3)에서 구한 모든 (s,a)의 $Q(s,a)$를 이용하여 $a^* = \mathrm{arg}max_a Q(s,a)$으로 action a^*를 구한다.

(5) $1-\epsilon$의 확률로 state s에서 action a^*를 선택하고 ϵ의 확률로 임의의 action a를 선택하는 policy로 π를 update한다. 이 update된 π로부터 (s_0,a_0,r_0), $(s_1,a_1,r_1),\cdots,(s_{T-1},a_{T-1},r_{T-1})$을 생성한다.

(6) (3) ~ (5)를 M번 반복한다.

위 알고리즘에서 볼 수 있듯이 $T(s,a) = \sum_{i=1}^{N(s,a)} G_i(s,a)$이며 $N(s,a)$는 (s,a)쌍을 방문한 총 횟수이다. 또한 $Q(s,a)$의 몬테카를로 추정치는 FVMC이고 총 M번의 episode에 의해 $Q(s,a)$를 추정하고 있다. DP 정책 반복법에서는 $V^{\pi}(s)$가 수렴할 때까지 반복한 다음에 구한 Q 함수로 π를 update 했으나, 몬테카를로 정책 반복법은 $V^{\pi}(s)$의 수렴없이 매 episode마다 Q 함수를 update하고 이를 이용하여 π를 update하는 차이점이 있다.

4.3 Blackjack 게임의 몬테카를로 학습

앞 절에서 논의한 몬테카를로 정책 반복법으로 Blackjack에서 최고의 승률을 위한 최적 policy를 구해보자. 이를 위해 간략하게 Blackjack 게임 룰을 살펴보자. Blackjack은 ace 카드는 1 또는 11 값을, 2~10 카드는 각각 2~10의 값을, 그리고 J, Q, K 카드는 10 값을 갖는다. 카드 딜러는 나(agent)에게 2장의 카드를 펼쳐서 주고 딜러 역시 두 장의 카드를 갖는데 하나는 펼치고 하나는 덮어둔다. 게임 룰은 카드의 합이 21에 가까운 나 또는 딜러가 이기는 간단한 룰이다. 카드를 2장씩 가지고 있는 상태에서 내가 “hit”라고 말하면 딜러로부터 추가적으로 카드를 받을 수 있고 “stand”라고 말하면 카드를 더 받지 않겠다고 딜러에게 말하는 것이다. 그런데 카드를 계속 받아서 카드의 합이 21을 넘으면 이를 “bust”라고 하며 나는 무조건 게임을 지게 된다. ace 카드는 게임의 유불리에 따라 1 또는 11로 사용할 수 있으며 ace 카드를 11로 사용하면 이를 usable ace라고 말한다. 딜러는 카드를 2장만 가지고 있으므로 당연히 ace를 11로 사용한다.

이제 Blackjack 환경에서 최적 policy를 구해보자. 아래 프로그램에 의해 Blackjack-v0 환경을 만들고 초기 state를 보면 3개 값으로 만들어진 tuple 값을 보여주고 있다. (20, 4, True)에서 20은 agent(나)에게 펼쳐진 카드의 합이 20이고, 4는 딜러가 가진 2장의 카드 중 펼쳐진 카드 한 장이 4인 것을 말하며, 마지막으로 True는 agent가 ace를 usable ace인지를 말해주고 있다. 즉, agent는 2개의 카드 중 하나는 ace이고 이 ace 카드를 11로 사용했으며 나머지 한 장은 9 카드임을 말한다.

```
import gym
env=gym.make('Blackjack-v0')
env.reset()
```

```
(20, 4, True)
```

아래 프로그램과 같이 Blackjack의 action space는 이산형이며 0(stand) 또는 1(hit) 값을 갖는다.

```
print(env.action_space)
```

```
Discrete(2)
```

다음 프로그램은 state가 (7, 10, False)이므로 당연하게 hit(1)를 할 것이며 env.step (action)에 의해 (next_state, reward, done, _)을 출력하고 있다. 즉 다음 state는 (10,

10, False)로 나타났고 reward=0.0, 그리고 done은 게임의 승리여부를 나타낸다. done=True이면 승부가 났다는 의미로 agent가 이기면 reward=1.0, 지면 reward=-1, 그리고 비기면 reward=0.0을 반환한다. 아래 프로그램에서는 done=False이므로 승부가 나지 않아 reward=0.0이고 agent는 (10, 10, False)이므로 stand를 하면 지기 때문에 다음 action으로 hit를 하게 된다.

```
import gym
env=gym.make('Blackjack-v0')
state=env.reset()
print(state)
action=1
print(env.step(action))
```

```
(7, 10, False)
((10, 10, False), 0.0, False, {})
```

다음 프로그램은 임의의 action을 취해 승부가 날 때까지 transition(state, action, reward)를 episode로 지정된 변수에 저장하는 프로그램이다. 두 번 만에 게임이 딜러의 승리로 끝이 났으며 agent는 연속하여 hit해서

$$(7, 10, \text{ False }) \underset{0.0}{\overset{1}{\rightarrow}} (14, 10, \text{ False }) \underset{-1.0}{\overset{1}{\rightarrow}} \text{ the dealer wins}$$

으로 state가 변했다는 것을 보여주고 있다.

```
import gym
env=gym.make('Blackjack-v0')
state=env.reset()

episode=[]

num_timesteps=20
```

```
for t in range(num_timesteps):

    random_action=env.action_space.sample()

    new_state, reward, done, _ =env.step(random_action)

    episode.append((state, action, reward))

    if done:
        break

    state=new_state

print(episode)
```

```
[((7, 10, False), 1, 0.0), ((14, 10, False), 1, -1.0)]
```

다음 프로그램은 Blackjack 환경에서 agent(나)의 승률을 최대로 하는 최적 policy를 구하기 위한 프로그램이다. 비록 해설을 추가하였으나 이 프로그램은 Ravichandiran (2020)의 프로그램이다. 아래 프로그램에서 defaultdict는 변수를 dictionary 데이터로 정의하고자 할 때 사용하는 함수로, 특히 프로그램에서 최초로 key가 나타날 때 key에 대응하는 값을 0으로 놓기 때문에 초깃값을 설정하는 효과를 가지고 있다. 이어지는 프로그램에 있는 epsilon_greedy( ) 함수에 의해 Q=default(float)는

```
Q[(state, action)]={'(state,action)':float}
```

으로 형식을 지정하고, total_return=defaultdict(float)는

```
total_return[(state,action)]={'(state,action)':float}
```

으로, 그리고 N=defaultdict(int)는

```
N[(state,action)]={'(state,action)':int}
```

로 형식을 지정하게 된다. Q, total_return, 그리고 N의 key인 (state, action)이 처음 나왔을 때 0값을 지정하므로 모든 state-action 쌍의 Q, total_return, N의 초기치를 0으로 부여하는 것과 동일한 역할을 하게 된다.

```
import gym
import pandas as pd
import random
from collections import defaultdict

env=gym.make('Blackjack-v0')

Q=defaultdict(float)
total_return=defaultdict(float)
N=defaultdict(int)
```

다음 프로그램은 epsilon-greedy policy와 episode를 생성하는 프로그램이다. 0~1 사이 값을 Uniform 분포로부터 추출하여 0.2보다 작으면 임의의 action을 선택하고 그렇지 않으면 Q 함수로부터 greedy하게 action을 선택한다.

```
max(list(range(env.action_space.n)), key=lambda x:Q[(state,x)])
```

는 key에 정의된 Q[(state,x)] 중 x를 기준으로 최대 Q를 정의하며 x는 list(range (enxv.action_space.n))에 의해 0,1이 차례로 입력된다. generate_episode( ) 함수에 의해 episode는 list 데이터로 정의되고 episode.append((state,action,reward))로 episode에 (state,action,reward)를 하나의 요소로 한 tuple 데이터가 저장된다.

```
def epsilon_greedy(state, Q):
    epsilon=0.2

    if random.uniform(0,1)<epsilon:
        return env.action_space.sample()
    else:
        return max(list(range(env.action_space.n)), key=lambda x:Q[(state,x)])

num_timesteps=50
def generate_episode(Q):
    episode=[]
    state=env.reset()

    for t in range(num_timesteps):
        action=epsilon_greedy(state,Q)
        next_state,reward,done,_=env.step(action)
        episode.append((state,action,reward))

        if done:
            break

        state=next_state
    return episode
```

끝으로 episode_greedy( )와 generate_episode( ) 함수를 이용하여 500,000개의 episode를 생성하여 최적 Q 함수를 구해보자. 아래 프로그램에서

all_state_action_pairs=$[(s_0,a_0),(s_1,a_1),\cdots,(s_{T-1},a_{T-1})]$

이고

rewards=$[r_0,r_1,\cdots,r_{T-1}]$

이다. 이 두 개의 tuple list는 episode마다 새로 만들어지며 $Q(s,a)$는 FVMC이다.

```
num_episodes=500000

for i in range(num_episodes):
    episode=generate_episode(Q)
    all_state_action_pairs=[(s,a) for (s,a,r) in episode]
    rewards=[r for (s,a,r) in episode]

    for t,(state,action,_) in enumerate(episode):
        if not (state,action) in all_state_action_pairs[:t]:
            G=sum(rewards[t:])
            total_return[(state,action)]=total_return[(state,action)]+G
            N[(state,action)]+=1
            Q[(state,action)]=total_return[(state,action)]/N[(state,action)]
```

dictionary 데이터인 Q를 DataFrame으로 전환하여 최초의 10개의 Q값을 출력해 보면 다음과 같다. Q의 key가 (state, action)이므로 첫 번째 자료의 state는 (12, 10, False)이며 action은 0이며 이에 대응하는 최적 Q값은 −0.578임을 보여주고 있다. state (12, 10, False)에서 action 1(hit)가 최적 policy임을 보여주고 있다.

```
df=pd.DataFrame(Q.items(),columns=['state_action_pair','Q_value'])
df.head(10)
```

	state_action_pair	Q_value
0	((12, 10, False), 0)	-0.578004
1	((12, 10, False), 1)	-0.477711
2	((15, 8, False), 0)	-0.516171
3	((15, 8, False), 1)	-0.529032
4	((10, 2, False), 0)	-0.231317
5	((10, 2, False), 1)	0.100592
6	((19, 10, False), 0)	-0.015443
7	((19, 10, False), 1)	-0.760417
8	((15, 1, False), 0)	-0.774965
9	((15, 1, False), 1)	-0.640083

아래와 같이 state가 (19,8,True)일 때 action=0(stand)의 Q 값이 action=1(hit)일 때보다 크므로 action=0가 최적 policy, 즉 agent가 승리할 확률이 높고, state가 (13,8,False)일 때는 Q 값이 음의 값이므로 agent가 질 가능성이 높지만 action=1(hit)이 최적임을 보여주고 있다.

```
print([df[df['state_action_pair']==((19,8,True),0)]])
print([df[df['state_action_pair']==((19,8,True),1)]])

print([df[df['state_action_pair']==((13,8,False),0)]])
print([df[df['state_action_pair']==((13,8,False),1)]])
```

```
[         state_action_pair   Q_value
425  ((19, 8, True), 0)  0.582202]
[         state_action_pair   Q_value
372  ((19, 8, True), 1)  0.069767]
[          state_action_pair   Q_value
312  ((13, 8, False), 0) -0.497689]
[          state_action_pair   Q_value
313  ((13, 8, False), 1) -0.393062]
```

4.4 off-policy 몬테카를로

off-policy 몬테카를로는 행동정책(behavior policy)과 목표정책(target policy)으로 구성되어 있다. 행동정책으로부터 episode를 생성하고 이 episode를 이용하여 목표 정책을 개선한다. 지금까지 논의해온 몬테카를로 정책 반복법은 policy π에서 episode를 생성하고 이 episode를 이용하여 원래의 π를 개선해왔다. 이러한 policy 개선을 on-policy라고 한다. 간단하게 정리하면 episode를 생성하는 policy와 개선하는 policy가 동일하면 on-policy라고 하며, 다르면 off-policy라고 한다. 이러한 개념은 앞으로 계속 나오므로 기억해 두도록 하자.

어떤 확률변수 X의 분포함수가 $f(x)$라고 할 때 X의 기대치는

$$E(X) = E_{f(x)}(X) = \int x f(x) dx$$

가 된다. $E(X)$를 추정하기 위해 분포함수 $f(x)$로부터 임의표본 $X_1, X_2, \cdots, X_n$을 뽑아, $\frac{1}{n}\sum_{i=1}^{n} X_i$로 $E(X)$를 추정하였고 이를 몬테카를로 추정법이라고 하였다. 그런데 X의 분포함수 $f(x)$가 정확하게 정의되지 않았거나 표본을 뽑기 어려울 때, 표본추출이 쉬운 제3의 분포함수 $g(x)$로부터 표본을 뽑아 $E(X)$를 추정할 수 있다.

$$E(X) = E_{x \sim f(x)}(X) = \int x f(x) dx$$

$$= \int x \frac{f(x)}{g(x)} g(x) dx = E_{x \sim g(x)}(X \frac{f(X)}{g(X)})$$

의 관계를 이용하여 분포함수 $g(x)$로부터 임의표본 $X_1, X_2, \cdots, X_n$을 뽑은 후,

$$\frac{1}{n}\sum_{i=1}^{n} X_i \frac{f(X_i)}{g(X_i)}$$

으로 $E(X)$를 추정한다. 단, $n = \sum_{i=1}^{n} \frac{f(X_i)}{g(X_i)}$이며 $\frac{f(x)}{g(x)}$를 important sampling ratio 또는 important correction이라고 한다.

이제 important sampling ratio를 이용한 $Q^{\pi}(s,a) = E_{\pi(\tau)}(G_t | S_t = s, a_t = a)$ 추정에 대해 논의해 보자. 4.1절에서 논의했던 몬테카를로 추정법을 간략하게 정리해 보자. $G_i(s,a)$를 i번째 episode에서 관측된 state s와 action a에서의 return이라고 할 때 $Q^{\pi}(s,a)$의 몬테카를로 추정치는

$$\overline{G}_N(s,a) = \frac{1}{N(s,a)} \sum_{i=1}^{N(s,a)} G_i(s,a)$$

이다. 여기에서 $N(s,a)$는 state-action 쌍 (s,a)를 방문한 총 episode의 개수이다. $\overline{G}_N(s,a)$를 평균증분(mean increment)으로 재표현하면

$$\overline{G}_N(s,a) = \overline{G}_{N-1}(s,a) + \frac{1}{N-1}(G_N(s,a) - \overline{G}_{N-1}(s,a)) \tag{4.1}$$

이 된다. 여기에서 $N = N(s,a)$이다. 이제, 행동정책을 $b(a|s)$로, 목표정책을 $\pi(a|s)$로 표기하자. 그러면

$$\pi(\tau) = \prod_{k=t}^{T-1} p(s_{k+1}|s_k, a_k)\pi(a_{k+1}|s_{k+1}) \tag{4.2}$$

이고

$$b(\tau) = \prod_{k=t}^{T-1} p(s_{k+1}|s_k, a_k) b(a_{k+1}|s_{k+1}) \tag{4.3}$$

으로 model dynamics를 표현할 수 있다. 앞에서 논의한 important sampling에 의해

$$Q^\pi(s,a) = E_{\pi(\tau)}(G_t|S_t = s, a_t = a) = E_{b(\tau)}(G_t \frac{\pi(\tau)}{b(\tau)}|S_t = s, a_t = a)$$

이 된다. $\pi(\tau)$와 $b(\tau)$에서 transition 확률 $p(s'|s,a)$가 동일하므로 식 (4.2)와 (4.3)에 의해

$$\frac{\pi(\tau)}{b(\tau)} = \frac{\prod_{k=t}^{T-1} p(s_{k+1}|s_k, a_k)\pi(a_{k+1}|s_{k+1})}{\prod_{k=t}^{T-1} p(s_{k+1}|s_k, a_k) b(a_{k+1}|s_{k+1})} = \prod_{k=t}^{T-1} \frac{\pi(a_{k+1}|s_{k+1})}{b(a_{k+1}|s_{k+1})}$$

이 된다. $\prod_{k=t}^{T-1} \frac{\pi(a_{k+1}|s_{k+1})}{b(a_{k+1}|s_{k+1})}$를 ω_t라고 표기하면 $Q^\pi(s,a)$의 off-policy 몬테카를로 추정치는

$$\tilde{G}_N(s,a) = \frac{1}{c_N(s,a)} \sum_{i=1}^{N(s,a)} \omega_{t_i} G_i(s_{t_i}, a_{t_i}) \tag{4.4}$$

가 된다. 여기에서 s_{t_i}, a_{t_i}, 그리고 ω_{t_i}는 i번째 episode의 시점 t_i에서 관측된

$S_{t_i} = s, a_{t_i} = a$, 그리고 $\omega_{t_i} = \prod_{k=t_i}^{T-1} \frac{\pi(a_{k+1} | s_{k+1})}{b(a_{k+1} | s_{k+1})}$이다. 또한 $c_N(s,a) = \sum_{i=1}^{N(s,a)} \omega_{t_i}$이며 $N(s,a)$는 state-action 쌍 (s,a)를 방문한 총 횟수이다. 식 (4.4)를 평균증분(mean increment)로 재표현하기 위해 식 (4.1)에서 사용한 일종의 학습률 $\frac{1}{N-1}$을 $\frac{\omega_{t_i}}{c_{N-1}(s,a)}$로 바꾸어 주면 된다. 즉,

$$\tilde{G}_N(s,a) = \tilde{G}_{N-1}(s,a) + \frac{\omega_{t_N}}{c_{N-1}(s,a)}(G_N(s,a) - \tilde{G}_{N-1}(s,a))$$

이 된다. 추가적으로, 목표 policy $\pi(a|s)$와 행동 policy $b(a|s)$는 다음의 관계, $\pi(a|s) > 0$이면 $b(a|s) > 0$을 만족해야 한다. 이를 coverage 가정이라고 한다. 따라서 일반적으로 $b(a|s)$가 epsilon-greedy policy이면 $\pi(a|s)$는 greedy policy가 된다. 지금까지 논의한 off-policy 몬테카를로 알고리즘을 정리하면 다음과 같다.

단계 1: 모든 (s,a)에 대해 $Q(s,a)$의 초기치를 임의로 부여하고 $c(s,a) = 0$으로 놓는다. $b(a|s)$는 epsilon-greedy policy로, $\pi(a|s)$는 greedy policy로 정의한다.

단계 2: 다음을 M번 반복한다.

1. 행동 policy로부터 $[(s_0, a_0, r_0), (s_1, a_1, r_1), \cdots, (s_{T-1}, a_{T-1}, r_{T-1})]$을 생성한다.
2. $G_t = 0, \omega = 1$로 놓는다.
3. $t = T-1, T-2, \cdots, 0$ 역순으로:

   3.1 $G_t = G_t + r_t$를 계산한다.

   3.2 $c(s_t, a_t) = c(s_t, a_t) + w$으로 $c(s_t, a_t)$를 update한다.

   3.3 $Q(s_t, a_t) = Q(s_t, a_t) + \frac{\omega}{c(s_t, a_t)}(G_t - Q(s_t, a_t))$으로 $Q(s_t, a_t)$를 update한다.

   3.4 $a^* = \text{arg}max_a Q(s_t, a)$으로 $\pi(a^* | s_t) = 1$이 되도록 update한다.

   3.5 $a_t \neq a^*$이면 go to 단계 2의 1번으로

3.6 $a_t = a^*$이면 $\omega = \omega \frac{1}{b(a_t|s_t)}$로 update한다.

단계 3: 목표정책 π를 반환한다.

단계 2는 EVMC(every-visit MC)를 사용하기 때문에 시간의 역순으로 계산하고 있다. 단계 2의 절차 3.5에서 $a_t \neq a^*$이면 $\pi(a_t|s_t) = 0$을 의미하므로 $\frac{\pi(a_t|s_t)}{b(a_t|s_t)} = 0$이 된다. 이는 π가 update되었다는 의미이므로 다음 episode로 가게 된다. 단계 2의 절차 3.6에서 $\omega = \omega \frac{1}{b(a_t|s_t)}$는 실제적으로 $\omega = \omega \frac{\pi(a_t|s_t)}{b(a_t|s_t)}$이지만 $\pi(a_t = a^*|s_t) = 1$이므로 $\omega = \omega \frac{1}{b(a_t|s_t)}$으로 ω를 update한다.

지금까지 살펴본 바와 같이, 몬테카를로 최적 policy 추정은 환경에 대한 확률구조를 알지 못할 때 사용하는 model-free 방법의 하나이다. 그러나 몬테카를로 추정법은 episode 기반으로 최적 policy가 추정되므로 서비스 로봇과 같이 terminal state가 존재하지 않으면 적용할 수 없다는 약점이 있다. 또한, 몬테카를로 추정법은 Q 함수 $Q(s,a)$를 통해 최적 policy를 결정하므로 state와 action space가 유한할 때만 적용 가능하다는 약점도 가지고 있다. 다음 장에서는 terminal state가 존재하지 않더라도 적용이 가능한 temporal difference를 논의하게 될 것이다.

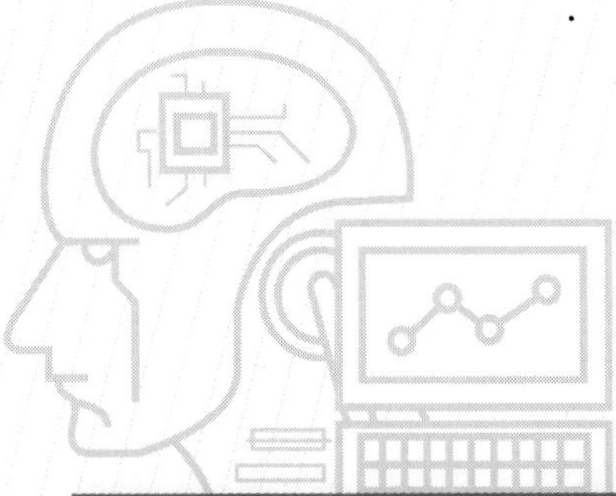

5장

TD와 action의 탐색

TD(Temporal difference) 학습은 DP(dynamic programming), MC(Monte Carlo)와 더불어 3대 고전적 강화학습이다. TD는 DP와 MC의 장점을 이용한 강화학습으로 DP에서 이용한 Bellman 방정식을 도입하였고 MC에서 사용한 평균증분(mean increment)을 이용하였다. 그러나 DP와 다르게 환경에 대한 확률구조를 알고 있다는 가정을 하지 않은 model-free 방법이고 MC에서처럼 return을 계산하기 위해 episode가 끝날 때까지 기다릴 필요가 없다.

$$Q^{\pi}(s,a) = E_{\pi(\tau)}(G_t | S_t = s, a_t = a)$$

를 추정하기 위해, MC에서는

$$Q^{\pi}(s,a) = \frac{1}{t}\sum_{k=1}^{t} G_k(s,a)$$

를 이용하였고 이를 평균증분으로 재표현하여

$$Q^{\pi}(s,a) \leftarrow Q^{\pi}(s,a) + \alpha[G_{t+1}(s,a) - Q^{\pi}(s,a)] \tag{5.1}$$

로 $Q^{\pi}(s,a)$를 update한 바 있다. 식 (5.1) 우측에 있는 $Q^{\pi}(s,a)$는 직전 episode에서 update된 $Q^{\pi}(s,a)$이다. 한편 Bellman 방정식은

$$Q^{\pi}(s,a) = E_{\substack{p(s_{t+1}|s_t,a_t)\\ \pi(a_{t+1}|s_{t+1})}}[r(s,a,S_{t+1}) + \gamma Q^{\pi}(S_{t+1},a_{t+1}) | S_t = s, a_t = a] \tag{5.2}$$

이다. $S_{t+1} = s', a_{t+1} = a'$으로 관측되었을 때 식 (5.2)의 $r(s,a,s') + \gamma Q^{\pi}(s',a')$는 식 (5.1)에 있는 $G_{t+1}(s,a)$의 추정치로 해석할 수 있다. 그러므로

$$Q^{\pi}(s,a) \leftarrow Q^{\pi}(s,a) + \alpha[r(s,a,s') + \gamma Q^{\pi}(s',a') - Q^{\pi}(s,a)] \tag{5.3}$$

로 $Q^{\pi}(s,a)$을 update하여 추정할 수 있다. 식 (5.3)을 TD 학습이라고 한다. MC에서 $G_{t+1}(s,a)$를 계산하기 위해 episode가 끝날 때까지 기다려야 추정치의 update가 가능하지만, TD는 식 (5.3)에서 볼 수 있듯이 episode 내의 매 시간스텝마다 추

정치의 update가 가능하다는 이점을 가지고 있다. 식 (5.2)의 Bellman 방정식에서 $r(s,a,s')+\gamma Q^{\pi}(s',a')$는 $Q^{\pi}(s,a)$의 one-step 앞 추정치로 해석할 수 있으므로 $Q^{\pi}(s,a)$의 목적변수로 해석할 수 있다. 이로부터 $r(s,a,s')+\gamma Q^{\pi}(s',a')-Q^{\pi}(s,a)$는 일종의 error로 해석되며 이를 TD error라고 한다.

식 (5.3)은

$$
\begin{aligned}
& update\text{된 } Q^{\pi}(s,a) \\
& = \text{현재의 } Q^{\pi}(s,a) + \text{학습률} \times (one-step\, Q^{\pi}(s,a)\ \text{예측치} - \text{현재의 } Q^{\pi}(s,a))
\end{aligned}
$$

로 해석할 수 있다.

5.1 SARSA와 Q-학습

TD 학습에는 on-policy와 off-policy가 있으며 식 (5.3)의 $Q^{\pi}(s',a')$에서 action a'의 선택방법에 따라 on-policy인 SARSA가 있고 off-policy인 Q-학습(Q-learning)이 있다. SARSA는 on-policy이므로 transition (s_t, a_t, r_t)를 생성하는 policy와 식 (5.3)을 개선하는 policy가 동일하다는 의미이고, Q-학습은 transition을 생성하는 policy와 식 (5.3)을 개선하는 policy가 서로 다르다는 의미이다. 먼저 SARSA를 살펴보기로 하자. SARSA의 의미는 식 (5.3)을 계산하는 데 필요한 $(s_t, a_t, r_t, s_{t+1}, a_{t+1})$에서 유래한 것이다. SARSA는 $Q(s,a)$를 기반으로 한 epsilon-greedy policy를 이용한다. 즉, 주어진 state s에서 action의 선택은, $1-\epsilon$의 확률로 $\text{arg}max_a Q(s,a)$로 action을 greedy하게 선택하고 ϵ의 확률로 임의의 action을 선택하는 policy를 말한다.

SARSA 알고리즘을 정리하면 다음과 같다.

1. 모든 (s,a)에 대해 $Q(s,a)$의 초기치를 임의로 부여한다.
2. 각 episode에 대해
   2.1 env.reset( )으로 초기 state s_0를 생성한다.
   2.2 $Q(s_0,a_0)$를 이용하여 epsilon-greedy policy로 action a_0를 선택한다.
   2.3 t=0부터 T-1까지:
      1. env.step(a_t)로 r_t와 s_{t+1}을 관측한다.
      2. $Q(s_{t+1},a_{t+1})$을 이용하여 epsilon-greedy policy로 a_{t+1}을 선택한다.
      3. $Q(s_t,a_t) = Q(s_t,a_t) + \alpha(r_t + \gamma Q(s_{t+1}, a_{t+1}) - Q(s_t,a_t))$로 $Q(s_t,a_t)$를 update한다.

SARSA 알고리즘에 따르면 $Q(s_t,a_t)$에서 action a_t의 선택을 위해 epsilon-greedy policy를 사용하였고, $Q(s_t,a_t)$를 update하기 위해 사용한 $Q(s_{t+1},a_{t+1})$의 action a_{t+1}의 선택도 epsilon-greedy policy를 사용한 것을 알 수 있다. 이런 이유로 SARSA는 on-policy가 된다.

SARSA와 Q-학습의 차이점을 직접 비교하기 위해 Q-학습 알고리즘을 정리해 보자.

1. 모든 (s,a)에 대해 $Q(s,a)$의 초기치를 임의로 부여한다.
2. 각 episode에 대해
   2.1 env.reset( )으로 초기 state s_0를 생성한다.
   2.2 t=0부터 T-1까지:
      1. $Q(s_t,a_t)$를 이용하여 epsilon-greedy policy로 action a_t를 선택한다.
      2. env.step(a_t)로 r_t와 s_{t+1}을 관측한다.
      3. $Q(s_t,a_t) = Q(s_t,a_t) + \alpha(r_t + \gamma \max_{a'} Q(s_{t+1}, a') - Q(s_t,a_t))$로 $Q(s_t,a_t)$를 update한다. 여기에서 $a_{t+1} = a'$이 된다.

SARSA와 비교하여 Q-학습의 유일한 차이점은 $Q(s_t,a_t)$를 update할 때 $\max_{a'} Q(s_{t+1},a')$을 사용한 것이다. 즉, Q-학습에서는 $Q(s_t,a_t)$에서 a_t의 선택은 epsilon-greedy policy를 사용한 반면, $Q(s_t,a_t)$를 update하기 위해 사용한 $Q(s_{t+1},a_{t+1})$의 action a_{t+1}의 선택은 $\max_{a'}Q(s_{t+1},a')$으로 선택하고 있어 greedy policy를 사용하고 있다. Q-학습은 이처럼 2개의 서로 다른 policy를 사용하므로 off-policy 학습법에 해당한다.

Q-학습의 약점은 $\max_{a'}Q(s_{t+1},a')$으로 action을 선택하기 때문에 발생한다. SARSA 알고리즘이든 Q-학습 알고리즘이든 관계없이 알고리즘 내의 $Q(s,a)$는 확률변수이다. 그러나 정의에 따르면 식 (5.2)와 같이

$$Q^{\pi}(s,a) = E_{\substack{S_{t+1} \sim p(s_{t+1}|s_t,a_t) \\ a_{t+1} \sim \pi(a_{t+1}|s_{t+1})}}[r(s,a,S_{t+1}) + \gamma Q^{\pi}(S_{t+1},a_{t+1}) \mid S_t = s, a_t = a]$$

a_{t+1}에 대해 $Q^{\pi}(s_{t+1},a_{t+1})$의 기대치를 취해야 하지만, 기대치 대신 $\max_{a'}Q(s_{t+1},a')$으로 추정하여 $Q^{\pi}(s,a)$를 과대추정할 가능성이 높다는 것이 Q-학습의 단점이 된다.

한편, SARSA 학습에서 $Q(s_t,a_t) = Q(s_t,a_t) + \alpha(r_t + \gamma Q(s_{t+1}, a_{t+1}) - Q(s_t,a_t))$의 $Q(s_{t+1},a_{t+1})$을 $E_{a_{t+1} \sim \pi(a_{t+1}|s_{t+1})}Q(a_{t+1},s_{t+1})$으로 대체한 기대 SARSA (expected SARSA)가 있으며 $E_{a_{t+1} \sim \pi(a_{t+1}|s_{t+1})}Q(a_{t+1},s_{t+1})$는

$$\frac{1}{a_{t+1}\text{의 총수}} \sum_{a_{t+1}} Q(s_{t+1},a_{t+1})$$

으로 추정된다. 일반적으로 기대 SARSA가 원래의 SARSA보다 우수한 것으로 알려져 있다. 또한, 원래의 SARSA는 다음과 같이 확장될 수 있다.

$$Q(s_t,a_t) = Q(s_t,a_t) + \alpha\left(\sum_{k=t}^{t+n-1} \gamma^{k-t} r_k + \gamma^{n+1} Q(s_{t+n},a_{t+n}) - Q(s_t,a_t)\right)$$

즉, epsilon-greedy policy에 의해 연속으로 $(s_t,a_t,r_t),(s_{t+1},a_{t+1},r_{t+1}),\ \cdots,(s_{t+n-1},a_{t+n-1},r_{t+n-1})$을 생성하여 discount factor를 곱해주어 $Q(s_t,a_t)$의 n-step 추정치를 사용하고 있다. 이러한 n-step 추정치를 $Q(s_t,a_t)$의 목적변수(target variable)라

고 불리운다. 이러한 n-step 목적변수를 사용하는 SARSA를 n-step SARSA라고 한다. 그러므로 원래의 SARSA는 1-step SARSA라고도 한다.

5.2 SARSA와 Q-학습의 응용

FrozenLake 환경에 SARSA와 Q-학습을 적용하여 보자. 아래 프로그램은 Ravichandiran(2020)의 프로그램에 해설을 추가하고 약간의 수정 및 보완을 한 것이다. 먼저 SARSA를 살펴보도록 하자. FrozenLake-v0의 환경을 만들고 $Q(s,a)$를 key '(s,a)'를 가진 dictionary 데이터로 정의하고 초기치를 uniform(0,1)으로 부여하고 있다.

```
import gym
import random
env=gym.make('FrozenLake-v0')

Q={}
for s in range(env.observation_space.n):
    for a in range(env.action_space.n):
        Q[(s,a)]=random.uniform(0,1)
```

다음 프로그램은 epsilon-greedy policy를 정의하고 있다.

```
def epsilon_greedy(state,epsilon):
    if random.uniform(0,1)<epsilon:
        return env.action_space.sample()
    else:
        return max(list(range(env.action_space.n)),key=lambda x:Q[(state,x)])
```

아래 프로그램에서 볼 수 있듯이 $Q(s,a)$를 update하기 위해 학습률 $\alpha = 0.1$, discount factor $\gamma = 0.9$, 그리고 epsilon-greedy policy를 위해 $\epsilon = 0.2$로 값을 부여하고 있다. 프로그램에서 볼 수 있듯이 $Q(s_{t+1}, a_{t+1}) \equiv Q(s_, a_)$에서 action $a_$의 선택은 epsilon-greedy policy로 결정하고 있다.

```
alpha=0.1
gamma=0.9
epsilon=0.2

num_episodes=200000
timesteps=1000

for i in range(num_episodes):
    s=env.reset()
    a=epsilon_greedy(s,epsilon)

    for t in range(timesteps):
        s_,r,done,_ =env.step(a)
        a_=epsilon_greedy(s_,epsilon)

        Q[(s,a)]=Q[(s,a)]+alpha*(r+gamma*Q[(s_,a_)]-Q[(s,a)])
        s=s_
        a=a_
        if done:
            break
```

아래 프로그램과 같이 최종 추정된 $Q(s,a)$를 출력하고 있으며 state 0에서 최적 policy는 action=1(down), state 1에서는 action=2(right)임을 보여주고 있다.

```
import pandas as pd
df=pd.DataFrame(list(Q.items()), columns=['state_action_pair', 'value'])
print(df.head(12))
```

```
   state_action_pair   value
0             (0, 0)  0.247486
```

```
1            (0, 1)  0.277284
2            (0, 2)  0.260055
3            (0, 3)  0.253444
4            (1, 0)  0.270123
5            (1, 1)  0.290524
6            (1, 2)  0.335731
7            (1, 3)  0.310376
8            (2, 0)  0.405347
9            (2, 1)  0.413210
10           (2, 2)  0.488455
11           (2, 3)  0.387193
```

아래 프로그램은 $Q(14,1)$이 가장 큰 값을 가지고 있으므로 state=14에서 action=1 (down)이 최적 policy인 것을 보여주고 있다.

```
print([df[df['state_action_pair']==(14,0)]])
print([df[df['state_action_pair']==(14,1)]])
print([df[df['state_action_pair']==(14,2)]])
print([df[df['state_action_pair']==(14,3)]])
```

```
[     state_action_pair       value
56             (14, 0)    0.684255]
[     state_action_pair       value
57             (14, 1)    1.137553]
[     state_action_pair       value
58             (14, 2)    0.902168]
[     state_action_pair       value
59             (14, 3)    0.954451]
```

다음 3개의 프로그램은 Q-학습을 실행한 프로그램이다. Q-학습 실행프로그램은 $Q(s_{t+1}, a_{t+1})$를 계산하기 위해 선택하는 a_{t+1}를 $\mathrm{arg}max_{a'} Q(s_{t+1}, a')$으로 바꾼 것을 제외하고 SARSA 프로그램과 동일한 것을 볼 수 있다.

```
import gym
import random
import numpy as np
env=gym.make('FrozenLake-v0')

Q={}
for s in range(env.observation_space.n):
    for a in range(env.action_space.n):
        Q[(s,a)]=random.uniform(0,1)
```

```
def epsilon_greedy(state,epsilon):
    if random.uniform(0,1)<epsilon:
        return env.action_space.sample()
    else:
        return max(list(range(env.action_space.n)),key=lambda x:Q[(state,x)])
```

```
alpha=0.1
gamma=0.9
epsilon=0.2

num_episodes=200000
timesteps=1000

for i in range(num_episodes):
    s=env.reset()

    for t in range(timesteps):
        a=epsilon_greedy(s,epsilon)
        s_,r,done,_ =env.step(a)
        a_=np.argmax([Q[(s_,a)] for a in range(env.action_space.n)])

        Q[(s,a)]=Q[(s,a)]+alpha*(r+gamma*Q[(s_,a_)]-Q[(s,a)])
        s=s_
        if done:
            break
```

다음 2개의 프로그램 출력은 Q-학습에 의해 학습된 $Q(s,a)$를 보여주고 있다. SARSA의 $Q(s,a)$값과 비교하여 Q-학습의 $Q(s,a)$값이 전반적으로 큰 것을 볼 수 있다. $\max_{a'} Q(s_{t+1}, a')$에 의해 과대추정되었기 때문이다.

```
import pandas as pd
df=pd.DataFrame(list(Q.items()), columns=['state_action_pair', 'value'])
print(df.head(12))
```

```
    state_action_pair     value
0              (0, 0)  0.474937
1              (0, 1)  0.520708
2              (0, 2)  0.493486
3              (0, 3)  0.474072
4              (1, 0)  0.529342
5              (1, 1)  0.542929
6              (1, 2)  0.562123
7              (1, 3)  0.506970
8              (2, 0)  0.547112
9              (2, 1)  0.573677
10             (2, 2)  0.555537
11             (2, 3)  0.536792
```

아래 프로그램은 $Q(14,2)$이 가장 큰 값을 가지고 있으므로 state=14에서 action =2 (right)가 최적 policy인 것을 보여주고 있으며 SARSA와 다른 결과를 보여주고 있다.

```
print([df[df['state_action_pair']==(14,0)]])
print([df[df['state_action_pair']==(14,1)]])
print([df[df['state_action_pair']==(14,2)]])
print([df[df['state_action_pair']==(14,3)]])
```

```
[    state_action_pair     value
56            (14, 0)  0.848211]
[    state_action_pair     value
57            (14, 1)  1.105667]
[    state_action_pair     value
58            (14, 2)   1.25999]
[    state_action_pair     value
59            (14, 3)  1.009299]
```

5.3 Action의 탐색과 선택

최적 policy는 주어진 state에서 가장 큰 return을 제공하는 action을 선택하는 policy를 말한다. Q 함수 $Q(s,a)$를 이용하여 $Q(s,a)$를 최대로 하는 action a를 선택하는 greedy policy를 논의했으며 장기적으로 좀 더 큰 return을 주는 action이 있는지를 탐색하는 epsilon-greedy policy도 논의한 바 있다.

Epsilon-greedy policy

greedy policy는 현시점까지 탐색된 action만을 이용하므로 $Q(s,a)$를 이용(exploiting)만 한다고 말한다. 그러나 epsilon-greedy policy는 아직 탐색되지 않은 action을 확률 ϵ을 가지고 탐색(exploring)하므로 greedy policy보다는 더 큰 reward를 갖는 action을 찾을 가능성이 높다. 이런 이유로 epsilon-greedy policy가 greedy policy보다 정밀도가 높은 가치함수 $V(s)$와 $Q(s,a)$를 추정하게 된다(Sutton and Barto, 2018). action을 탐색만 하면 policy를 개선하지 못하고 action에 대한 탐색없이 가치함수가 주는 action 정보만 이용하면 최적 policy를 구하지 못하게 된다. 이를 action의 이용과 탐색(exploitation and exploration) 딜레마라고 한다. 그러므로 이용과 탐색을 잘 조정해야 한다.

이미 논의한 대로 epsilon-greedy policy에서는 ϵ으로 탐색 비중을 조절하며, 제한된 시뮬레이션 연구에 따르면 ϵ이 작을수록 수렴 속도는 느리지만 궁극적으로 참 가치함수에 수렴한다는 것을 보여주었다. 그러나 가치함수의 초기추정치는 매우 변동이 크므로 탐색 비중을 높여 좋은 action을 탐색할 필요가 있다. 이러한 필요에 따라 가치함수 초기 추정에서는 탐색 비중 ϵ을 높게 설정하고 반복 수가 많아짐에 따라 점차적으로 ϵ을 줄이는 방법을 사용하기도 한다.

신뢰상한 action(Upper-Confidence-Bound Action)

$Q_t(s,a)$를 시점 t에서 관측된 $Q(s,a)$라고 표기하자. 그러므로 $Q_t(s,a)$는 t시점 직전에 update된 $Q(s,a)$가 된다. 고정된 state s에서 state-action 쌍 (s,a)에 대해 UCB(upper confidence bound)는 다음과 같이 정의된다.

$$Q_t(s,a)+c\sqrt{\frac{\log t}{N_t(a)}}$$

여기에서 c는 0~3의 값을 갖는 초모수이고 $N_t(a)$는 t시점 직전까지 관측된 action a의 총빈도수이다. UCB action은 위에 정의된 UCB를 기준으로

$$a_t = \mathrm{arg}max_a(Q_t(s,a)+c\sqrt{\frac{\log\ t}{N_t(a)}})$$

으로 시점 t에서의 action a_t를 선택하게 된다. 이렇게 선택된 action을 UCB action이라고 한다. $c=0$이면 UCB action은 greedy action이 된다. $N_t(a)$가 작다는 것은 t시점 직전까지 action a가 덜 선택되었다는 의미가 되며, 작은 $N_t(a)$는 UCB를 증가시켜 action a가 시점 t에서의 action(a_t)으로 선택될 가능성을 높이게 된다. 반대로 $N_t(a)$가 크면 UCB가 작아지고 $a_t=a$가 될 가능성을 낮추게 된다. 그러므로 c를 증가시키면 고정된 state s에서 t시점 직전까지 잘 선택되지 않은 action을 선택할 가능성을 증가시켜 탐색 비중을 높이는 효과를 가져오게 된다.

Gradient Bandit 알고리즘

우리는 $V_t(s)=E_{\pi(\tau)}(G_t|S_t=s)$이고 $Q_t(s,a)=E_{\pi(\tau)}(G_t|S_t=s,a_t=a)$임을 알고 있다. 그러므로 $V_t(s)=\sum_a Q_t(s,a)\pi(a|s)$의 관계를 가지고 있다.

시점 t의 state $S_t=s$에서 최적의 action을 선택한다는 것은

$$\max_{\pi(a|s)} V_t(s) = \max_{\pi(a|s)}\sum_a Q_t(s,a)\pi(a|s) \tag{5.4}$$

를 만족하는 $\pi(a|s)$를 구하는 것이다.

$H_t(a)$를 시점 t에서의 action a의 선호도(preference)라고 표현하고 다음과 같이 soft-max 분포함수(또는 Bolzmann 분포)를 정의하자.

$$\pi_t(a|s) = p(a_t = a | S_t = s) = \frac{e^{H_t(a)}}{\sum_a e^{H_t(a)}}$$

이제 시점 t에서의 특정 action $a_t = a'$이 관측되었다고 가정하자. 즉, 시점 t에서 action이 a'으로 주어졌다고 가정한 것이다. 그러면 식 (5.4)를 최대로 하는 $H_t(a')$을 찾는 기울기 상승법의 목적함수는 식 (5.4)의 $V_t(s)$이며

$$H_{t+1}(a') = H_t(a') + \alpha \frac{\partial V_t(s)}{\partial H_t(a')} \tag{5.5}$$

으로 update하여 $t+1$시점에서 action a'을 선택할 확률을 조절하게 된다. $V_t(s) = \sum_a Q_t(s,a)\pi(a|s)$이므로

$$\frac{\partial V_t(s)}{\partial H_t(a')} = \sum_a Q_t(s,a) \frac{\partial \pi(a|s)}{\partial H_t(a')}$$

이다. 한편,

$$\sum_a V_t(s) \frac{\partial \pi(a|s)}{\partial H_t(a')} = V_t(s) \sum_a \frac{\partial \pi(a|s)}{\partial H_t(a')} = V_t(s) \frac{\partial}{\partial H_t(a')} \sum_a \pi(a|s)$$

이다. 그런데 $\sum_a \pi(a|s) = 1$이므로 $\sum_a V_t(s) \frac{\partial \pi(a|s)}{\partial H_t(a')} = 0$이 된다. 그러므로

$$\begin{aligned} \frac{\partial V_t(s)}{\partial H_t(a')} &= \sum_a (Q_t(s,a) - V_t(s)) \frac{\partial \pi(a|s)}{\partial H_t(a')} \\ &= \sum_a (Q_t(s,a) - V_t(s)) \frac{1_{[a=a']} e^{H_t(a)} \cdot \sum_a e^{H_t(a)} - e^{H_t(a)} e^{H_t(a')}}{(\sum_a e^{H_t(a)})^2} \end{aligned}$$

$$= \sum_a (Q_t(s,a) - V_t(s))(1_{[a=a']}\pi_t(a|s) - \pi_t(a|s)\pi_t(a'|s))$$

$$= E_{a \sim \pi_t(a|s)}(Q_t(s,a) - V_t(s))(1_{[a=a']} - \pi_t(a'|s))$$

이 된다. 여기에서 $1_{[a=a']}$은 $a = a'$이면 1이고 $a \neq a'$이면 0이다. 이 식을 식 (5.5)에 대입하면

$$H_{t+1}(a') = H_t(a') + \alpha E_{a \sim \pi_t(a|s)}(Q_t(s,a) - V_t(s))(1_{[a=a']} - \pi_t(a'|s)) \tag{5.6}$$

이 된다. 식 (5.6)에 의해 $a = a'$이면(즉, $a_t = a'$이면)

$$H_{t+1}(a') = H_t(a') + \alpha(Q_t(s,a') - V_t(s))(1 - \pi_t(a'|s)) \tag{5.7}$$

이 되며 시점 $t+1$에서 $p(a_{t+1} = a' | S_{t+1} = s)$을 조절한다. action a'이 아닌 action a에 대해서는

$$H_{t+1}(a) = H_t(a) - \alpha(Q_t(s,a') - V_t(s))\pi_t(a'|s) \tag{5.8}$$

으로 $p(a_{t+1} = a | S_{t+1} = s)$을 조절하게 된다. 식 (5.7)과 (5.8)에서 식 (5.6)의 기대치가 적용되지 않은 이유는 시점 t에서 $a_t = a'$로 관측되었기 때문이다. 식 (5.7)과 (5.8)에서 모든 a에 대해 초기치 $H_0(a) = 0$로 놓는다. 이는 $t = 0$에서 임의로 action을 선택한다는 것과 동일한 의미가 된다. 식 (5.7)의 의미를 살펴보면 $V_t(s)$가 $Q_t(s,a)$의 평균이므로 $Q_t(s,a')$가 $V_t(s)$보다 크면 action a'이 좋은 action이므로 $H_{t+1}(a')$를 증가시켜 $p(a_{t+1} = a' | S_{t+1} = s)$를 증가시키고, $Q_t(s,a')$가 $V_t(s)$보다 작으면 action a'이 나쁜 action이므로 $H_{t+1}(a')$를 감소시켜 $p(a_{t+1} = a' | S_{t+1} = s)$를 감소시키게 된다. 식 (5.8)을 살펴보면, $Q_t(s,a')$가 $V_t(s)$보다 크면 다른 action a가 $(t+1)$ 시점에서 뽑힐 확률을 줄이기 위해 $H_{t+1}(a)$를 줄이고 $Q_t(s,a')$가 $V_t(s)$보다 작으면 다른 action a가 $(t+1)$ 시점에서 뽑힐 확률을 높이기 위해 $H_{t+1}(a)$를 증가시키게 된다.

6장

Deep Q networks

강화학습의 최적 policy는 최적 가치함수를 추정하여 구현된다. 4장 몬테카를로 추정이나 5장 TD(temporal difference)는 Q 함수 $Q(s,a)$를 반복적으로 누적 평균하여 구한 것으로, 모든 가능한 state-action 쌍 각각에 대해 최소한 수백 번 반복이 보장되어야 통계적으로 신뢰도가 있는 $Q(s,a)$를 추정할 수 있다. 그러므로 state나 action이 연속형이면 동일한 state-action 쌍을 2번 이상 반복하는 것은 불가능하게 된다. 설령 state와 action이 이산형이라 해도 state나 action space가 크면 $Q(s,a)$의 몬테카를로 또는 TD 추정은 계산 부담으로 불가능하다. 이러한 이유로 Q 함수를 통계모형, 특히 딥러닝 모형으로 추정하는 것이 Deep Q networks(DQN)의 핵심이다. $Q(s,a)$를 딥러닝 모형으로 추정하면 관측되지 않은 state-action 쌍이 나타나더라도 근사적으로 추정이 가능하기 때문이다. 딥러닝 모형은 MLP, CNN, RNN으로 구성되어 있으며 MLP는 2D 텐서, CNN은 4D 텐서, RNN은 3D 텐서가 입력자료일 때 사용하는 딥러닝 아키텍처이다. 보다 자세한 내용은 박유성(2020)을 참고하길 바란다. DQN에서 $Q(s,a)$를 추정하기 위해 state를 입력층에 입력하고 state의 shape에 따라 MLP, CNN, RNN 또는 이들의 적절한 조합으로 은닉층을 구성하고, 출력층에서는 입력된 state에 대응하는 모든 가능한 action에 대해 $Q(s,a)$값을 출력하게 된다. 그러므로 출력층은 action의 수만큼의 실숫값을 갖는 다중출력(multiple outputs)으로 구성되어 있다.

그런데 딥러닝 모형으로 신뢰성 있는 $Q(s,a)$를 추정하려면 두 가지 조건이 충족되어야 한다. 첫 번째 조건은 agent가 환경과 접촉하여 얻은 경험(experience, 통계용어로는 표본) (s_t, a_t, r_t, s_{t+1}), 즉 (t시점의 state, action, reward, $(t+1)$시점의 state)가 서로 간에 독립이어야 한다는 것이다. 그런데 agent는 transition이라고 불리우는 (s_t, a_t, r_t, s_{t+1})를 연속해서 관측하게 되므로 인접한 transition들은 독립이 될 수 없다. 이를 해결하기 위해 소위 experience replay buffer라는 것을 만들어서, 이 buffer에 여러 episode에 걸쳐 수집한 transition을 저장한 후 딥러닝 학습을 위한 batch 크기의 transition을 임의로 뽑아 transition들 간의 독립성을 확보한다. buffer 안의 transition들이 episode가 반복되어 일정 수준을 넘어서면 가장 오래된 순서로 transition들을 buffer에서 내보내고 새로운 transition들로 교체한다(first in-first out).

두 번째 조건은 출력이 $Q(s,a)$값이므로 딥러닝의 지도학습처럼 목적변수 y가 정의되어야 추정이 $Q(s,a)$가 추정된다는 것이다. $Q(s,a)$에 대응하는 목적변수 y는 DQN 모형에 따라 다르게 정의되므로 각 DQN 모형에서 논의하기로 하자.

6.1 DQN 모형

딥러닝 모형에 의해 추정되는 $Q(s,a)$를 $Q_\theta(s,a)$로 표기하자. 여기에서 θ는 딥러닝의 입력층→은닉층→출력층에 있는 모든 모수를 의미한다. 즉, $Q_\theta(s,a)$는 딥러닝모수 θ의 추정으로 모형의 추정이 완료된다. 딥러닝 관점에서 볼 때 특성변수 x와 목적변수 y가 딥러닝 모형에 입력되면 목적변수 추정치 $\hat{y}$을 출력하고 회귀가 목적이면

$$L(\theta) = \frac{1}{k}\sum_{i=1}^{k}(y_i - \hat{y}_i)^2 \tag{6.1}$$

로 MSE(mean squared error) 손실함수가 정의된다. 여기에서 k는 batch 크기이다. DQN 모형에서 특성변수 x는 state이고 출력 $\hat{y}$은 $Q(s,a)$이다. DQN 모형에서 목적변수 y에 대응되는 변수는 최적 Bellman 방정식으로부터 구할 수 있다. 즉,

$$Q^*(s,a) = E_{s' \sim p(s'|s,a)}[r(s,a,s') + \gamma \max_{a'} Q^*(s',a')]$$

에서 최적 Q 함수 $Q^*(s,a)$가 $r + \gamma \max_{a'} Q^*(s',a')$의 기대치로 구해지므로 DQN 모형의 목적변수를 $r + \gamma \max_{a'} Q_\theta(s',a')$으로 설정할 수 있다. $Q_\theta(s,a)$가 실숫값을 가지므로 DQN 모형은 회귀가 목적이 되며, 이에 따라 DQN 모형의 손실함수는 MSE 손실함수로

$$L(\theta) = \frac{1}{k}\sum_{i=1}^{k}(r_i + \gamma \max_{a'} Q_\theta(s_i', a') - Q_\theta(s_i, a_i))^2 \tag{6.2}$$

으로 정의된다. 여기에서 $r_i = r(s_i, a_i, s_i')$이고 (s_i, a_i, r_i, s_i')는 replay buffer에서 batch로 뽑힌 k개의 transition 중 i번째 transition이다. $Q_\theta(s,a)$의 모수 θ는 (6.2)의 손실함수 $L(\theta)$를 최소화하는 θ이므로 $\theta = \theta - \alpha \nabla_\theta L(\theta)$로 θ를 update하면 된다. 그러나 손실함수 (6.2)는 딥러닝 모형의 손실함수 (6.1)과 중요한 차이점이 있기 때문에 손실함수 (6.2)를 그대로 사용할 수 없다. 딥러닝 손실함수 (6.1)에서 목적변수 y는 모수 θ에 의존하지 않은 상수이지만 DQN 모형의 손실함수 (6.2)에 정의된 목적변수 $r_i + \gamma \max_{a'} Q_\theta(s_i', a')$은 모수 θ에 의존하므로 θ를 update하면 $Q_\theta(s_i, a_i)$와 동시에 변동하게 된다. 이는 손실함수 (6.2)를 최소화하는 모수 θ를 구하지 못하는 주요인이 된다. 그러므로 손실함수 (6.2)를 다음과 같이 수정하여 DQN 모형의 손실함수를 정의한다.

$$L(\theta) = \frac{1}{k}\sum_{i=1}^{k}(r_i + \gamma \max_{a'} Q_{\theta'}(s_i', a') - Q_\theta(s_i, a_i))^2 \tag{6.3}$$

식 (6.3)은 $\gamma \max_{a'} Q_\theta(s_i', a')$을 $\gamma \max_{a'} Q_{\theta'}(s_i', a')$으로 교체함으로써 딥러닝 $Q_\theta(s,a)$의 모수 θ와 다른 모수 θ'를 사용한 다른 딥러닝 모형 $Q_{\theta'}(s,a)$으로 교체한 것이다. $Q_\theta(s,a)$를 main Q network, 그리고 $Q_{\theta'}(s,a)$를 target Q network으로 구분한다. 사실, main Q network과 target Q network은 하나의 딥러닝 모형이다. target network $Q_{\theta'}(s,a)$의 θ'은 main network $Q_\theta(s,a)$의 모수 θ를 그대로 copy한 것이지만, $Q_\theta(s,a)$의 모수 θ는 매 시간스텝마다 update되는 반면, $Q_{\theta'}(s,a)$의 θ'은 θ를 copy한 후 일정 시간스텝 동안 고정(freeze)시킨다. 그러므로 목적변수인 $r_i + \gamma \max_{a'} Q_\theta(s_i', a')$는 $Q_\theta(s,a)$의 모수 θ가 변하더라도 일정 시간스텝 동안 θ에 의존하지 않으므로 $Q_\theta(s,a)$를 update할 수 있게 된다. 이러한 과정을 반복하여 최적 $Q_\theta(s,a)$를 구하게 된다. 즉, 일정 시간 후에 θ'을 θ값으로 copy하여 $Q_{\theta'}(s,a)$을 update하고 다시 고정한 상태에서 $Q_\theta(s,a)$를 update하는 과정을 반복하여 최적 $Q_\theta(s,a)$을 구

하게 된다. 지금까지 논의한 내용을 DQN 알고리즘으로 정리하면 다음과 같다.

1. main network $Q_\theta(s,a)$의 모수 θ에 초기치를 부여한다.
2. target network $Q_{\theta'}(s,a)$의 모수 θ'를 θ와 같게 놓는다(copy).
3. Experience replay buffer를 초기화한다.
4. 아래 단계 5를 N번 반복한다(즉, N번의 episode 반복)
5. $t=0$부터 $T-1$까지:
   - 5.1 s_t를 관측한 후 a_t를 epsilon-greedy policy로 선택한다.
   - 5.2 r_t와 s_{t+1}을 관측하여 (s_t,a_t,r_t,s_{t+1})을 replay buffer에 저장한다.
   - 5.3 미리 정해진 buffer 크기에 도달하지 않으면: continue
   - 5.4 replay buffer로부터 k개의 batch를 임의표집(random sample)한다.
   - 5.5 $L(\theta)=\frac{1}{k}\sum_{i=1}^{k}(r_i+\gamma \max_{a'} Q_{\theta'}(s_i', a')-Q_\theta(s_i,a_i))^2$를 정의한 후,
   - 5.6 $\theta=\theta-\alpha\nabla_\theta L(\theta)$로 θ를 update한다.
   - 5.7 t mod $d=0$이면 θ를 copy하여 θ'으로 놓는다.

6.2 DQN의 응용

지금까지 논의한 DQN을 atari 게임 중 MsPacman 환경에 적용하여, 최대 점수를 얻는 최적 policy를 최적 $Q_\theta(s,a)$를 구함으로써 구현하고자 한다. 이 DQN 모형은 9장 Stable Baselines 라이브러리를 이용하여 다시 적용될 것이지만 여기에서는 직접 프로그램으로 구현하고자 한다. 구체적인 알고리즘의 구현은 DQN을 이해하는 데 도움을 줄 뿐만 아니라, 앞으로 공부할 Stable Baselines의 아키텍처를 이해하는 데 도움이 되기 때문이다.

먼저 MsPacman-v0 환경을 생성하고 초기화면을 보면 다음과 같다.

```
import gym
env=gym.make('MsPacman-v0')
state=env.reset()
env.render()
```

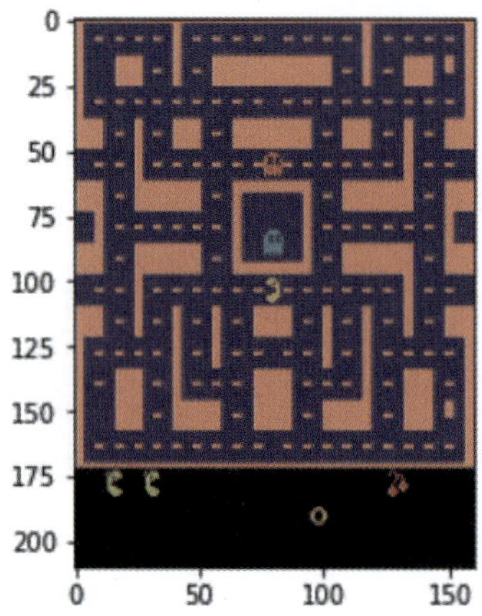

다음 프로그램에서 볼 수 있듯이 MsPacman-v0의 state는 (210, 160, 3)으로 210 × 160 픽셀 컬러 이미지이다(위 그림 참조). 픽셀의 크기를 반으로 줄이고, 딥러닝 모형이 게임을 학습하는 데 컬러 이미지는 도움이 되지 않으므로 state_1.mean(axis=2)를 통해 (88, 80) 2D 텐서로 만들고 있다. reshape 함수를 이용하여 (88, 80, 1)인 흑백이미지 자료를 만든 후, 이미지 자료를 분석하는 데 사용하는 CNN 모형의 입력은 4D 텐서이어야 하므로 np.newaxis를 이용하여 (1,88,80,1)을 만들고 있다. 만약 batch 단위의 게임 이미지 자료가 입력되면 크기가 (batch_size, 88,80,1)인 4D 텐서가 된다.

```
import numpy as np
print(state.shape)
state_1=state[1:176:2,::2]
```

```
print(state_1.shape)
state_1=state_1.mean(axis=2)
print(state_1.shape)
state_1=state_1.reshape(88,80,1)
print(state_1.shape)
state_1=state_1[np.newaxis,:]
print(state_1.shape)
print(env.action_space)
```

```
(210, 160, 3)
(88, 80, 3)
(88, 80)
(88, 80, 1)
(1, 88, 80, 1)
Discrete(9)
```

다음 프로그램은 Q 함수를 딥러닝으로 추정하기 위해 필요한 tensorflow.keras 라이브러리와 replay buffer를 만들기 위한 deque를 호출하였고, 이어지는 프로그램에서 정의되는 DQN 클래스의 argument를 제공하기 위해 state_shape과 action_size의 값을 부여하고 있다. 또한, process_state( ) 함수로 (210, 160, 3)의 state를 (88, 80, 1) state로 만들고 있다.

```
import random
from collections import deque
from tensorflow.keras.models import Sequential
from tensorflow.keras.layers import Conv2D, Dense, Flatten
from tensorflow.keras.optimizers import Adam
state_shape=(88,80,1)
action_size=env.action_space.n
color=np.array([210,164,74]).mean()

def process_state(state):
    img=state[1:176:2,::2]#downsize
    img=img.mean(axis=2)# (88,80,3)을 (88,80)으로
    img[img==color]=0
    img=(img-128)/128 #-1~1
```

```
img=img.reshape(88,80,1)
return img
```

다음은 DQN 모형을 실행하기 위한 DQN 클래스이고 5개의 함수로 구성되어 있다. DQN 클래스의 속성을 def __init__로 정의하고 있다. replay buffer의 크기는 5,000개로 최대 5,000개의 transition을 저장할 수 있도록 하였으며, $\gamma = 0.9$로, target network의 모수는 1,000 시간스텝에 한 번씩 update하도록 update_timesteps = 1000으로 부여하였다. 또한, epsilon-greedy policy에서 ϵ의 크기를 조절하기 위해 eps_min, eps_max, eps_steps를 정의하고 있다. 아래 프로그램 DQN 클래스 내 함수인 q_network( )을 def __init__( ) 내에 main_network과 target_network으로 객체화하여 DQN 클래스의 속성으로 정의하고, main_network의 모수 초기치를 target_network의 모수 추정치로 copy하고 있다.

DQN 클래스의 첫 번째 함수 q_network( )은 크기가 (batch,88,80,1) 4D 텐서인 이미지 자료를 입력받아 32개의 서로 다른 8 × 8 커널과 strides=4를 적용하여 (batch, 22,20,32) 4D 텐서를 출력하고 이를 다음 은닉층에 입력하여 (batch,11,10,64) 4D 텐서를 출력한다. 이어지는 은닉층은 3×3 커널을 적용하여 (batch,11,10,64) 4D 텐서를 Flatten( )에 전달하고 Flatten 층은 (batch,7040) 2D 텐서로 reshape하고 이를 출력층에 입력한다. 출력층인 Dense 층은 (batch, action_size)를 출력한다. 이는 $Q_\theta(s,a)$를 출력하는 것으로, 예를 들어, action_size=9이므로 batch=8을 가정하면 크기가 (8,9)인 2D 텐서를 출력한다. 즉, 8개 state 각각에 대해 9개의 action들에 대한 Q 값을 출력한다. 끝으로 손실함수는 목적변수 $r_i + \gamma \max_{a'} Q_{\theta'}(s'_i, a')$와 $Q_\theta(s,a)$의 MSE로 정의하고 있다.

두 번째 함수 store_transitions( )는 (state,action,reward,next_state,done)을 입력받아 replay_buffer에 저장하는 함수이다. replay_buffer = $[(s_0, a_0, r_0, s_1, d_1), (s_1, a_1, r_1, s_2, d_2), \cdots]$의 형태이며 s_i는 크기가 (88,80,1) 3D 텐서이고, a_i와 r_i는 0D 텐서, 그리고 d_i는 1 또는 0으로 s_i가 terminal state이면 1, 아니면 0을 의미한다.

```
class DQN:
    def __init__(self,state_shape,action_size):
        self.state_shape=state_shape
        self.action_size=action_size
        self.replay_buffer=deque(maxlen=5000)
        self.gamma=0.9
        self.update_timesteps=1000
        self.eps_min=0.1
        self.eps_max=0.8
        self.eps_steps=2000000
        self.main_network=self.q_network()
        self.target_network=self.q_network()
        self.target_network.set_weights=(self.main_network.get_weights())

    def q_network(self):
        model=Sequential()
        model.add(Conv2D(32,8,strides=4,padding='same',activation='relu',
                    input_shape=self.state_shape))
        model.add(Conv2D(64,4,strides=2,padding='same',activation='relu'))
        model.add(Conv2D(64,3,padding='same',activation='relu'))
        model.add(Flatten())
        model.add(Dense(512,activation='relu'))
        model.add(Dense(128,activation='relu'))
        model.add(Dense(self.action_size,activation='linear'))

        model.compile(loss='mse',optimizer=Adam())
        return model

    def store_transitions(self, state, action, reward, next_state, done):
        self.replay_buffer.append((state,action,reward,next_state,done))


    def epsilon_greedy(self,state,step):
      epsilon=max(self.eps_min,self.eps_max-(self.eps_max-self.eps_min)
                    *step/self.eps_steps)
      if random.uniform(0,1)<epsilon:
            return np.random.randint(self.action_size)
      else:
          state=state[np.newaxis,:]
          Q_values=self.main_network.predict(state)
```

```
            return np.argmax(Q_values[0])

    def train(self,batch_size):
        indices=np.random.randint(len(self.replay_buffer), size=batch_size)
        batch=[self.replay_buffer[index] for index in indices]
        states,actions,rewards,next_states,dones=[
            np.array([experience[field_index] for experience in batch])
                    for field_index in range(5)]
        next_Q_values=self.target_network.predict(next_states)
        max_next_Q_values=np.max(next_Q_values,axis=1)
        target_Q_values=(rewards+(1-dones)*self.gamma*max_next_Q_values)

        y_Q_values=self.main_network.predict(states)
        for k, action in enumerate(actions):
            y_Q_values[k][action]=target_Q_values[k]

        self.main_network.train_on_batch(states,y_Q_values)

    def update_target_network(self):
        self.target_network.set_weights=(self.main_network.get_weights())
```

세 번째 함수는 epsilon_greedy( ) 함수로 epsilon-greedy policy를 정의하고 있다. 이 함수에서는 시간스텝이 지나면서 ϵ를 선형적으로 감소시켜 학습초기에는 임의의 action을 선택하는 비율이 높고 점차적으로 임의로 선택하는 비율을 낮추도록 조절하고 있다. 추가적으로 이 함수에서는 main_network에 state를 입력하여 $Q_\theta(s,a)$를 구하기 위해, np.newaxis를 이용하여 [88,80,1] 3D 텐서를 [1,88,80,1] 4D 텐서로 shape을 바꿔주고 있다.

네 번째 함수 train( )은 $Q_\theta(s,a)$를 학습시키는 함수로, replay_buffer로부터 batch_size만큼 sample indices를 임의로 추출하여, 즉 $(s_i, a_i, r_i, s_{i+1}, d_{i+1})$에 대응하는 index i를 batch_size만큼 임의로 추출하여 이에 대응하는 transition을 추출한다. 이후 크기가 (batch_size,88,80,1)인 4D 텐서 states를 모으고, actions는 (batch_size,1), rewards는 (batch_size,1). next_states는 (batch_size,88,80,1), 그리고 dones는 (batch_size,1)으로 모으는 과정을 보여주고 있다. target_Q_values를 $r_i + \gamma \max_{a'} Q_{\theta'}$

(s'_i, a')으로 정의하면 입력된 state에서 오직 하나의 action만 target_Q_values에 존재한다. 예를 들어, 8개의 state가 입력되면 action이 9개이지만 tatget_Q_values는 크기가 (8,)인 1D 텐서로 구성되어 있다. 즉, 각 state에 오직 하나의 action에 대응하는 목적변수 값만 있으므로 각 state의 나머지 8개의 action의 값을 지정해야 main_network의 출력 shape과 일치시킬 수 있다. 나머지 action에 대한 목적변수 값을 main_network의 예측값으로 지정하게 되면 이들은 목적변수와 예측값이 같으므로 MSE 값이 모두 0이 되게 된다. 다음 프로그램이 위의 절차를 실행하여 목적변수 y를 정의하고 있다.

```
y_Q_values=self.main_network.predict(states)
for k, action in enumerate(actions):
    y_Q_values[k][action]=target_Q_values[k]
```

또한 batch 단위로 학습시켜야 하므로 train_on_batch( ) 함수를 이용하여 학습시키고 있다. 다섯 번째 함수는 update_network( )으로 target_network의 모수를 main_network의 모수로 복사하는 함수이다.

이제 앞에서 정의한 DQN 클래스를 이용하여 main_network을 학습시켜보자. state는 process_state( )를 이용하여 자료를 사전정리하고 target_network의 모수는 1,000번의 시간스텝마다 main_network의 모수로 update하도록 하고 있다. 총 episode=500개에 불과하지만, 일반적인 성능의 컴퓨터로는 많은 시간이 소요될 것으로 예상하여야 할 것이다. 또한, 프로그램에서 training_interval=4로 준 것을 볼 수 있을 것이다. MsPacman 게임에서 보다 높은 점수를 얻기 위해서는 ghost가 움직이는 방향을 파악해서 미리 피해야 한다. 정지된 screen 한 장을 보는 것은 ghost의 위치는 파악되지만 움직이는 방향을 파악할 수 없으므로 매 4번째 screen만 보면 ghost의 방향을 파악할 수 있어 DQN의 성능향상에 기여하게 된다. 최초 10개의 episode에서 획득한 점수를 보면 초기 단계의 학습이라서 점수가 낮게 나온 것을 볼 수 있다.

```
num_episodes=500
num_timesteps=20000
batch_size=8
training_interval=4
return_monitor=[]
dqn=DQN(state_shape,action_size)
done=False
time_step=0

for i in range(num_episodes):
    Return=0
    state=process_state(env.reset())

    for t in range(num_timesteps):
        env.render()
        time_step+=1
        if time_step % dqn.update_timesteps==0:
            dqn.update_target_network()

        action=dqn.epsilon_greedy(state,t*(i+1))
        next_state,reward,done,_ =env.step(action)
        next_state=process_state(next_state)

        dqn.store_transitions(state,action,reward,next_state,done)
        state=next_state

        Return+=reward

        if time_step % training_interval!=0:
            continue

        if done:
            print('Episode:' ,i, "," 'return:', Return)
            return_monitor.append([i,Return])
            break

        if len(dqn.replay_buffer)>batch_size:
            dqn.train(batch_size)
```

```
Episode: 0 ,return: 410.0
Episode: 1 ,return: 350.0
Episode: 2 ,return: 180.0
Episode: 3 ,return: 490.0
```

```
Episode: 4 ,return: 200.0
Episode: 5 ,return: 160.0
Episode: 6 ,return: 180.0
Episode: 7 ,return: 400.0
Episode: 8 ,return: 220.0
Episode: 9 ,return: 290.0
```

epsilon_greedy( ) 함수에서 임의로 action을 선택할 확률 ϵ을 episode가 증가할수록 감소시키고 있기 때문에 action을 greedy하게 선택할 확률이 높아지게 된다. 그러므로 episode가 증가하면서 DQN의 main_network의 학습이 잘 되고 있다면 return이 증가해야 할 것이다. 그러나 아래 그림을 보면 303번째 episode에 가서야 비로소 1830점을 기록하고 이내 다시 200점대로 return값이 내려 갔다가 407번째 episode에서 1900점을 획득했지만 다시 낮은 점수대의 return을 보여주고 있다. 이는 DQN이 아직 수렴하지 않았다는 것을 말하며 이는 특정 state에서 update된 $Q_\theta(s,a)$의 모수 θ가 다른 state에서는 오히려 낮은 $Q_\theta(s,a)$값의 산출하는 원인이 되기 때문이다. DQN 모형은 atari 게임에서 학습이 잘 안 되는 것으로 알려져 있어(Géron, 2019), 다음 절에서 소개하는 DQN의 확장모형(DQN extension)을 주로 사용한다.

```
import pandas as pd
import plotly.express as px
df=pd.DataFrame(return_monitor,columns=['episode','return'])
fig=px.line(df,x='episode',y='return',title='Return_Monitor')
fig.show()
```

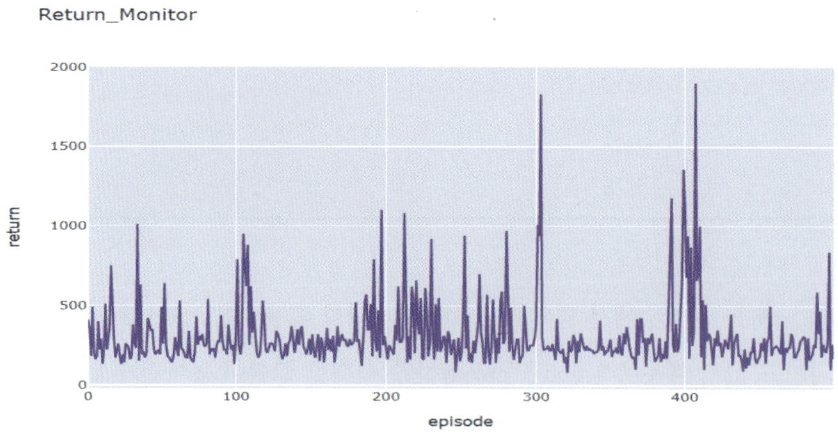

6.3 Double DQN

DQN의 목적변수는

$$y = r(s,a,s') + \gamma \max_{a'} Q_{\theta'}(s',a') \tag{6.4}$$

으로 놓고 $Q_\theta(s,a)$를 학습시켰다. 그러나 $Q_{\theta'}(s',a')$은 모형을 통해 구현되므로 변동성이 존재할 수밖에 없다. 특히 replay buffer에서 임의로 추출한 표본을 이용하기 때문에 $\max_{a'} Q_{\theta'}(s',a')$을 과대추정할 가능성이 매우 높다. 이러한 과대추정을 방지하기 위해 제시된 방법의 하나가 double DQN이다. double DQN은 다음과 같이 매우 간단하게 정의된다. 식 (6.4)에서 action a'의 선택을 main_network인 $Q_\theta(s,a)$에서

$$a^* = \text{arg}max_a Q_\theta(s',a)$$

으로 선택한 후, 목적변수를

$$y = r(s,a,s') + \gamma Q_{\theta'}(s'a^*)$$

으로 변경하면 된다. 즉 main_network $Q_\theta(s,a)$를 이용하여 최적 Q 함수를 추정할 뿐만 아니라, 주어진 next_state s'에서 target_network의 action도 선택해주는 이중 역할을 하게 된다. Double DQN을 실행하는 프로그램은 6.2절 DQN 프로그램에서 def train(self.batch_size) 내에 있는

```
next_Q_values=self.target_network.predict(next_states)
```

를

```
next_Q_values=self.main_network.predict(next_states)
```

으로 바꾸면 된다.

6.4 가중치를 가진 replay buffer (prioritized experience replay buffer)

DQN 학습을 위해 experience replay buffer를 이용하는 이유는 transition 간의 독립성을 확보하기 위함이다. 크기가 N인 replay buffer로부터 임의 표집하므로 각 transition이 표본으로 뽑힐 확률은 $\frac{1}{N}$으로 동일하다. 그러므로 동일한 transition이 replay buffer에 많으면 이 transition이 뽑힐 확률이 높게 된다. 통계적으로는 당연한 현상이지만 DQN 학습에는 도움이 되질 않는다. 이 특정 transition이 반복적으로 표집되면 이 transition으로 계산된 목적변수 $y = r + \gamma Q_{\theta'}(s', \mathrm{arg}max_a Q_\theta(s',a))$와 $Q_\theta(s,a)$의 거리만을 최소화하는 방향으로 모수 θ를 update하게 된다. 이 결과

로 다른 transition에 대한 적합도는 떨어지게 되어 전반적인 $Q_\theta(s,a)$의 성능에 부정적인 영향을 주게 된다. 가중치를 가진 replay buffer는 이러한 균등확률 표본추출의 약점을 보완하기 위해 제안되었다. transition (s,a,r,s')이 관측되면 손실함수를 정의하기 위해 다음의 TD 오차(temporal difference error)를 계산하게 된다.

$$TD(s,a) = r(s,a,s') + \gamma Q_{\theta'}(s',a^*) - Q_\theta(s,a) \tag{6.5}$$

여기에서 $a^* = \text{arg}max_a Q_\theta(s',a)$이다. 그런데 이 $TD(s,a)$가 크다면 대응하는 transition (s,a,r,s')에 대한 학습이 부족하다는 의미가 되므로 이 transition이 표본으로 뽑힐 확률을 높여주면 $Q_\theta(s,a)$ 학습에 기여도가 높아질 것이다. replay buffer에 있는 i 번째 transition의 TD 오차를 δ_i로 표현할 때, i번째 transition의 가중치(priority)는 다음과 같이 두 가지로 정의할 수 있다. 첫 번째는 비례가중치(proportional priority)로

$$p(i) = \frac{p_i^\alpha}{\sum_{i=1}^{N} p_i^\alpha}$$

이다. 여기에서 N은 buffer의 크기이고 $p_i = |\delta_i| + \epsilon$이다. ϵ은 아주 작은 값으로 $|\delta_i| = 0$일 경우를 방지하여 이 transition이 표본으로 뽑힐 확률을 0이 되지 않도록 하는 역할을 하게 된다. α는 초모수로 0~1 사이 값을 가지며 $\alpha = 0$이면 $p(i) = \frac{1}{N}$이 되고 α가 1에 가까울수록 i번째 transition의 가중치는 $|\delta_i|$에 의존하여 커지게 된다. 두 번째는 순서가중치(rank-order priority)로 먼저

$$p_i = \frac{1}{rank(|\delta_i|)}$$

을 정의한 후, 즉 p_i는 $|\delta_i|$의 순서통계량의 역수로 $|\delta_i|$가 가장 큰 transition의 $p_i = 1$, 가장 작은 $|\delta_i|$를 가진 transition의 $p_i = \frac{1}{N}$으로 정의한 후, replay buffer 내의 i번째 transition의 순서가중치는

$$p(i) = \frac{p_i^\alpha}{\sum_{i=1}^{N} p_i^\alpha}$$

으로 정의한다. 이제 replay buffer로부터 표본 transition을 $p(i)$에 비례하여 추출하여 $L(\theta) = \frac{1}{k}\sum_{i=1}^{k}(y_i - Q_\theta(s_i, a_i))^2$를 계산하고 모수 θ를 update하게 된다. 그러나 이러한 가중치 $p(i)$를 이용하여 replay buffer로부터 표본을 뽑게 되면 매우 큰 $p(i)$를 가진 transition들에 과대 적합되는 경향이 있어 편이된(biased) $Q_\theta(s, a)$를 추정하는 결과를 초래하게 된다(Crabé, 2020). 이를 방지하기 위해 다음과 같은 important weight를 정의한다.

$$w_i = (N \cdot p(i))^{-\beta}, \ w^* = \max_i w_i.$$

여기에서 N은 replay buffer 크기이고 초모수 β는 0.4~0.6값을 갖는다. $\beta = 1$이면

$$p(i) \times w_i = p(i) \times (N \cdot p(i))^{-1} = \frac{1}{N}$$

이 된다. 가중 $p(i)$가 원래의 임의추출 가중치 $\frac{1}{N}$로 변경되어 $p(i)$로 인한 bias를 수정하게 된다. 그러므로 β를 통해 i번째 transition에 대한 $p(i)$의 영향을 조절하게 된다. 이 important weight를 손실함수에 적용하여 가중치 $p(i)$에 의한 편이를 다음과 같이 조정한다. k개 batch로 계산된 손실함수는

$$L(\theta) = \frac{1}{k}\sum_{i=1}^{k}\frac{w_i}{w^*}(y_i - Q_\theta(s_i, a_i))^2 \tag{6.6}$$

으로 정의하여 $\delta_i^2 = (y_i - Q_\theta(s_i, a_i))^2$에 $\frac{w_i}{w^*}$을 곱하여 $p(i)$에 의한 bias를 조절하게 된다. 손실함수 (6.6)으로부터 $Q_\theta(s, a)$의 모수 θ는 $\theta = \theta - \alpha \nabla_\theta L(\theta)$로 update된다. 만약, $k = 1$이면 $\theta = \theta - \alpha \nabla_\theta L(\theta)$가

$$\theta = \theta - \alpha \frac{w_i}{w^*}\delta_i(-\nabla_\theta Q_\theta(s, a))$$

이 되어 important weight의 역할을 볼 수 있다. 즉, replay buffer의 각각의 transition에 대해 가중치 $p(i)$에 비례하여 표본추출하되, 모수 θ를 추정할 때 important weight를 부여하여 transition별로 bias를 조절하고 있다. 가중치를 가진 replay buffer에는 $(s_i, a_i, r_i, s'_{t+1}, p_i)$가 저장된다. 여기에서 $p_i = |\delta_i| + \epsilon$ 또는 $p_i = \frac{1}{rank(|\delta_i|)}$이다. p_i의 초기치는 모두 1을 부여하고 학습 과정에서 구한 TD 오차로 p_i를 update한다. 가중치를 가진 replay buffer에 대한 좀 더 상세한 알고리즘은 Crabé (2020)을 참고하길 바란다.

이미 서론에서 언급했지만, 이 책의 목적은 강화학습 알고리즘들에 대한 코딩이 목적이 아니라, 강화학습 기법의 이해와 특성을 파악하는 데에 중점을 두고 있다. 통계적 머신러닝에서는 sklearn이라는 라이브러리를 이용하여 각종 통계모형을 간단하면서 쉽게 처리했듯이 강화학습에서도 9장에서 논의할 Stable Baselines라는 강화학습 전용 open 라이브러리를 이용하여 강화학습 알고리즘들을 적용하고 실습하고자 한다. 그러나 Stable Baselines를 잘 사용하기 위해서는 각종 강화학습기법의 이론적 배경, 작동원리, 특성, 그리고 알고리즘 적용범위 등의 이해가 전제되어야 한다. 이러한 이유로 7장의 policy gradient 기법을 제외하고 앞으로 논의할 강화학습의 파이썬 프로그램은 제공되지 않을 것이다. 그런데도 프로그램이 필요하면 Google에서 쉽게 찾을 수 있을 것이다. DQN과 7장의 policy gradient 기법만 구체적인 프로그램을 제공하고 해설을 하는 근본적인 이유는 이 두 개의 강화학습기법이 앞으로 논의할 모든 강화학습의 기본 기법이기 때문이다.

6.5 Dueling DQN

Dueling DQN에서는 $Q(s,a)$를 간접적인 방법으로 추정한다. 이미 논의했듯이 $V(s) = E_{a \sim \pi(a|s)} Q(s,a)$이므로 $A(s,a) = Q(s,a) - V(s)$가 양의 값을 가지면

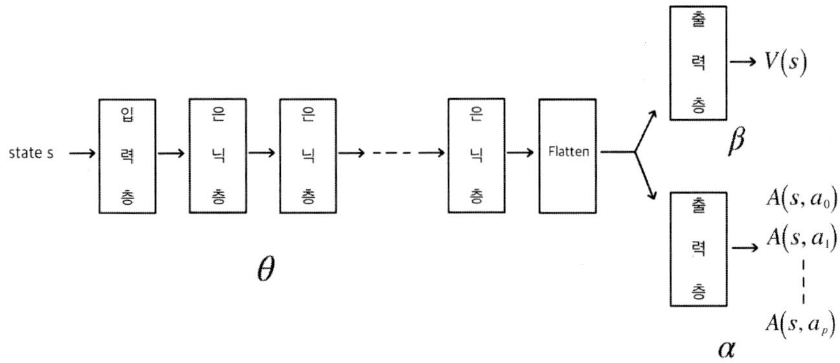

그림 6.1 Dueling DQN에서 $V(s;\theta,\beta)$와 $A(s,a;\theta,\alpha)$ 딥러닝 구조

action a가 평균에 비해 좋은 action이고 음의 값을 가지면 action a가 평균보다 나쁜 action임을 말한다. 이런 의미에서 $A(s,a)$를 advantage 함수라고 한다. $Q(s,a)$를 구하는 것이 우리의 목적이므로

$$Q(s,a) = V(s) + A(s,a) \tag{6.7}$$

으로 $Q(s,a)$를 구할 수 있다. 즉, $V(s)$와 $A(s,a)$를 각자 추정한 후 합하여 $Q(s,a)$를 추정하는 것이 Dueling DQN의 핵심이다. 그러면 DQN이나 double DQN과 같이 직접 $Q(s,a)$을 추정하지 않고 식 (6.7)과 같이 $V(s)$와 $A(s,a)$를 통해 $Q(s,a)$을 추정하면 어떤 이점이 있을까? 만약 $V(s)$가 작으면 state s의 가치가 낮다는 것을 의미하므로 $Q(s,a)$를 계산하지 않더라도 모든 action에 대해 $Q(s,a)$ 값이 낮다는 것을 쉽게 알 수 있다. 이 경우, $A(s,a)$는 모든 a에 대해 0에 가까운 값이 될 것이다. 물론 $A(s,a)$는 어떤 action이 가장 좋은 것인지, 모두 비슷한 값인지 등을 알려준다. 이처럼 $V(s)$와 $A(s,a)$는 동반 현상을 가지고 있으므로 이를 딥러닝 모형의 아키텍처에 반영하여야 한다.

<그림 6.1>에서 볼 수 있듯이 입력층부터 최종 은닉층까지의 모수는 θ로 표현했고 최종 은닉층부터 $V(s)$를 출력하는 출력층의 모수는 β로, 그리고 최종 은닉층부터 $A(s,a)$를 출력하는 출력층의 모수는 α로 표현하고 있다. 그러므로 $V(s)$는 $V(s;\theta,\beta)$로, $A(s,a)$는 $A(s,a;\theta,\alpha)$로 표현한다. $V(s)$와 $A(s,a)$가 θ로 표현되는

은닉층을 공통으로 가지고 있으므로 $V(s)$와 $A(s,a)$의 동반 현상을 반영하고 있다. 출력층에서 출력되는 $A(s,a)$의 식별문제 때문에 각 $A(s,a)$에서 $A(s,a)$의 평균 $\overline{A}(s) = \frac{1}{\# \, of \, a}\sum_a A(s,a)$를 빼주어 $A(s,a)$의 합이 0이 되도록 해준다. 그러므로

$$Q(s,a;\theta,\alpha,\beta) = V(s;\theta,\beta) + (A(s,a;\theta,\alpha) - \overline{A}(s;\theta,\alpha))$$

으로 $Q(s,a)$를 추정하게 된다. Dueling DQN의 손실함수는

$$L(\theta,\alpha,\beta) = \frac{1}{k}\sum_{i=1}^{k}[r(s_i,a_i,s_i') + \gamma \max_{a'} Q(s_i',a';\theta',\alpha',\beta') - Q(s_i,a_i;\theta,\alpha,\beta)]^2$$

로 정의되어 DQN의 손실함수와 동일하다. 즉 $\max_{a'} Q(s'_i,a';\theta',\alpha',\beta')$의 모수 (θ',α',β')는 $Q(s_i,a_i;\theta,\alpha,\beta)$의 모수 (θ,α,β)를 복사하고 일정 시간스텝 동안 고정(freeze)한다. 지금까지 논의한 가중치를 가진 replay buffer, Double DQN, 그리고 Dueling DQN은 각자 독립적으로 적용할 수도 있고 한꺼번에 모두 적용한 DQN을 구현할 수도 있다. 이에 대한 적용사례는 9장 Stable Baselines에서 논의할 것이다.

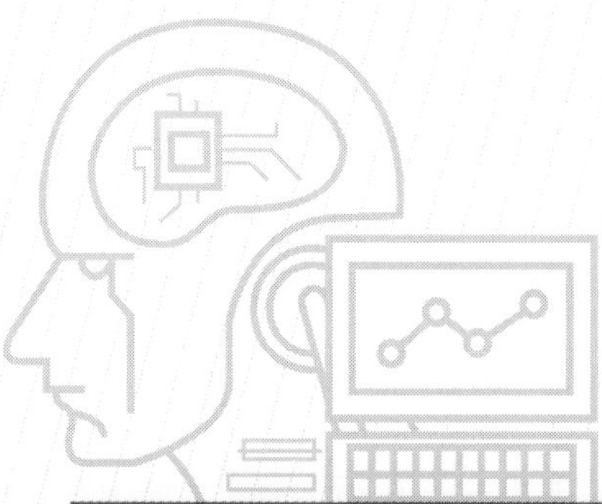

7장 정책기반 강화학습

지금까지 가치기반(value-based) 최적 policy를 구하는 강화학습기법을 공부해 왔다. 딥러닝 모형을 이용하여 $Q_\theta(s,a)$를 추정하고 각 state s에서 가장 큰 $Q_\theta(s,a)$를 갖는 action a를 선택하여 최적 policy를 구축한 DQN을 6장에서 논의한 바 있다. DQN 모형은 state가 연속형이든 이산형이든 적용이 가능하지만, action이 연속형이면 적용이 거의 불가능하다. 물론 연속형 action 공간을 일정 간격으로 나누어 action 공간을 이산화(discretization)할 수 있으나, 예외적인 경우를 제외하고 DQN의 적용은 효율적이지 못하다. Q 함수를 도출하는 딥러닝 모형에서 action의 수가 너무 많으면 딥러닝 모형의 성능이 떨어지기 때문이다. 이러한 이유로 대안으로 제시된 방법이 정책기반(policy-based) 강화학습법이다. 정책기반 학습법은 Q 함수를 추정하지 않고 직접 policy를 추정하므로 action이 이산형이든 연속형이든 적용 가능하며, 또한 가치기반 학습법에서 새로운 action을 탐색하기 위한 epsilon-greedy policy를 사용하지 않아도 된다. 정책기반 학습법으로 추정된 policy $\pi(a|s)$가 확률적 정책(stochastic policy)이기 때문이다. 물론 11장에서 다루는 DDPG(deep deterministic policy gradient)에서는 결정적 정책(deterministic policy)를 사용하는 예외도 있다.

7.1 Policy Gradient의 도출과 의미

한 episode의 경로(trajectory)를 τ로 표현하면

$$\tau = (s_0, a_0, s_1, a_1, \cdots, s_{T-1}, a_{T-1}, s_T)$$

이 되며, 이러한 경로가 관측될 확률은

$$\pi(\tau) = p(s_0) \prod_{t=0}^{T-1} \pi(a_t|s_t) p(s_{t+1}|s_t, a_t) \tag{7.1}$$

이 된다. 이 경로에서 획득한 return을 $R(\tau)=r_1+r_2+\cdots+r_{T-1}$로 표현하자(물론 γ를 곱해줄 수 있으나 개념적으로 같으므로 논의의 간편함을 위해 $\gamma=1$로 가정한 것임). 이 $R(\tau)$는 확률변수이므로

$$E_{\pi(\tau)}(R(\tau)) \tag{7.2}$$

를 최대로 하는 $\pi(\tau)$를 구하는 것이 정책기반 강화학습의 목적이다. 이러한 $\pi(\tau)$를 추정하기 위해 식 (7.1)에서 $\pi(a_t|s_t)$를 $\pi_\theta(a_t|s_t)$로 표현하도록 하자. 즉 state s_t를 입력하여 a_t를 선택할 확률을 출력하는 딥러닝 모형을 $\pi_\theta(a_t|s_t)$로 표현한 것이다. 그러므로 식 (7.1)은

$$\pi_\theta(\tau)=p(s_0)\prod_{t=0}^{T-1}\pi_\theta(a_t|s_t)p(s_{t+1}|s_t,a_t)$$

가 된다. 이에 따라 목적함수 (7.2)는

$$J(\theta)=E_{\pi_\theta(\tau)}(R(\tau))$$

가 된다. 목적함수 $J(\theta)$를 최대로 하는 θ(동일하게 $\pi_\theta(\tau)$)는 gradient ascent를 이용하여 $\theta=\theta+\alpha\nabla_\theta J(\theta)$로 update하게 된다.

$J(\theta)=\int R(\tau)\pi_\theta(\tau)d\tau$이므로

$$\nabla_\theta J(\theta)=\frac{\partial}{\partial\theta}\int R(\tau)\pi_\theta(\tau)d\tau=\int R(\tau)\frac{\partial}{\partial\theta}\pi_\theta(\tau)d\tau \tag{7.3}$$

이다. 그런데 $\frac{\partial}{\partial\theta}\log\pi_\theta(\tau)=\frac{\frac{\partial}{\partial\theta}\pi_\theta(\tau)}{\pi_\theta(\tau)}$이므로 식 (7.3)은

$$\nabla_\theta J(\theta)=\int R(\tau)\frac{\partial\log\pi_\theta(\tau)}{\partial\theta}\pi_\theta(\tau)d\tau=E_{\pi_\theta(\tau)}[\nabla_\theta\log\pi_\theta(\tau)\cdot R(\tau)]$$

으로 재표현할 수 있다. 한편,

$$\begin{aligned}\nabla_\theta \log \pi_\theta(\tau) &= \frac{\partial}{\partial \theta}(\log p(s_0) + \log \prod_{t=0}^{T-1} \pi_\theta(a_t|s_t) p(s_{t+1}|s_t, a_t)) \\ &= \frac{\partial}{\partial \theta}(\log p(s_0) + \sum_{t=0}^{T-1} \log \pi_\theta(a_t|s_t) + \sum_{t=0}^{T-1} p(s_{t+1}|s_t, a_t)) \\ &= \sum_{t=0}^{T-1} \nabla_\theta \log \pi_\theta(a_t|s_t)\end{aligned}$$

가 된다. 그러므로

$$\nabla_\theta J(\theta) = E_{\pi_\theta(\tau)}[\sum_{t=0}^{T-1} \nabla_\theta \log \pi_\theta(a_t|s_t) R(\tau)]$$

가 되며 모수 θ는 gradient ascent로

$$\theta = \theta + \alpha E_{\pi_\theta(\tau)}[\sum_{t=0}^{T-1} \nabla_\theta \log \pi_\theta(a_t|s_t) R(\tau)] \tag{7.4}$$

θ를 update한다. 경로 τ에 의해 구현된 return $R(\tau)$가 크면 τ의 s_0에서 선택한 action a_0, s_1에서 선택한 action a_1, $\cdots$, s_{T-1}에서 선택한 action a_{T-1}이 전반적으로 좋은 선택이라는 의미이며, 큰 $R(\tau)$값 때문에 식 (7.4)의

$$\sum_{t=0}^{T-1} \nabla_\theta \log \pi_\theta(a_t|s_t) R(\tau)$$

도 큰 값이므로 식 (7.4) θ의 update 양은 크게 나타나게 된다. 이러한 θ의 update는 $R(\tau)$에서 주어진 state에서 선택한 action들이 좋은 action이므로 이들 action이 뽑힐 확률을 높여주는 방향으로 update한다는 의미로 해석할 수 있다. 반대로 식 (7.4)에서 $R(\tau)$가 작은 값이면 경로 τ에서 선택한 action은 전반적으로 나쁜 action이라는 의미가 되므로 θ의 update 양은 작을 것이며, 가능한 한 작은 $R(\tau)$를 만든 action(주어진 state에서)이 뽑힐 확률이 작아지도록 θ를 update하게 된다. 그러므로 policy gradient 강화학습은 한 episode가 끝나, 하나의 경로 τ를 관측해야 $\pi_\theta(a|s)$의 모수 θ를 update할 수 있다.

$$\nabla_\theta J(\theta) = E_{\pi_\theta(\tau)}[\sum_{t=0}^{T-1} \nabla_\theta \log \pi_\theta(a_t|s_t) R(\tau)]$$

는

$$\frac{1}{N}\sum_{i=1}^{N}[\sum_{t=0}^{T-1} \nabla_\theta \log \pi_\theta(a_t|s_t) R(\tau)] \tag{7.5}$$

으로 추정된다. 즉, $\nabla_\theta J(\theta)$를 몬테카를로 추정법으로 추정하고 N은 episode의 수이다. 그러므로 N개의 $R(\tau)$와 N개의 $\tau = (s_0, a_0, s_1, a_1, \cdots, s_{T-1}, a_{T-1}, s_T)$로 미분 추정치 (7.5)를 계산하게 된다.

7.2 정책기반 강화학습 알고리즘

정책기반 강화학습의 목표는 return을 최대로 하는 $\pi_\theta(a|s)$를 딥러닝 모형으로 구현하고 이 딥러닝 모형은 state s_t를 $\pi_\theta(a_t|s_t)$에 입력하면 action a_t의 분포를 출력하는 구조이다. action a_t가 이산형이면 softmax 함수를 이용하여 다항분포로 출력하고, action a_t가 연속형이면 정규분포의 평균과 분산을 출력하게 된다. 그러므로 action의 선택은 action 분포에 의해 임의로 추출되기 때문에 탐색(exploration) 역할을 스스로 하게 되고, action 분포에서 확률이 가장 큰 action을 선택될 가능성이 높으므로 이용(exploitation) 역할도 $\pi_\theta(a_t|s_t)$이 스스로 하게 된다.

7.1절에서 논의한 policy gradient를 REINFORCE라고 말하며 이에 대한 알고리즘을 정리하면 다음과 같다.

1. $\pi_\theta(a_t|s_t)$의 모수 θ를 초기화한다.
2. $\pi_\theta(a_t|s_t)$으로부터 N개의 episode를 생성한다.

3. 각 episode로부터 return $R(\tau)$를 계산한다.

4. 다음 미분값을 계산한다.

$$\nabla_\theta J(\theta) = \frac{1}{N}\sum_{i=1}^{N}[\sum_{t=0}^{T-1} \nabla_\theta \log \pi_\theta(a_t|s_t) R(\tau)]$$

5. $\theta = \theta + \nabla_\theta J(\theta)$로 θ를 update한다.

6. 2~5를 반복한다.

REINFORCE의 가장 큰 약점은 단계 4에 있는 $R(\tau)$ 때문에 발생한다. $R(\tau)$를 한 episode에서 획득한 return이므로 episode마다 $R(\tau)$가 매우 다르게 나와 $\nabla_\theta J(\theta)$의 변동이 매우 심하게 나타난다. 이는 7.3절의 적용사례에서도 관찰할 수 있을 것이다. $\nabla_\theta J(\theta)$의 변동이 크면 단계 5에서 모수 θ에 대한 update의 변동이 커지므로 모수 수렴에 악영향을 주게 된다. 이러한 변동을 줄이기 위해 episode 전체 transition으로 계산된 return인 $R(\tau)$ 대신 시점 t에서의 action a_t로부터의 return $R(t)$로 대체하는 방법, 즉

$$R(\tau) = \sum_{t=0}^{T-1} r_t \text{ 대신 } R(t) = \sum_{k=t}^{T-1} r_k \text{로 대체하는 방법}$$

을 제안하게 되었다. action a_t가 좋은 action인지 아닌지는 $R(t)$가 훨씬 합리적인 판단기준이 되기 때문이다. 이를 policy gradient with reward-to-go라고 한다. 그러므로 policy gradient with reward-to-go는 REINFORCE 알고리즘 단계 4를

$$\nabla_\theta J(\theta) = \frac{1}{N}\sum_{i=1}^{N}[\sum_{t=0}^{T-1} \nabla_\theta \log \pi_\theta(a_t|s_t) R(t)]$$

으로 수정하면 된다.

REINFORCE의 변동을 줄이는 또 다른 방법은

$$\nabla_\theta J(\theta) = \frac{1}{N}\sum_{i=1}^{N}[\sum_{t=0}^{T-1} \nabla_\theta \log \pi_\theta(a_t|s_t)(R(t) - b)]$$

으로 $R(t)$ 대신에 θ에 의존하지 않는 b를 빼주는 방법이 있다. $\nabla_\theta J(\theta)$는

$$E_{\pi_\theta(\tau)}[\sum_{t=0}^{T-1} \nabla_\theta \log \pi_\theta(a_t|s_t)(R(t)-b)]$$

의 추정치이다.

$$E_{\pi_\theta(\tau)}[\sum_{t=0}^{T-1} \nabla_\theta \log \pi_\theta(a_t|s_t) \cdot b] = bE_{\pi_\theta(\tau)}[\sum_{t=0}^{T-1} \nabla_\theta \log \pi_\theta(a_t|s_t)]$$

이며 $E_{\pi_\theta(\tau)}[\sum_{t=0}^{T-1} \nabla_\theta \log \pi_\theta(a_t|s_t)]$를 7.1절의 전개와 반대 방향으로 전개하면

$$E_{\pi_\theta(\tau)}[\sum_{t=0}^{T-1} \nabla_\theta \log \pi_\theta(a_t|s_t)] = E_{\pi_\theta(\tau)}[\frac{\partial}{\partial \theta} \log \pi_\theta(\tau)] = \int \frac{\partial}{\partial \theta} \log \pi_\theta(\tau) \cdot \pi_\theta(\tau) d\tau$$

$$= \int \frac{\partial}{\partial \theta} \pi_\theta(\tau) d\tau = \frac{\partial}{\partial \theta} \int \pi_\theta(\tau) d\tau = \frac{\partial}{\partial \theta} \cdot 1 = 0$$

이 된다. 그러므로

$$E_{\pi_\theta(\tau)}[\sum_{t=0}^{T-1} \nabla_\theta \log \pi_\theta(a_t|s_t)(R(t)-b)] = E_{\pi_\theta(\tau)}[\sum_{t=0}^{T-1} \nabla_\theta \log \pi_\theta(a_t|s_t) R(t)]$$

이기 때문에 θ에 의존하지 않는 b를 빼주는 것은 원래의 $\nabla_\theta J(\theta)$와 이론적으로 차이가 나지 않지만 $\nabla_\theta J(\theta)$의 변동성을 줄이는 데에는 기여하게 된다. REINFORCEMENT 알고리즘 단계 4에서

$$\nabla_\theta J(\theta) = \frac{1}{N} \sum_{i=1}^{N} [\sum_{t=0}^{T-1} \nabla_\theta \log \pi_\theta(a_t|s_t)(R(t)-b)]$$

으로 고쳐주면 이를 policy gradient with baseline이라고 한다. 일반적으로

$$b = V(s_t) = E(R(t)|S_t = s_t)$$

를 사용한다. $V(s)$는 모수 ϕ로 표현되는 딥러닝 모형 $V_\phi(s)$로 추정되며 $V_\phi(s_t)$

는 실숫값이고 목적변수는 $R(t)$이므로 ϕ 추정을 위한 손실함수는

$$L(\phi) = \frac{1}{N}\sum_{i=1}^{N}\sum_{t=0}^{T-1}(R(t) - V_\phi(s_t))^2$$

으로 정의된다. 이 손실함수를 최소화하는 ϕ를 추정하고 gradient descent에 의해 $\phi = \phi - \alpha \nabla_\phi L(\phi)$로 ϕ를 update한다.

policy gradient with baseline 알고리즘을 정리하면 다음과 같다.

1. policy network $\pi_\theta(a|s)$의 모수 θ와 value network $V_\phi(s)$의 모수 ϕ를 초기화한다.
2. $\pi_\theta(a|s)$로부터 N개의 episode를 생성하고 $R(t)$를 계산한다.
3. $\nabla_\theta J(\theta) = \frac{1}{N}\sum_{i=1}^{N}[\sum_{t=0}^{T-1}\nabla_\theta \log \pi_\theta(a_t|s_t)(R(t) - V_\phi(s_t))]$를 계산한 후
4. $\theta = \theta + \alpha \nabla_\theta J(\theta)$로 θ를 update한다.
5. $V_\phi(s)$를 추정하기 위해 다음의 MSE(mean squared error)를 정의한다.

$$L(\phi) = \frac{1}{N}\sum_{i=1}^{N}\sum_{t=0}^{T-1}(R(t) - V_\phi(s_t))^2$$

6 $\phi = \phi - \alpha \nabla_\phi L(\phi)$으로 ϕ를 update한다.

7. 2~6을 반복한다.

7.3 REINFORCE의 응용

아래 그림과 같이 CartPole-v1 환경에 policy gradient 강화학습 중 REINFORCE를 적용하고자 한다. 이 프로그램은

https://gibhub.com/rlcode/reinforcement-learning-kr-v2/blob/master/1-grid-world/6-reinforce/train.py

를 참고로 하여 작성하였다. CartPole-v1의 state는 4개의 실숫값 변수로 구성된 1D 텐서이며 action은 0 또는 1(왼쪽 또는 오른쪽으로 이동)로 구성되어 있다. 이 게임의 목적은 pole을 쓰러뜨리거나 화면에서 벗어나지 않고 좌우로 이동하여 최대 500번 이상 pole을 똑바로 세우는 것이다. action에 대한 reward는 쓰러지지 않으면 +1, 쓰러지면 -1을 준다. pole을 쓰러지지 않도록 REINFORCE agent를 학습시키고자 한다.

```
import gym
import matplotlib.pyplot as plt
%matplotlib inline
env=gym.make('CartPole-v1')
render=lambda:plt.imshow(env.render(mode='rgb_array'))
env.reset()
for _ in range(10):
    env.step(env.action_space.sample())
    render()

env.close()
env=gym.make('CartPole-v1')
print(env.observation_space.shape[0])
print(env.action_space)
```

```
4
Discrete(2)
```

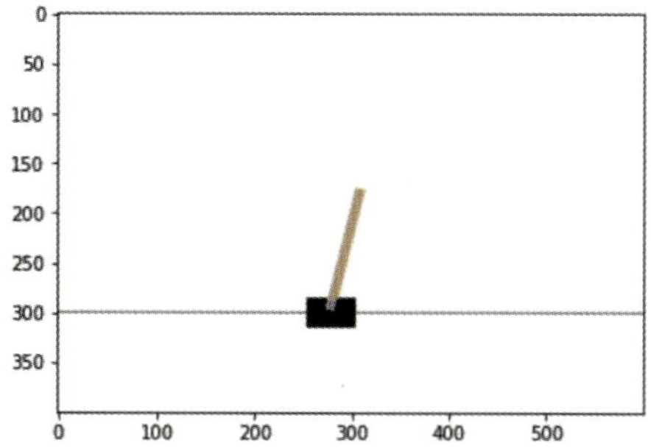

아래는 학습에 필요한 라이브러리를 불러오고 있다.

```
import gym
import numpy as np
import plotly.express as px
import numpy as np
import tensorflow as tf

#import copy
#import pylab
import random
import numpy as np

import tensorflow as tf
from tensorflow.keras.layers import Dense
from tensorflow.keras.optimizers import Adam
```

다음은 $\pi_\theta(a|s)$를 구축하는 맞춤형 딥러닝 모형으로 3개의 MLP가 연결되어 있으며 출력층으로 softmax 함수를 이용하여 binary 분포를 출력하고 있다. class REINFORCE(tf.keras.model.Model)을 주어서 tf.keras.model 내의 Model API가 부모클래스임을 선언하고 있다. def __init__( )로 REINFORCE 클래스의 구성요소를 정의하고 def call( )로 구체적인 모형을 정의하고 있다. REINFORCE가 호출될 때 call(self, x)의 x가 입력된다. 맞춤형 딥러닝 모형에 대한 좀 더 자세한 내용은 박유성(2020)을 참고하길 바란다.

```
class REINFORCE(tf.keras.models.Model):
    def __init__(self, action_size,**kwargs):
        super().__init__(**kwargs)
        self.fc1 = Dense(24, activation='relu')
        self.fc2 = Dense(24, activation='relu')
        self.fc_out = Dense(action_size, activation='softmax')

    def call(self, x):
        x = self.fc1(x)
```

```
        x = self.fc2(x)
        policy = self.fc_out(x)
        return policy
```

다음 프로그램은 REINFORCE를 학습시키기 위한 5개의 함수로 구성된 클래스이다. 첫 번째 함수는 def __init__( )로 REINFORCEAgent의 변수, 초모수 및 속성을 정의하고 있다. 또한, 정책 딥러닝 REINFORCE를 self.model로 객체화하고 있다. 두 번째 함수는 get_action( )으로 state를 정책 딥러닝에 입력하고 action 분포를 출력으로 받은 후, 이 분포에 따라 선택한 action을 반환하는 함수이다. 여기에서 주의해야 할 것은 정책 딥러닝의 출력은 2D 텐서 실수이므로 self.model (state)[0]으로 지정해야 0D 텐서 실수가 된다.

세 번째 함수는 discount_rewards( ) 함수로 discount factor를 이용하여 $R(t)$를 계산하고 있다. 네 번째 함수인 append_sample( )은 1 episode에서 생성된 (state, action, reward)를 저장하고 있으며 action을 one-hot 벡터로 변환하고 있다. 이는 $\nabla_\theta J(\theta)$의 계산에서 $\log\pi_\theta(a_t|s_t)R(t)$를 계산할 때, s_t에서 선택된 action a_t의 $\pi_\theta(a_t|s_t)$만 계산하기 위해 필요한 변환이다.

다섯 번째 함수는 train_model( )이며 REINFORCE 클래스로 정의된 정책딥러닝을 학습시키는 함수이다. tf.GradientTape( ) 내에 미분할 모수 θ, 즉 model_params를 tape.watch(model_params)로 지정하고 $J(\theta)$에 -1을 곱해서 손실함수로

$$L(\theta) = -\sum_{t=0}^{T-1} \log\pi_\theta(a_t|s_t)R(t)$$

변환하고 있다. tape.gradient(loss, model_params)로 모수 θ에 대해 손실함수를 미분한 후, apply_gradients( ) 함수로 모수 θ를 update하고 있다.

```
class REINFORCEAgent:
    def __init__(self, state_size, action_size):
        # 상태의 크기와 행동의 크기 정의
        self.state_size = state_size
        self.action_size = action_size

        self.discount_factor = 0.99
        self.learning_rate = 0.001

        self.model = REINFORCE(self.action_size)
        self.optimizer = Adam(lr=self.learning_rate)
        self.states, self.actions, self.rewards = [], [], []


    def get_action(self, state):
        policy = self.model(state)[0]#생략하면 2D
        policy = np.array(policy)
        return np.random.choice(self.action_size, 1, p=policy)[0]#생략하면 1D

    def discount_rewards(self, rewards):
        discounted_rewards = np.zeros_like(rewards)
        running_add = 0
        for t in reversed(range(0, len(rewards))):
            running_add = running_add * self.discount_factor + rewards[t]
            discounted_rewards[t] = running_add
        return discounted_rewards

    def append_sample(self, state, action, reward):
        self.states.append(state[0])
        self.rewards.append(reward)
        act = np.zeros(self.action_size)
        act[action] = 1
        self.actions.append(act)


    def train_model(self):
        discounted_rewards = np.float32(self.discount_rewards(self.rewards))
        discounted_rewards -= np.mean(discounted_rewards)
        discounted_rewards /= np.std(discounted_rewards)


        model_params = self.model.trainable_variables
        with tf.GradientTape() as tape:
```

```
            tape.watch(model_params)
            policies = self.model(np.array(self.states))
            actions = np.array(self.actions)
            action_prob = tf.reduce_sum(actions * policies, axis=1)
            cross_entropy = - tf.math.log(action_prob + 1e-5)
            loss = tf.reduce_sum(cross_entropy * discounted_rewards)


        grads = tape.gradient(loss, model_params)
        self.optimizer.apply_gradients(zip(grads, model_params))
        self.states, self.actions, self.rewards = [], [], []
```

아래 프로그램에서는 episode=1,000개를 생성하고 매 episode마다 모수를 update 하고 있다. 그러므로 7.2절의 알고리즘에서 N=1이고 반복은 1,000으로 하여 정책 딥러닝을 학습시키고 있다. 이를 stochastic gradient descent라고 한다.

```
if __name__ == "__main__":

    env = gym.make('CartPole-v1')
    # get size of state and action from environment
    state_size = env.observation_space.shape[0]
    action_size = env.action_space.n

    agent = REINFORCEAgent(state_size, action_size)

    scores, episodes = [], []
    episode_score=[]
    EPISODES = 1000
    for e in range(EPISODES):
        done = False
        score = 0

        state = env.reset()
        state = np.reshape(state, [1, state_size])

        while not done:

            action = agent.get_action(state)
```

```
        next_state, reward, done,_ = env.step(action)
        next_state = np.reshape(next_state, [1, state_size])

        agent.append_sample(state, action, reward)
        score += reward

        state = next_state

        if done:

            agent.train_model()

            print("episode:", e, "score:", score)
            episode_score.append([e,score])
            scores.append(score)
            episodes.append(e)
```

아래는 매 episode에서 받은 return을 보여주고 있다. 400번째 episode부터는 return이 500점인 경우가 많이 발생한 것으로 보아 정책 딥러닝 REINFORCE가 잘 학습된 것으로 보이지만, 이미 논의했듯이 변동성이 비교적 크게 나타나고 있음을 관측할 수 있다.

```
import pandas as pd
import plotly.express as px
df=pd.DataFrame(episode_score,columns=['episode','return'])
fig=px.line(df,x='episode',y='return', title='Return_Monitor')
fig.show()
```

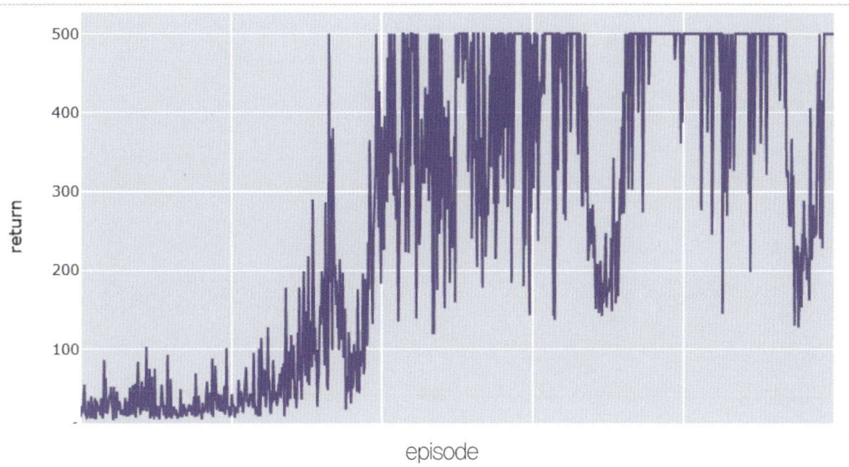

다음 장부터는 6장의 DQN과 이번 장에서 배운 policy gradient 강화학습을 기반으로 훨씬 향상된 강화학습기법을 공부하게 된다. 또한 다음 장부터는 구체적인 coding은 제공되지 않고 모든 강화학습 알고리즘을 마치 함수처럼 호출하여 실행하는 Stable Baselines 라이브러리를 이용하게 될 것이다.

8장

Actor-Critic 강화학습

Actor-Critic 기법을 좀 더 잘 이해하기 위해 복습을 겸해서 간략하게 몬테카를로 기법, TD(temporal difference) 기법, 가치기반(value-based) 기법, 그리고 정책기반(policy-based) 기법을 정리해 보도록 하자. state-action 쌍의 가치함수인 $Q(s,a)$를 중심으로 비교 설명하자.

몬테카를로 기법은 한 episode에서 (s,a)쌍이 관측된 이후 terminal state까지 관측된 모든 reward의 합(이를 return이라고 함)을 $Q(s,a)$에 대한 하나의 관측치로 정의한다. 이러한 episode를 독립적으로 N번 반복하여 N개의 $Q(s,a)$ 관측치 평균으로 $Q(s,a)$를 추정한다. 그러므로 몬테카를로 기법은 episode가 끝나야만, 추정이 가능하게 된다. 이는 terminal state가 없거나 episode가 너무 긴 경우에는 몬테카를로 기법을 적용하기 어렵다는 것을 말해 준다. TD는 $Q(s,a) \leftarrow Q(s,a) + \alpha(r + \gamma Q(s',a') - Q(s,a))$를 이용하여 $Q(s,a)$를 매 시간스텝마다 추정하므로 episode가 끝날 때까지 기다릴 필요가 없다. 이러한 방법으로 $Q(s,a)$를 update하는 TD는 몬테카를로의 평균증분(mean increment)으로 해석할 수 있다. 그러나 몬테카를로 기법이나 TD는 state와 action 모두 유한(finite)하면서 크기가 크지 않을 때만 적용 가능하다는 약점을 가지고 있다.

가치기반 기법은 state는 이산형이나 연속형 모두 가능하지만 action은 유한한 이산형일 때 적용 가능하며 $Q(s,a)$를 딥러닝 모형 $Q_\theta(s,a)$로 추정한다. $Q_\theta(s,a)$의 목적변수는 최적 Bellman 방정식에 의해 $r + \gamma \max_{a'} Q(s',a')$이며 관측치 (s,a,r,s')이 저장된 experience replay buffer로부터 임의로 k개의 transition을 뽑아 손실함수를 정의한다. 이 손실함수를 최소로 하는 $Q_\theta(s,a)$의 모수 θ를 매 시간스텝마다 update한다.

한편, 이산형과 연속형 action이 모두 적용 가능한 정책기반 기법은 episode의 return을 기준으로 policy를 평가하고 policy를 개선하므로, 딥러닝 모형 $\pi_\theta(a|s)$는 episode 단위로 모수 θ가 update된다. 즉, 정책기반 기법의 목적함수 $J(\theta)$의 미분은

$$\nabla_\theta J(\theta) = \sum_{t=0}^{T-1} \nabla_\theta \log \pi_\theta(a_t|s_t)(R(t) - V_\phi(s_t))$$

를 한 단위의 관측치로 정의하기 때문에 최소한 1개 이상의 episode가 끝나야 $\pi_\theta(a_t|s_t)$의 θ를 update할 수 있게 된다.

Actor-Critic 강화학습은 정책기반 기법과 거의 유사하게 정의된다. 정책기반 기법에서는 하나의 episode에서 연속적으로 적용한 policy를 $R(t) - V_\phi(s_t)$로 평가(critic)하여 policy $\pi_\theta(a_t|s_t)$를 개선(improve)한다. 그러나 actor-critic은 TD 기법과 가치기반 기법을 정책기반 기법에 추가하여 한 episode내 매 시간스텝마다 $\pi_\theta(a_t|s_t)$를 update하도록 만든 기법이다. 정책기반 기법에서 사용한 $R(t)$ 대신 $r + \gamma V(s')$으로 대체(TD 기법)하고 이 $V(s')$을 딥러닝 모형 $V_\phi(s')$으로 추정(가치기반 기법)한 기법이 actor-critic 기법의 핵심적인 개념이다.

8.1 A2C(Advantage actor-critic)

A2C의 목적함수는 Bellman 방정식으로부터

$$J(\theta) = E_{\substack{a_t \sim \pi_\theta(a_t|s_t) \\ s_{t+1} \sim p(s_{t+1}|s_t, a_t)}} [r(s_t, a_t, s_{t+1}) + \gamma V_\phi(s_{t+1})] \tag{8.1}$$

으로 정의되며 이 목적함수를 최대로 하는 $\pi_\theta(a_t|s_t)$를 구하는 것이 A2C의 목적이다. 여기에서 $V_\phi(s)$는 모수 ϕ를 가진 딥러닝 모형이다. 식 (8.1)은

$$J(\theta) = \iint [r(s_t, a_t, s_{t+1}) + \gamma V_\phi(s_{t+1})] \pi_\theta(a_t|s_t) p(s_{t+1}|s_t, a_t) da_t ds_{t+1}$$

이므로

$$\nabla_\theta J(\theta) = \iint [r(s_t, a_t, s_{t+1}) + \gamma V_\phi(s_{t+1})] \nabla_\theta \pi_\theta(a_t | s_t) p(s_{t+1} | s_t, a_t) da_t ds_{t+1}$$

$$= \iint [r(s_t, a_t, s_{t+1}) + \gamma V_\phi(s_{t+1})] \nabla_\theta \log \pi_\theta(a_t | s_t) \cdot \pi_\theta(a_t | s_t) p(s_{t+1} | s_t, a_t) da_t ds_{t+1}$$

$$= E_{\substack{a_t \sim \pi_\theta(a_t|s_t) \\ s_{t+1} \sim p(s_{t+1}|s_t, a_t)}} [\nabla_\theta \log \pi_\theta(a_t | s_t)[r(s_t, a_t, s_{t+1}) + \gamma V_\phi(s_{t+1})]]$$

가 된다. A2C에서는 추가로, policy gradient with baseline과 동일하게 분산을 줄이기 위해

$$\nabla_\theta J(\theta) = E_{\substack{a_t \sim \pi_\theta(a_t|s_t) \\ s_{t+1} \sim p(s_{t+1}|s_t, a_t)}} (\nabla_\theta \log \pi_\theta(a_t | s_t)[r(s_t, a_t, s_{t+1}) + \gamma V_\phi(s_{t+1}) - V_\phi(s_t)]) \tag{8.2}$$

으로 $V_\phi(s_t)$를 baseline으로 사용하여 목적함수의 미분을 식 (8.2)와 같이 구한다. Bellman 방정식에서 살펴보았듯이 $r(s_t, a_t, s_{t+1}) + \gamma V_\phi(s_{t+1}) \approx Q(s_t, a_t)$이므로 $r(s_t, a_t, s_{t+1}) + \gamma V_\phi(s_{t+1}) - V_\phi(s_t) = A(s_t, a_t)$가 된다.

즉, 식 (8.2)에서 $\pi_\theta(a_t | s_t)$ (actor)를 advantage $A(s_t, a_t)$로 평가(critic)하므로 이를 advantage actor-critic이라고 한다. 목적함수 식 (8.1)을 최대로 하는 actor network $\pi_\theta(a_t | s_t)$의 θ는 gradient ascent, 즉 $\theta = \theta + \alpha \nabla_\theta J(\theta)$로 update하여 구한다. 식 (8.2)의 기대치는 action과 state를 반복 적용하는 몬테카를로 기법으로 추정 가능하므로

$$\nabla_\theta J(\theta) = \nabla_\theta \log \pi_\theta(a_t | s_t)[r(s_t, a_t, s_{t+1}) + \gamma V_\phi(s_{t+1}) - V_\phi(s_t)]$$

으로 매 시간스텝마다 $\pi_\theta(a_t | s_t)$의 모수 θ를 update할 수 있다. Critic network $V_\phi(s)$의 ϕ는 $r(s_t, a_t, s_{t+1}) + \gamma V_\phi(s_{t+1})$가 목적변수이므로

$$L(\phi) = (r(s_t, a_t, s_{t+1}) + \gamma V_\phi(s_{t+1}) - V_\phi(s_t))^2$$

으로 손실함수를 정의하게 된다. 오직 하나의 표본 transition만 사용하므로 ϕ의 update는 확률적 미분 강하법(stochastic gradient descent)에 해당한다. 즉, $V_\phi(s_t)$

의 모수 ϕ는 $\phi = \phi - \alpha \nabla_{\phi} L(\phi)$로 update한다. 물론 $L(\theta)$를 2개 이상의 표본 transition으로 정의할 수 있으나, $\nabla_{\theta} J(\theta)$가 매 시간스텝마다 계산되므로 특별한 이유가 없으면 $L(\theta)$를 다르게 정의할 필요가 없다.

지금까지 논의한 A2C 알고리즘을 정의하면 다음과 같다.

1. actor network 모수 θ와 critic network 모수 ϕ에 초기치를 부여한다.
2. 아래 단계 3을 N번 반복한다.
3. $t = 0$부터 $T-1$까지

   3.1 $\pi_{\theta}(a_t | s_t)$으로부터 a_t를 선택한다.

   3.2 r_t와 s_{t+1}을 관측한다.

   3.3 actor network 목적함수의 미분값을 계산한다.

$$\nabla_{\theta} J(\theta) = \nabla_{\theta} \log \pi_{\theta}(a_t | s_t)[r(s_t, a_t, s_{t+1}) + \gamma V_{\phi}(s_{t+1}) - V_{\phi}(s_t)]$$

   3.4 actor network 모수 θ를 $\theta = \theta + \alpha \nabla_{\theta} J(\theta)$으로 update한다.

   3.5 critic network의 손실함수를 계산한다.

$$L(\phi) = (r(s_t, a_t, s_{t+1}) + \gamma V_{\phi}(s_{t+1}) - V_{\phi}(s_t))^2$$

   3.6 critic network 모수 ϕ를 $\phi = \phi - \alpha \nabla_{\phi} L(\phi)$으로 update한다.

이미 언급하였지만 actor network $\pi_{\theta}(a_t | s_t)$는 딥러닝 모형으로 s_t를 입력받아 action이 이산형이면 활성함수(activation function)로 sigmoid 또는 softmax를 사용하여 각각 이항분포 또는 다항분포를 출력한다. action이 연속형이면 $\pi_{\theta}(a_t | s_t)$는 평균과 분산이 s_t에 의존하는 정규분포 값을 출력하게 된다. 정규분포는 평균과 분산이 결정되면 확률밀도함수인 $\pi_{\theta}(a_t | s_t)$가 정의되기 때문이다.

A2C의 두 개의 network은 일반적으로 다음과 같은 구조를 가지고 있다.

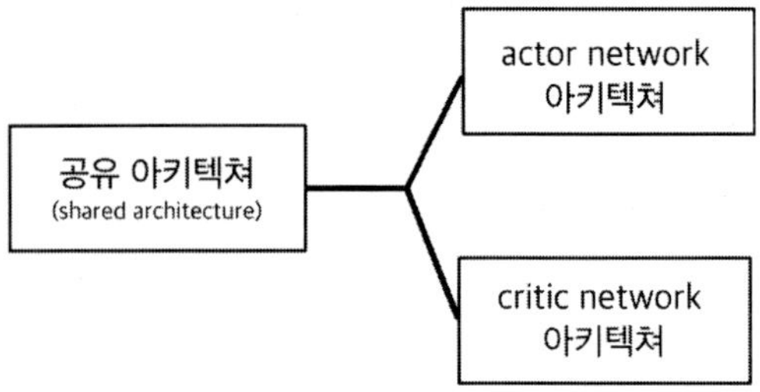

예를 들어,

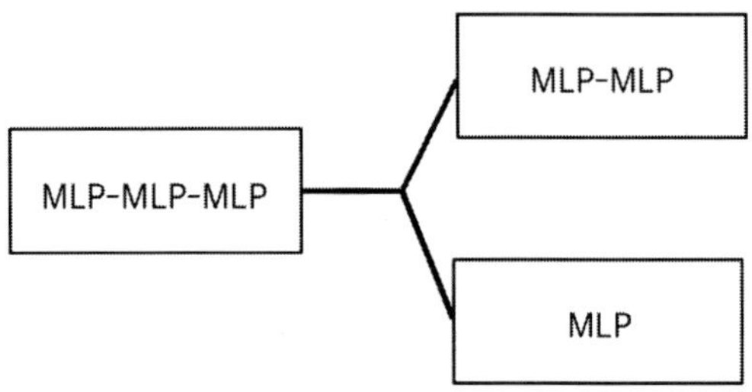

와 같이 공유아키텍처와 각자의 actor network 아키텍처와 critic network 아키텍처로 구성할 수 있다. 즉, 64-64-64 —< 128-6 / 1 으로 노드가 64개인 MLP 모형 3개를 공유아키텍처로 구성하고 actor network은 노드가 128개인 MLP와 노드가 6개인 MLP로 구성할 수 있다. actor network의 출력이 6개인 것은 action의 개수가 6개인 것을 가정한 것이다. 또한 critic network은 노드가 1개인 MLP로 구성하고 있으며 실숫값을 갖는 $V_\phi(s)$를 출력하는 것으로 가정한 것이다. 물론, 공유아키텍처가 없어도 관계없으며 반드시 MLP일 필요도 없다. 입력자료가 이미지이면 공유아키텍처는 CNN(convolutional neural network)으로 구성될 것이며 주식 데이터와 같이 시계열자료이면 RNN(recurrent neural network)으로 구성될 것이다. A2C 알고리즘에 대한 응용은 9장에서 다루어질 것이다.

8.2 비동시성 A2C (Asynchronous advantage actor-critic: A3C)

A3C는 복수의 agent들이 병렬형태로 A2C 강화학습을 실행하는 것으로 요약할 수 있다. 여러 개의 프로세서가 작업을 병렬로 처리하는 다중처리시스템(multiprocessing system)을 이용한 강화학습이다. A3C는 두 가지 형태의 agent들로 구성되어 있다. 하나는 global agent이고 다른 하나는 worker agent이다. global agent는 1개이고, worker agent는 2개 이상이다. global agent와 worker agent들은 동일한 구조를 가진 actor network과 critic network으로 구성되어 있다. global agent는 환경과 직접 접촉하지 않고 worker들과 교류하여 필요한 정보를 공급받고 worker agent들에게 필요한 정보를 공급한다. worker agent들은 동일하지만 독립적인 환경과 직접 접촉하여 transition에 대한 정보를 수집하고 actor network과 critic network의 목적함수의 미분값을 계산하여 global agent에 전달한다. Worker agent들은 k개의 batch 단위 transition들을 이용하여 A2C의 actor network 손실함수($-\frac{1}{k}\sum_t \log\pi_\theta(a_t|s_t)$ $(r+\gamma V_\phi(s_{t+1})-V_\phi(s_t))$)를 약간 변형하여

$$L(\theta)=-\frac{1}{k}\sum_t \log\pi_\theta(a_t|s_t)(r+\gamma V_\phi(s_{t+1})-V_\phi(s_t)+\beta H(\pi)) \tag{8.3}$$

으로 actor network의 손실함수를 정의한다. 여기에서 $H(\pi)$는

$$H(\pi)=-\int \pi_\theta(a_t|s_t)\log\pi_\theta(a_t|s_t)d\,a_t$$

으로 정의된 policy $\pi_\theta(a|s)$의 entropy로서 $H(\pi)$가 최댓값으로 접근할수록 $\pi_\theta(a|s)$가 uniform 분포로 접근한다. 그러므로 가능한 한 $H(\pi)$를 최대로 하여 policy의 탐색 기능을 강화하도록 손실함수 (8.3)에 entropy를 포함시키고 있다. 한편, critic network의 손실함수는 A2C와 동일하게

$$L(\phi)=\frac{1}{k}\sum_t (r(s_t,a_t,s_{t+1})+\gamma V_\phi(s_{t+1})-V_\phi(s_t))^2 \tag{8.4}$$

으로 정의한다.

Worker agent들은 식 (8.3)과 (8.4)의 손실함수로부터 $L(\theta)$와 $L(\phi)$의 미분 $\nabla_\theta L(\theta)$와 $\nabla_\phi L(\phi)$를 계산하여 global agent에 전달한다. 그러면 global agent는 worker agent들과 동일한 actor network과 critic network의 구조를 가지고 있으므로 전달받은 $\nabla_\theta L(\theta)$와 $\nabla_\phi L(\phi)$를 이용하여

$$\theta=\theta-\alpha\nabla_\theta L(\theta)\text{와 }\phi=\phi-\alpha\nabla_\phi L(\phi)$$

로 $\pi_\theta(a|s)$와 $V_\phi(s)$의 각 모수를 update한 후, 이 update된 θ와 ϕ를 worker agent에 번갈아 가면서 전달한다. Worker agent들과 global agent의 관계를 아래 그림과 같이 요약할 수 있다.

<그림 8.1>에서 볼 수 있듯이 4개의 worker agent들은 각각의 동일한 환경의 복사본과 접촉하고 있다. worker agent 1은 actor network의 손실함수와 critic network의 손실함수의 미분값을 계산하여 global agent에 전달하고, global agent는 이 미분값을 이용하여 actor network과 critic network의 모수를 update한다. 그리고 이

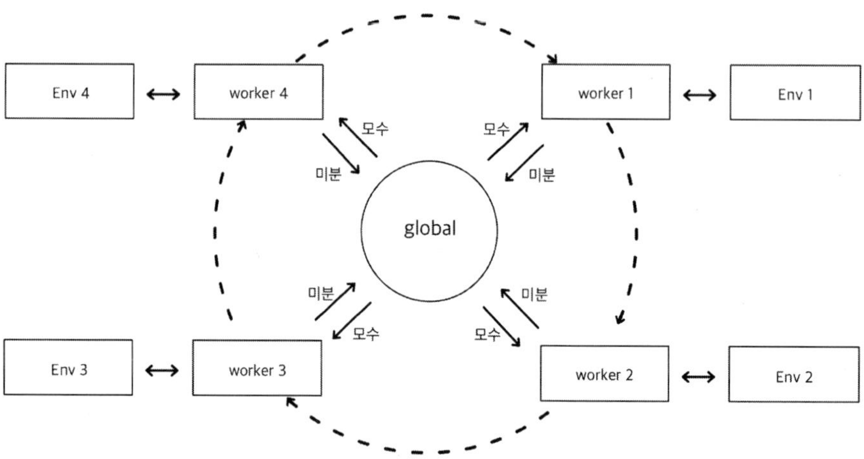

그림 8.1 4개의 worker agent들을 가진 A3C

update된 모수는 worker agent 1에 전달하여 worker agent의 $\pi_\theta(a|s)$와 $V_\phi(s)$의 모수를 update한다. worker agent 2, worker agent 3, 그리고 worker agent 4들도 차례대로 동일한 작업을 통해 모수를 update한다. 그러므로 global agent는 worker agent가 1개 있을 때보다 4배의 속도로 $\pi_\theta(a|s)$와 $V_\phi(s)$의 모수를 update하게 된다.

8.3 ACER (Actor-Critic with Experience Replay)

ACER는 A3C의 확장으로 해석할 수 있다. 알고리즘의 이름에서 유추할 수 있듯이, DQN 알고리즘에서 사용한 experience replay를 사용하여 actor network과 critic network의 추정을 개선한 결과, A3C보다 성능이 좋다는 것을 보여주었다(Wang 외, 2017). ACER는 A3C와 비교하여 근본적인 구조는 동일하지만 구체적인 알고리즘 구현에서 많은 미세조정을 한 actor-critic 강화학습이다. 세부적인 수식과 증명 그리고 구체적인 알고리즘은 "Sample Efficient actor-critic with Experience Replay" (Wang 외, 2017)를 참고하길 바란다. 대신 여기에서는 구체적인 수식없이 ACER 알고리즘의 핵심 사항을 5가지 특성으로 요약 정리하고자 한다.

ACER 알고리즘의 첫 번째 특성은 off-policy를 이용하여 actor network의 모수를 update한다. 즉, 목표 policy(target policy)와 behavior policy로 구분하여, behavior policy로부터 transition 자료를 수집하고 이를 이용하여 목표 policy를 개선한다. 이는 4.4절 off-policy 몬테카를로에서 살펴보았듯이 important sampling ratio를 통해 추정하고자 하는 목표 policy의 손실함수를 계산하고 update하게 된다. 두 번째 특성은 transition 데이터의 효율을 experience replay로 높였다는 것이다. 직전 반복에서 추정된 목표 policy를 behavior policy로 놓고 이 behavior policy로 관측한 transition들을 experience replay에 저장한다. 이로부터 k개의 임의의 transition을 표

집하여 worker agent들의 손실함수 미분값을 계산하여 global agent에 전달하게 된다. 세 번째 특성은 important sampling ratio가 유한값(bounded value)을 갖도록 제한하여, worker agent들의 actor network과 critic network의 손실함수 값이 시간스텝에 따라 크게 변동하는 것을 방지한다. 네 번째 특성은 critic network 손실함수를 계산하기 위해 목적변수 y로 $Q(s,a)$의 추정치인 Retrace 추정치(Munos 외, 2016)를 이용한 것이다. Retrace 추정치는 critic network 손실함수 값의 변동을 줄이는 데 기여하게 된다. 다섯 번째 특성은 actor network 손실함수를 제한요건 하에서 구한다는 것이다. 제한요건은 update되기 전후의 $\pi_\theta(a|s)$의 차이를 측정하는 Kullback- Leibler divergence가 초모수 δ보다 작게 만드는 것으로 10장에서 다루게 되는 trust region이라고 할 수 있다. 10장에서 논의하겠지만 update되기 전후의 $\pi_\theta(a|s)$의 큰 차이는 $\pi_\theta(a|s)$의 성능을 저하시키는 주요 요인 중의 하나이다. ACER의 응용은 다음 장에서 다루어질 것이다.

9장

Stable Baselines

지금까지 논의한 DQN, A2C, ACER 등 강화학습 알고리즘뿐만 아니라, 10장부터 논의할 수많은 강화학습 알고리즘을 하나하나 코딩하여 실행한다는 것은 능숙한 프로그래머에게도 결코 쉬운 일이 아니다. 코딩에 대한 전문적인 지식이나 기술 없이 강화학습 알고리즘을 공부하고 응용하고자 할 때 강화학습 라이브러리는 코딩의 늪에서 벗어나게 해주는 좋은 도구이다. Stable Baselines는 tensorflow 1.x로 작성되어 있기 때문에 현재 사용하고 있는 tensorflow 2.x에서는 작동하지 않는다. 통계적 머신러닝이나 딥러닝 학습을 위해 anaconda가 설치되어 있으면 최소한 python이 3.8 이상이다. tensorflow 1.x는 python 3.6 이하에서만 설치할 수 있으므로 다음과 같이 별도의 anaconda 가상환경을 만들어서 이 환경에 stable_baselines를 설치하는 것이 좋다.

1. Anaconda prompt에서

```
>>>conda create -n baseline_env python=3.6
```

   을 실행시켜 baseline_env라는 가상환경을 만든다. python=3.5로 지정해도 되며 baseline_env를 자신이 기억하기 편한 다른 이름으로 고쳐도 된다.

2. baseline_env 가상환경에 들어가기 위해

```
>>>activate baseline_env
```

   를 입력하면 baseline_env에 들어가게 되고 baseline_env에서 나오고 싶다면

```
>>>deactivate
```

   를 입력하면 된다.

3. baseline_env에서 다음과 같이 tensorflow 1.15.0을 설치한다.

```
>>> pip install tensorflow==1.15.0
```

   을 입력하면 stable_baselines를 실행할 수 있는 환경이 완성된다.

4. baseline_env에서 python 코딩을 위해 Jupyter notebook을 설치한다.

```
>>> pip install notebook
```

5. Jupyter note에 코딩하기 위해

```
>>> jupyter notebook
```

   를 입력하면 jupyter notebook 셀이 나타나 코딩을 시작하면 된다.

6. Microsoft MPI에서 MSMpiSetup.exe를 download한 후, 이를 환경변수에 등록한다. 등록을 위해

```
>>>PATH=%PATH%;C:\Program Files\Microsoft MPI\bin
```

   을 입력하면 환경변수에 path가 등록된다.

7. stable_baselines를 설치한다.

```
>>> pip install stable-baselines[mpi]
```

9.1 DQN의 적용과 응용

이제 stable_baselines를 실행하기 위해 anaconda prompt에

```
>>>activate baseline_env
>>> jupyter notebook
```

을 입력하여 jupyter notebook에 들어가서 아래 프로그램을 실행해 보자. 프로그램은 DQN 알고리즘으로 $Q_\theta(s,a)$를 추정하는 절차를 보여주고 있다. 딥러닝 모형 $Q_\theta(s,a)$를 MLP층으로 구성하기 위해 MlpPolicy를 호출하고, DQN을 적용하기 위해 DQN을 호출하고 있다. gym을 이용해서 DQN을 적용할 환경으로 CartPole-v1을 만든 후, DQN(policy, 환경)을 model로 객체화하면 DQN 강화학습모형 설정이 완료된다. 아래 프로그램에서는 딥러닝아키텍처로 MLP를 사용하므로 MlpPolicy

를 입력했고(MlpPolicy를 미리 호출하지 않았으면 'MlpPolicy'로 문자형태로 입력해도 된다) env로 객체화된 환경 env를 입력하고 있다. 또한 verbose=1을 부여해서 DQN 모형의 학습정보를 제공하게 한다. 학습정보가 필요하지 않으면 verbose=0을 주면 된다. DQN 모형의 학습은 model.learn(total_timesteps=number)로 실행된다. 이처럼 몇 개의 줄로 DQN을 실행하고 있다. 다른 강화학습 알고리즘도 모두 동일한 문법으로 적용된다. 프로그램 출력은 총 100,000번의 시간스텝으로 실행된 DQN 모형의 학습과정을 보여주고 있다. 매 100개 episode마다 평균 reward, 누적 시간스텝을 보여주고 있으며 공간상의 제약으로 첫 200개 episode와 마지막 200개 episode 결과만 보여주고 있다. 첫 200개 episode의 평균 reward보다 마지막 episode의 평균 reward가 훨씬 높다는 것을 볼 수 있다.

```
import gym
from stable_baselines.deepq import MlpPolicy
from stable_baselines import DQN

env=gym.make('CartPole-v1')
#print(env.observation_space)
model=DQN(MlpPolicy,env,verbose=1)
model.learn(total_timesteps=100000)
```

```
----------------------------------------------
| % time spent exploring      | 78      |
| episodes                    | 100     |
| mean 100 episode reward     | 22.7    |
| steps                       | 2244    |
----------------------------------------------
----------------------------------------------
| % time spent exploring      | 28      |
| episodes                    | 200     |
| mean 100 episode reward     | 50.3    |
| steps                       | 7272    |
----------------------------------------------
----------------------------------------------
| % time spent exploring      | 2       |
| episodes                    | 800     |
| mean 100 episode reward     | 201     |
| steps                       | 75126   |
----------------------------------------------
```

```
| % time spent exploring    | 2      |
| episodes                  | 900    |
| mean 100 episode reward   | 244    |
| steps                     | 99478  |
```

다음 프로그램은 evaluate_policy 함수로 학습된 DQN 모형을 10개의 episode로 평가하는 프로그램이다. model.get_env( )로 DQN이 학습된 환경을 불러내서 평가하고 있다. 평균 reward는 500이고 표준편차가 0으로 나와 10 episode 모두 500점의 reward를 받았다는 의미이므로 DQN 모형은 완전하게 학습되었다고 할 수 있다.

```
mean_reward,std_reward=evaluate_policy(model, model.get_env(), n_eval_episodes=10)
print(mean_reward)
print(std_reward)
```

```
500.0
0.0
```

다음을 실행하면 학습된 DQN 모형의 학습결과를 1,000 시간스텝 동안 cartpole의 움직임을 통해 시각적으로 볼 수 있다. 잘 학습된 DQN 모형임을 확인할 수 있을 것이다. model.predict에 deterministic=True를 주어서 greedy policy(즉, epsilon-greedy policy가 아닌)로 학습결과를 보여줄 수 있다.

```
obs=env.reset()
for i in range(1000):
    action, _states=model.predict(obs, deterministic=True)
    obs,rewards,dones,_=env.step(action)
    env.render()
```

stable_baselines는 학습된 강화학습을 저장하고 불러내는 함수를 제공한다. 다음 프로그램은 학습된 DQN을 현재 프로그램이 있는 경로에 temp라는 폴더(temp라는 폴더를 이미 만들었다고 가정함)에 dqn_cartpole로 저장하고 불러낼 때는 *trained algorithm.load*(우리의 예제에서는 DQN.load)로 불러올 수 있다.

```
model.save('./temp/dqn_cartpole')
model=DQN.load('./temp/dqn_cartpole')
```

다음 프로그램은 저장된 DQN을 불러내어(이를 위해 from stable_baselines import DQN으로 DQN을 호출해야 함) model.get_parameter_list( ) 함수로 딥러닝 $Q_\theta(s,a)$의 아키텍처를 살펴볼 수 있다. 이에 대한 출력을 살펴보면 매우 복잡하게 보이지만 deepq/model/action_value/fully_connected/, deepq/model/state_value/fully_ connected/, 동일한 형식으로 제공된 target_q_func/action_value, target_q_func/ state_value으로 구분할 수 있다. model/action_value는 DQN 모형에서 $Q_\theta(s,a)$의 아키텍처, model/state_value는 $E_{a\sim\pi(a|s)}Q_\theta(s,a)$의 아키텍처, target_q_func/ action_value는 $Q_{\theta'}(s',a')$의 아키텍처, target_q_func/state_value는 $E_{a'\sim\pi(a'|s')}Q_{\theta'}(s',a')$의 아키텍처를 보여주고 있다. stable_baselines에서는 근본적으로 actor-critic의 관점에서 두 개의 출력층으로 구조화되어 있다. 하나는 actor $\pi(a|s)$이고 나른 하나는 가치함수이다. DQN에서는 actor 역할을 $Q(s,a)$가 하고 가치함수는 state_value인 $V(s)$가 된다.

DQN에서 논의했듯이 $Q_{\theta'}(s',a')$는 $Q_\theta(s,a)$의 복사이므로 동일한 아키텍처를 가지게 되고, $E_{a\sim\pi(a|s)}Q_\theta(s,a)=V_\theta(s)$와 $E_{a'\sim\pi(a'|s')}Q_{\theta'}(s',a')=V_{\theta'}(s')$의 아키텍처도 같은 이유로 동일한 구조를 가지고 있다. DQN에서는 state_value는 이용하지 않지만 아키텍처는 제공하고 있다. 그러나 state_value는 $Q_\theta(s,a)$로부터 추정되므로 state_value의 아키텍처는 $Q_\theta(s,a)$의 아키텍처로 대체할 수 있다. 아래 프로그램의 출력은 오직 $Q_\theta(s,a)$의 아키텍처만 보여주고 있다. 즉,

weights: shape(4,64), biases: shape(64,), weights:(64,64), biases:(64,), weights:(64,2), biases:(2,)

로 $Q_\theta(s,a)$의 아키텍처를 제공하고 있다. 이는 크기가 (4,)인 1D 텐서 입력층→노드가 64개인 MLP 은닉층→노드가 64개인 MLP 은닉층→ 크기가 (2,)인 1D 텐서 출력층의 구조를 보여주고 있다. 입력층이 크기가 (4,) 1D 텐서인 이유는 CartPole-v1의 state가 (4,) 1D 텐서이기 때문이며 출력층이 (2,) 1D 텐서인 이유는 CartPole-v1의 action이 2개이기 때문이다. 1D 텐서 입력층→노드가 64개인 MLP 은닉층에서 추정해야 할 모수 θ는 ($4 \times 64 + 64$(bias 수))개이고, 노드가 64개인 MLP 은닉층→노드가 64개인 MLP 은닉층에서 추정해야 할 모수 θ는 $(64 \times 64 + 64)$개이며, 노드가 64개인 MLP 은닉층→크기가 (2,)인 1D 출력층에서 추정해야 할 모수는 $(64 \times 2 + 2)$개가 된다. 그러므로 출력에서 weights와 biases는 $Q_\theta(s,a)$의 구조와 추정해야 할 모수의 숫자도 알려주고 있다. state_value의 아키텍처는 $Q_\theta(s,a)$의 아키텍처와 비교해서 마지막 출력층만 다르고 모두 같다. state_value는 $E_{a \sim \pi(a|s)} Q_\theta(s,a)$를 출력하여 실숫값 하나를 출력하게 되므로 출력층의 크기는 (1,)가 되고 출력층 직전의 은닉층은 weights: shape(64,1), biases: shape(1,)이 된다. 저장된 DQN을 불러내어 시각화하기 위해서는 env=gym.make('CartPole-v1')을 아래 프로그램과 같이 먼저 지정해야 한다. 그러므로 학습된 강화학습을 저장할 때 알고리즘과 학습시킨 환경을 짝지어서 이름을 저장하는 것이 좋다.

```
import gym
from stable_baselines import DQN
model=DQN.load('./temp/dqn_cartpole')
parms=model.get_parameter_list()
print(parms)

env=gym.make('CartPole-v1')

obs=env.reset()
for i in range(1000):
```

```
    action,_state=model.predict(obs, deterministic=True)
    obs,rewards,dones,info=env.step(action)
    env.render()
```

```
<tf.Variable 'deepq/model/action_value/fully_connected/weights:0' shape=(4, 64) dtype=float32_ref>, <tf.Variable 'deepq/model/action_value/fully_connected/biases:0' shape=(64,) dtype=float32_ref>, <tf.Variable 'deepq/model/action_value/fully_connected_1/weights:0' shape=(64, 64) dtype=float32_ref>, <tf.Variable 'deepq/model/action_value/fully_connected_1/biases:0' shape=(64,) dtype=float32_ref>, <tf.Variable 'deepq/model/action_value/fully_connected_2/weights:0' shape=(64, 2) dtype=float32_ref>, <tf.Variable 'deepq/model/action_value/fully_connected_2/biases:0' shape=(2,) dtype=float32_ref>,
```

아래 프로그램은 6장에서 실습한 바 있는 MsPacman-v0 환경을 Double and dueling DQN with prioritized replay, 즉 6장에서 논의한 Double DQN, dueling DQN, 그리고 prioritized replay를 모두 반영한 DQN 모형에 적용한 예제이다. 이미 6장에서 경험한 바 있듯이 atari는 데이터의 사전정리과정(preprocessing)이 필요하다. stable_baselines에서는 atari wrappers의 make_atari( )로 사전정리과정을 실행할 수 있도록 하고 있다. 그런데 stable_baselines에서는 atari 환경에 frame skip이 포함되어 있으면 실행되지 않는다. MsPacman-v0는 frame_skip=4로 미리 지정되어 있어 MsPacmanNoFrameskip-v0로 환경을 변경해야 한다. 참고로 frame_skip은 비디오 자료의 움직임을 파악하기 위해 연속된 비디오 영상을 규칙적 간격으로 뺄 수(skip) 있게 해준다. MsPacman 환경이 이미지이므로 CnnPolicy를 사용하고 double_q=True (default)를 부여하여 Double DQN을 실행한다. 또한 prioritized_ replay=True를 주면 DQN with prioritized replay를 실행할 수 있으며 default는 False이다. 그리고 policy_kwargs=dict(dueling=True)를 부여하여 Dueling DQN을 실행하며 default는 False이다. policy_kwargs은 딥러닝아키텍처를 맞춤형으로 고치게 해주는 중요한 기능을 가지고 있다. 이에 대해 논의는 곧 자세하게 논의될 것이다. 시간이 오래 걸려 20,000번의 시간스텝만 학습시켰으나 최소 30,000번 이상 학습시킬 것을 권장한다.

```
import gym
from stable_baselines.common.atari_wrappers import make_atari
from stable_baselines.common.cmd_util import make_atari_env
```

```
from stable_baselines.common.vec_env import VecFrameStack
from stable_baselines.deepq import CnnPolicy
from stable_baselines import DQN

env=make_atari('MsPacmanNoFrameskip-v0')

agent=DQN(CnnPolicy,env,double_q=True,prioritized_replay=True,
            policy_kwargs=dict(dueling=True))
agent.learn(20000)
agent.save('./temp/dqn_mspacmannoframeskip-v0')
```

CnnPolicy는 이미지가 입력되면 3개의 CNN 은닉층, 1개의 MLP층, 그리고 출력층으로 구성되어 있다. 첫 번째 CNN층은 32개의 노드를 가진 8×8 2D convolution kernel을 적용하고 두 번째 CNN층은 64개의 노드를 가진 4×4 2D convolution kernel, 그리고 세 번째 CNN층은 64개의 노드를 가진 3×3 2D convolution kernel을 적용하고 있다. 이어지는 다음 층은 Flatten( )층이며 이 층의 출력은 노드가 512개인 MLP층으로 입력된다. 이러한 아키텍처와 DQN 모형의 학습결과는 아래 프로그램에서 확인할 수 있다. 프로그램 출력은 생략하였다.

```
import gym
from stable_baselines import DQN
from stable_baselines.common.atari_wrappers import make_atari
model=DQN.load('./temp/dqn_mspacmannoframeskip-v0')
parms=model.get_parameter_list()
print(parms)

env=make_atari('MsPacmanNoFrameskip-v0')
print(env.observation_space)
obs=env.reset()
for i in range(2000):
    action,_state=model.predict(obs, deterministic=True)
    obs,rewards,dones,info=env.step(action)
    env.render()
```

9.2 A2C, A3C, ACER의 적용과 응용

Stable Baselines의 문법은 강화학습 알고리즘에 동일하게 적용되므로 A2C나 ACER 알고리즘에도 DQN과 동일한 방법으로 실행된다. 다음 프로그램은 atari 중 PongNoFrameSkip-v4 환경을 A2C에 적용하기 위해 두 종류의 atari 데이터의 사전처리 과정을 보여주고 있다. atari_wrappers.make_atari는 210 × 160 픽셀의 컬러 이미지의 state space로 데이터를 사전처리하지만, cmd_util.make_atari_env는 num_env와 seed를 반드시 입력해 주어야 하며 multiprocessing으로 알고리즘을 학습시킬 때 사용하는 사전처리 과정이다. A2C 알고리즘에서 multiprocessing을 사용하면 A3C 알고리즘이 된다. Multiprocessing은 9.5절에서 자세하게 논의하게 될 것이다. 출력에서 볼 수 있듯이 cmd_util.make_atari_env는 84 × 84 픽셀의 흑백 이미지로 PongNoFrameskip-v4 환경의 state를 정의하고 있다. cmd_util.make_atari_env에서 num_env는 독립적인 환경의 수를 지정하고 seed는 각 환경의 seed를 다르게 부여하여 독립성을 확보하기 위해 필요하다. 아래 프로그램에서는 num_env=4로 지정하여 4개의 독립적인 환경을 생성하고 이를 병렬로 처리하여 학습 속도를 빠르게 한다. 그러나 주의해야 할 것은 모든 atari 환경이 multiprocessing을 실행할 수 있는 것은 아니라는 것이다. atari 환경에 make_atari_env( ) 함수를 적용해 보고 error가 없으면 multiprocessing을 실행할 수 있다는 의미가 되므로 학습 속도를 높이기 위해 make_atari_env( )를 사용하고 그렇지 않으면 make_atari를 사용하여야 한다. make_atari_env에 VecFrameStack(env, n_stack=4)를 부여하여 (84,84,1) 3D 텐서를 (84,84,4) 3D 텐서로 필터의 수를 4개로 증가시켜 이미지의 움직임을 파악할 수 있도록 하였다.

```
import gym
from stable_baselines.common.atari_wrappers import make_atari
```

```
from stable_baselines.common.cmd_util import make_atari_env
from stable_baselines.common.vec_env import VecFrameStack

env=make_atari('PongNoFrameskip-v4')
print(env.observation_space)

env=make_atari_env('PongNoFrameskip-v4',num_env=4,seed=0)
print(env.observation_space)

env=make_atari_env('PongNoFrameskip-v4',num_env=4,seed=0)
env=VecFrameStack(env,n_stack=4)
print(env.observation_space)
```

```
Box(0, 255, (210, 160, 3), uint8)
Box(0, 255, (84, 84, 1), uint8)
Box(0, 255, (84, 84, 4), uint8)
```

아래는 A2C 알고리즘에 4개의 독립적인 환경(num_env=4)을 적용하므로 실제적으로 A3C 알고리즘을 적용한 프로그램이다. CnnPolicy를 actor network과 critic network의 아키텍처로 사용하고 있다. 프로그램 결과를 보면 ep_len_mean은 평균 episode 길이(mean episode length)를 말하고 이 값이 클수록 episode의 길이가 길다는 것을 의미하므로 Pong 게임의 지속시간이 길어진다는 의미이다. 이는 학습이 잘되고 있다는 의미이므로 total_timesteps가 많아질수록 ep_len_mean이 커지는 것이 바람직하다. ep_reward_mean은 mean reward per episode이므로 이 역시 증가하면 학습이 잘되고 있다고 할 수 있다. explained_variance는

$$\text{explained\_variance} = \frac{1 - Var(empirical\, return - predicted\, value)}{Var(empirical\, return)}$$

으로 정의되며 A2C의 가치함수 $V_\phi(s)$를 평가하는 함수이다. $V_\phi(s)$가 empirical return을 완전히 추정하면

$$Var(empirical\, return - predicted\, value) = 0$$

이 되므로 explained_variance가 양의 값을 가지면 $V_\phi(s)$가 잘 추정되었다고 할 수 있다. fps는 frame per second로 1초 단위로 처리되는 frame의 수를 말하고, policy_entropy는 값이 클수록 policy $\pi_\theta(a|s)$의 탐색기능이 우수하다는 것을 의미한다. nupdates는 number of gradient updates로 큰 값일수록 한 episode에서 시간스텝이 많다는 것을 의미하므로 학습이 잘 진행되고 있다는 것을 나타낸다. value_loss는 $V_\phi(s)$의 손실로 작을수록 좋다. 아래 프로그램의 출력은 마지막 2단계만 보여주고 있다.

```
import warnings
warnings.filterwarnings('ignore')

from stable_baselines.common.atari_wrappers import make_atari
from stable_baselines.common.cmd_util import make_atari_env
from stable_baselines.common.vec_env import VecFrameStack
from stable_baselines import A2C
env=make_atari_env('PongNoFrameskip-v4',num_env=4,seed=0)
env=VecFrameStack(env,n_stack=4)

model=A2C('CnnPolicy',env,verbose=1)
model.learn(total_timesteps=25000)
```

```
---------------------------------------
| ep_len_mean          | 896       |
| ep_reward_mean       | -20.5     |
| explained_variance   | 0.00184   |
| fps                  | 130       |
| nupdates             | 1100      |
| policy_entropy       | 1.75      |
| total_timesteps      | 22000     |
| value_loss           | 0.0452    |
---------------------------------------
---------------------------------------
| ep_len_mean          | 911       |
| ep_reward_mean       | -20.3     |
| explained_variance   | 0.0179    |
| fps                  | 130       |
| nupdates             | 1200      |
```

```
| policy_entropy         | 1.74       |
| total_timesteps        | 24000      |
| value_loss             | 0.352      |
```

다음 프로그램은 A2C에서 정의한 CnnPolicy 아키텍처를 보여주고 있으며 이미 설명했듯이 stable_baselines에서 A2C의 출력은 actor와 critic으로 2개이며 A2C의 알고리즘에 의해 actor는 policy $\pi(a|s)$이고 critic은 $V(s)$이다. 이를 그림으로 표현하면 다음과 같다.

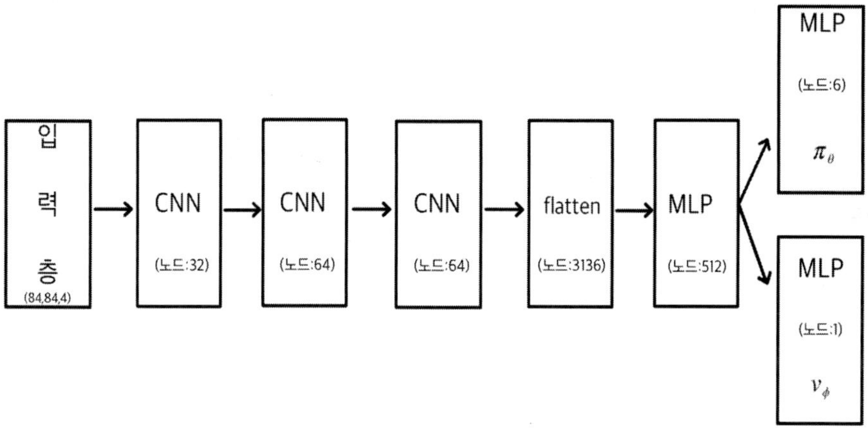

(84,84,4) 3D 텐서가 입력되면 노드 수가 32, 64, 64인 CNN 은닉층을 거친 후 Flatten( )층에 의해 1D 텐서로 변환되고 이를 노드가 512개인 MLP층에 입력한다. 이 MLP층은 2개의 출력층에 입력되고 하나는 $\pi_\theta(a|s)$으로 주어진 state s에 대해 6개의 action 분포를 출력하고 다른 하나는 $V_\phi(s)$으로 실숫값 1개를 출력한다. 아래 결과는 위 그림에서 보여준 CnnPolicy 아키텍처의 결과를 출력하고 있다. (8,8,4,32)에서 (8,8)은 8×8 2D convolution kernel을 말하고 4는 입력자료의 channel을, 32는 첫 번째 CNN 은닉층의 노드 수를 말한다. CnnPolicy에서 사용하는 strides는 첫 번째 CNN층에서 strides=4, 두 번째 CNN층에서 strides=2, 그리고 세 번째 CNN층에서 strides=2를 사용한다. 이에 따라, 입력된 84×84 픽셀이 세

번째 은닉층을 거치면 7×7픽셀로 줄어들게 된다. 세 번째 CNN 은닉층의 노드 수가 64이므로 출력은 (7,7,64) 3D 텐서가 된다. 다음 층은 Flatten이므로 (3136,) 1D 텐서가 되고 노드 수가 512개인 MLP층으로 연결되므로 아래 프로그램에서는 (3136,512)로 표현되어 있다. critic(또는 가치함수) V_ϕ은 실숫값을 출력하므로 (512,1)으로 표현되고, actor(또는 policy) π_θ는 6개의 action들에 대한 출력이므로 (512,6)이 된 것을 볼 수 있다.

```
parms=model.get_parameter_list()
print(parms)
```

```
[<tf.Variable 'model/c1/w:0' shape=(8, 8, 4, 32) dtype=float32_ref>, <tf.Variable 'model/c1/b:0' shape=(1, 32, 1, 1) dtype=float32_ref>, <tf.Variable 'model/c2/w:0' shape=(4, 4, 32, 64) dtype=float32_ref>, <tf.Variable 'model/c2/b:0' shape=(1, 64, 1, 1) dtype=float32_ref>, <tf.Variable 'model/c3/w:0' shape=(3, 3, 64, 64) dtype=float32_ref>, <tf.Variable 'model/c3/b:0' shape=(1, 64, 1, 1) dtype=float32_ref>, <tf.Variable 'model/fc1/w:0' shape=(3136, 512) dtype=float32_ref>, <tf.Variable 'model/fc1/b:0' shape=(512,) dtype=float32_ref>, <tf.Variable 'model/vf/w:0' shape=(512, 1) dtype=float32_ref>, <tf.Variable 'model/vf/b:0' shape=(1,) dtype=float32_ref>, <tf.Variable 'model/pi/w:0' shape=(512, 6) dtype=float32_ref>, <tf.Variable 'model/pi/b:0' shape=(6,) dtype=float32_ref>, <tf.Variable 'model/q/w:0' shape=(512, 6) dtype=float32_ref>, <tf.Variable 'model/q/b:0' shape=(6,) dtype=float32_ref>]
```

ACER의 적용과 응용을 논의해 보자. ACER 알고리즘은 한 반복 내에 1회의 on-policy와 n회의 off-policy로 구성되어 있다. on-policy는 목표 policy(target policy)로 actor network과 critic network을 update한 후, update된 actor network을 behavior policy로 정의한다. behavior policy로부터 관측한 transition들로 experience replay를 만든 뒤에 $Poisson(r)$ 분포로부터 확률변수 n을 추출하여, n회의 off-policy로(즉, n개의 transition들로) actor network과 critic network을 update한다. 그러므로 ACER에서는 한 반복 내에서 목표 policy를 on-policy로 1회 그리고 off-policy로 n회 update하게 된다.

stable_baselines에서는 from stable_baselines import ACER로 ACER을 호출하여

실행할 수 있다. ACER의 주요 옵션들을 설명하면 다음과 같다.

```
ACER(policy, env, buffer_size=5000, replay_ratio=4,
correction_term=10.0, delta=1)
```

policy는 MlpPolicy, CnnPolicy, CnnLstmPolicy 등을 지정(자세한 사항은 다음 장 참조)하고 env는 학습하고자 하는 환경을 buffer_size는 behavior policy로 만든 experience replay의 최대 크기를 지정하며 default는 5,000이다. replay_ratio는 off-policy의 반복수를 생성하는 *Poisson* 분포의 평균 r(default는 4)을, correction_term은 important sampling ratio 절댓값의 상한(default는 10)을, delta는 Kullback-Leibler divergence 절댓값의 상한(default는 1)을 조절한다.

아래 프로그램은 ACER을 PongNoFrameskip_v4 환경에 적용한 것으로, 이 atari 환경을 DQN에 적용한 바 있다.

```
from stable_baselines.common.cmd_util import make_atari_env
from stable_baselines.common.vec_env import VecFrameStack
from stable_baselines import ACER

env=make_atari_env('PongNoFrameskip-v4',num_env=4,seed=1)
env=VecFrameStack(env,n_stack=4)

model=ACER('CnnPolicy',env,verbose=1)
model.learn(35000)
model.save('./temp/acer_pongnoframeskip-v4')
```

```
-------------------------------------
| avg_norm_adj          | 0.162     |
| avg_norm_g            | 2.01      |
| avg_norm_grads_f      | 1.91      |
| avg_norm_k            | 2.42      |
| avg_norm_k_dot_g      | 2         |
| entropy               | 137       |
| explained_variance    | 0.00241   |
| fps                   | 47        |
| loss                  | -1.47     |
| loss_bc               | -0        |
```

```
| loss_f                 | -0.144    |
| loss_policy            | -0.144    |
| loss_q                 | 0.0767    |
| mean_episode_length    | 862       |
| mean_episode_reward    | -20.7     |
| norm_grads             | 0.629     |
| norm_grads_policy      | 0.246     |
| norm_grads_q           | 0.531     |
| total_timesteps        | 32080     |
-------------------------------------
```

위 프로그램의 출력 결과는 일부만 보여 준 것으로, 출력 결과를 보면 avg_norm 형태의 출력 중 avg_norm_k는 Kullback-Leibler divergence로 값이 작을수록 목표 policy의 급격한 변화를 잘 차단하는 것으로 해석할 수 있다. 출력 결과 중 가장 중요한 척도는 loss_policy와 loss_q로 값이 작을수록 학습이 잘 되었다고 할 수 있다. 다음 프로그램은 ACER의 아키텍처를 출력하고 학습결과를 시각화하는 프로그램이다.

```
import gym
from stable_baselines.common.cmd_util import make_atari_env
from stable_baselines.common.vec_env import VecFrameStack
from stable_baselines import ACER

env=make_atari_env('PongNoFrameskip-v4',num_env=4,seed=1)
env=VecFrameStack(env,n_stack=4)

model=ACER.load('./temp/acer_pongnoframeskip-v4')
parms=model.get_parameter_list()
print(parms)

obs=env.reset()
for i in range(1000):
    action, _states=model.predict(obs, deterministic=True)
    obs,rewards,dones,_=env.step(action)
    env.render()
```

```
[<tf.Variable 'model/c1/w:0' shape=(8, 8, 4, 32) dtype=float32_ref>, <tf.Variable 'model/c1/b:0' shape=(1, 32, 1, 1) dtype=float32_ref>, <tf.Variable 'model/c2/w:0' shape=(4, 4, 32, 64) dtype=float32_ref>, <tf.Variable 'model/c2/b:0' shape=(1, 64, 1, 1) dtype=float32_ref>, <tf.Variable 'model/c3/w:0' shape=(3, 3, 64, 64) dtype=float32_ref>, <tf.Variable 'model/c3/b:0' shape=(1, 64, 1, 1) dtype=float32_ref>, <tf.Variable 'model/fc1/w:0' shape=(3136, 512) dtype=float32_ref>, <tf.Variable 'model/fc1/b:0' shape=(512,) dtype=float32_ref>, <tf.Variable 'model/vf/w:0' shape=(512, 1) dtype=float32_ref>, <tf.Variable 'model/vf/b:0' shape=(1,) dtype=float32_ref>, <tf.Variable 'model/pi/w:0' shape=(512, 6) dtype=float32_ref>, <tf.Variable 'model/pi/b:0' shape=(6,) dtype=float32_ref>, <tf.Variable 'model/q/w:0' shape=(512, 6) dtype=float32_ref>, <tf.Variable 'model/q/b:0' shape=(6,) dtype=float32_ref>]
```

9.3 Stable Baselines에서 지원하는 action space와 policy 아키텍처

Stable Baselines에서 지원되는 action space는 다음 표와 같이 정리할 수 있다.

action space	정의
Box	실숫값을 갖는 텐서 데이터
discrete	이산형 action space이며 각 시간스텝에서 오직 하나의 action이 선택됨
multidiscrete	이산형 action space이며 각 시간스텝에서 오직 하나의 action set이 선택됨
multibinary	이산형 action space이며 각 시간스텝에서 모든 가능한 action 조합이 선택됨

이미 논의한 바와 같이 DQN은 discrete action을 A2C에서는 Box와 discrete를 ACER는 discrete action을 사용할 수 있다. 11장에서 논의하겠지만 DDPG, SAC, TD3는 Box만 사용 가능하고 나머지 알고리즘, 예를 들어, 10장에서 논의하는 ACKTR, PPO, TRPO 등은 Box와 discrete action을 모두 사용할 수 있다. 이에 대한 논의는 해당 알고리즘을 설명할 때 다시 언급하게 될 것이다.

stable_baselines에서 built-in으로 제공하는 policy network은 MlpPolicy, MlpLstm

Policy, MlpLnLstmPolicy, CnnPolicy, CnnLstmPolicy, CnnLnLstmPolicy 등이 있다. MlpPolicy는 다음과 같이 2개의 MLP로 은닉층이 구성된 policy network이다.

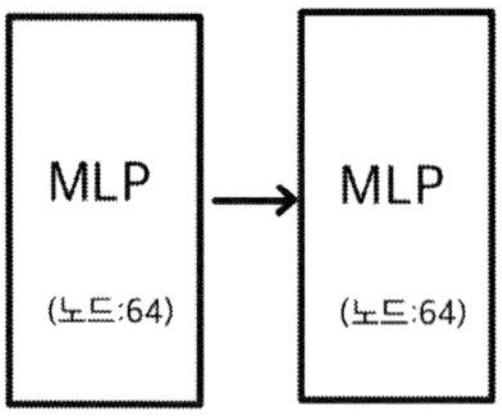

첫 번째 MLP 은닉층은 1D 텐서 또는 3D 텐서 데이터를 입력으로 받을 수 있고 3D 텐서로 입력되면 이 데이터는 1D 텐서 데이터로 flatten되어 입력된다. 그림에서 볼 수 있듯이 MLP층은 모두 64개의 노드를 가지고 있다. CnnPolicy는 연속된 3개의 CNN층과 1개의 Flatten층, 그리고 1개의 MLP층으로 구성된 은닉층으로 다음과 같은 policy network이다.

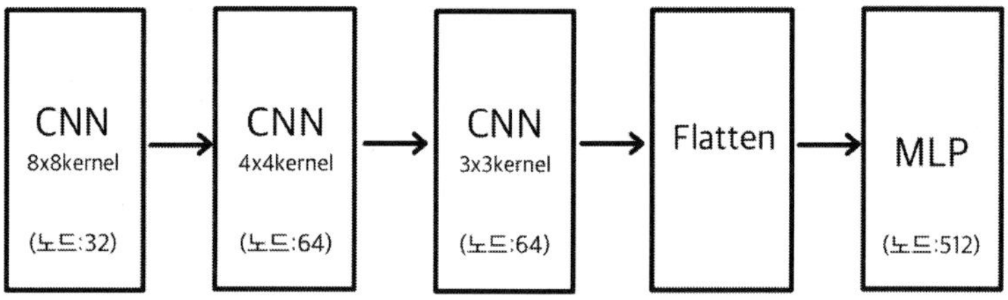

그림에서 볼 수 있듯이 총 5개의 층으로 은닉층이 구성되어 있으며 첫 번째 CNN 은닉층은 3D 텐서로 만들어진 이미지 자료를 입력으로 받아 8×8 kernel과 strides=4를 가진 32개의 노드로 구성되어 있고, 두 번째 CNN은 4×4 kernel과 strides=2를 가진 64개의 노드로 구성되어 있으며, 세 번째 CNN은 3×3 kernel과 strides=1을 가진 64개의 노드로 구성되어 있다. 세 번째 CNN층의 출력은 Flatten층에 입력되어 1D 텐서로 만들어지고 512개의 노드를 가진 MLP층에 입력되는 구조를 가지고 있다. 이러한 CNN 은닉층 구조를 가진 아키텍처를 stable_baselines에서는 nature_cnn이라고 한다. LstmPolicy는 1개의 LSTM(long short-term memory network)층으로 은닉층을 구성한 policy network이다.

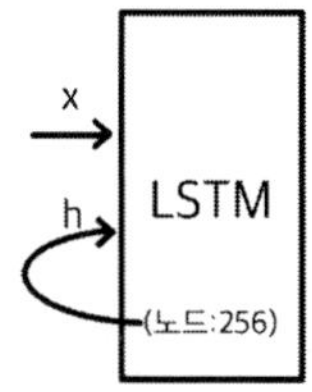

LstmPolicy의 은닉층은 노드가 256개인 LSTM 은닉층이지만 4개의 gate로 구성되어 있으므로 실제적인 노드 수는 $256 \times 4 = 1024$개다. LSTM 은닉층은 2개의 입력데이터를 입력받아야 하는데 관측자료(x)와 recurrent 자료(h)이다.

관측자료는 LSTM층의 바로 앞 층인 MLP층의 출력자료(만약 이 층이 입력층이면 관측자료는 state가 됨)이고 recurrent 자료는 바로 전 시점에서 생성된 노드 수가 256인 1D 텐서이다. LnLstm은 LSTM의 성능을 향상시키기 위해 LSTM의 출력값을 층 정규화(layer normalization)한 것을 말한다. 그러므로 CnnLnLstmPolicy나 CnnLstmPolicy는 다음과 같이 동일한 은닉층 구조를 가지고 있다.

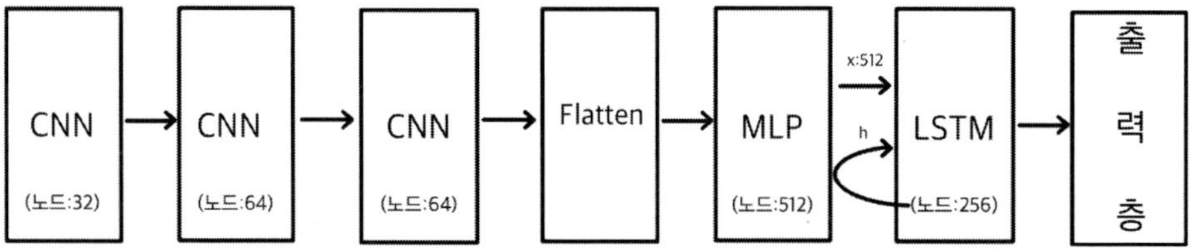

추가적으로 MlpLstmPolicy와 MlpLnLstmPolicy는 다음과 같은 은닉층 구조를 가지고 있다.

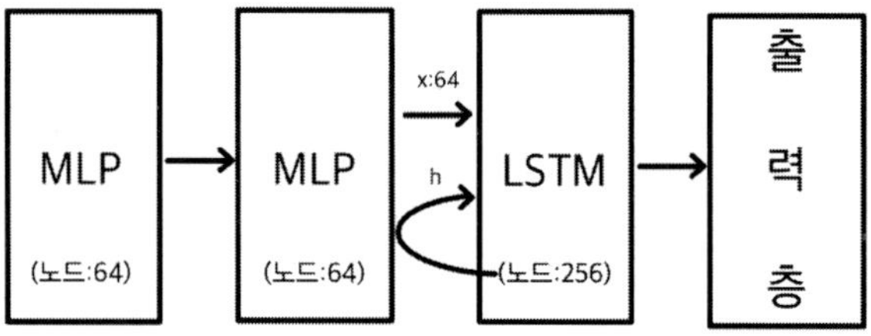

그러므로 CnnLstmPolicy는 CnnPolicy와 LstmPolicy의 조합이고 MlpLstmPolicy는 MlpPolicy와 LstmPolicy의 조합이 된다. stable_baselines가 제공하는 여섯 종류의

policy가 모든 강화학습에 적용되는 것은 아니다. 예를 들어, DQN과 11장에서 다룰 DDPG, SAC, TD3는 MlpPolicy, LnMlpPolicy, CnnPolicy, 그리고 LnCnn Policy만 사용 가능하다. 입력자료가 이미지 자료라도 MlpPolicy를 사용할 수 있다. 이미지 입력자료가 MLP층에 입력되면 자동으로 이미지자료가 flatten되기 때문이다.

다음은 차례대로 MlpPolicy를 이용한 Double DQN, CnnPolicy를 사용한 Double and dueling DQN with prioritized replay와 ACER, CnnLstmPolicy를 사용한 ACER, 그리고 MlpLstm을 이용한 A2C모형을 보여주고 있다. 앞에서 설명한 것처럼 각 출력을 하나씩 살펴보면 큰 어려움 없이 이해할 수 있을 것이다.

```
import gym

from stable_baselines.deepq import MlpPolicy
from stable_baselines import DQN

env=gym.make('CartPole-v1')
#print(env.observation_space)
model=DQN(MlpPolicy,env,verbose=1)
model.learn(total_timesteps=10000)
parms=model.get_parameter_list()
print(parms)
```

```
<tf.Variable 'deepq/eps:0' shape=() dtype=float32_ref>, <tf.Variable 'deepq/model/action_value/fully_connected/weights:0' shape=(4, 64) dtype=float32_ref>, <tf.Variable 'deepq/model/action_value/fully_connected/biases:0' shape=(64,) dtype=float32_ref>, <tf.Variable 'deepq/model/action_value/fully_connected_1/weights:0' shape=(64, 64) dtype=float32_ref>, <tf.Variable 'deepq/model/action_value/fully_connected_1/biases:0' shape=(64,) dtype=float32_ref>, <tf.Variable 'deepq/model/action_value/fully_connected_2/weights:0' shape=(64, 2) dtype=float32_ref>, <tf.Variable 'deepq/model/action_value/fully_connected_2/biases:0' shape=(2,) dtype=float32_ref>
```

위 프로그램 출력을 보면 입력층으로부터 (4,) 1D 텐서가 노드가 64개인 첫 번째 MLP 은닉층에 입력된 후, 첫 번째 은닉층의 출력이 두 번째 MLP(노드: 64개)에 입력되고 이 은닉층의 출력이 2개의 action을 가지고 있는 출력층으로 입력되는 아키텍처를 보여주고 있다.

```
import gym
from stable_baselines import DQN
from stable_baselines.common.atari_wrappers import make_atari
from stable_baselines.common.cmd_util import make_atari_env
from stable_baselines.deepq import CnnPolicy

env=make_atari('IceHockeyNoFrameskip-v4')
kwargs={'double_q':True, 'prioritized_replay':True, 'policy_kwargs':dict(dueling=True)}
agent=DQN(CnnPolicy, env, verbose=1, **kwargs)
agent.learn(total_timesteps=25000)
agent.save('./temp/dqn_icehockeynoframeskip-v4')
```

```
import gym
from stable_baselines import DQN
from stable_baselines.common.atari_wrappers import make_atari
model=DQN.load('./temp/dqn_icehockeynoframeskip-v4')
parms=model.get_parameter_list()
print(parms)

env=make_atari('IceHockeyNoFrameskip-v4')
print(env.observation_space)
obs=env.reset()
for i in range(2000):
    action,_state=model.predict(obs, deterministic=True)
    obs,rewards,dones,info=env.step(action)
    env.render()
```

```
<tf.Variable 'deepq/model/action_value/c1/w:0' shape=(8, 8, 3, 32) dtype=float32_ref>,
<tf.Variable 'deepq/model/action_value/c1/b:0' shape=(1, 32, 1, 1) dtype=float32_ref>,
<tf.Variable 'deepq/model/action_value/c2/w:0' shape=(4, 4, 32, 64) dtype=float32_ref>,
<tf.Variable 'deepq/model/action_value/c2/b:0' shape=(1, 64, 1, 1) dtype=float32_ref>,
<tf.Variable 'deepq/model/action_value/c3/w:0' shape=(3, 3, 64, 64) dtype=float32_ref>,
<tf.Variable 'deepq/model/action_value/c3/b:0' shape=(1, 64, 1, 1) dtype=float32_ref>,
<tf.Variable 'deepq/model/action_value/fc1/w:0' shape=(22528, 512) dtype=float32_ref>,
<tf.Variable 'deepq/model/action_value/fc1/b:0' shape=(512,) dtype=float32_ref>,
<tf.Variable 'deepq/model/action_value/fully_connected/weights:0' shape=(512, 18)
dtype=float32_ref>, <tf.Variable 'deepq/model/action_value/fully_connected/biases:0' shape=(18,)
```

위 프로그램의 출력을 통해 CnnPolicy의 아키텍처를 살펴보면, IceHockeyNoFrameskip-v4 환경의 이미지 state(3D 텐서)가 8×8 kernel을 가진 32개의 노드로 구성된 첫 번째 CNN 은닉층에 입력되고 이 층의 출력이 두 번째 CNN 은닉층에 입력된다. 두 번째 CNN은 4×4 kernel을 가진 64개의 노드로 구성되어 있으며, 두 번째 은닉층의 출력은 세 번째 CNN에 입력된다. 세 번째 CNN은 3×3 kernel을 가진 64개의 노드로 구성되어 있다. 세 번째 CNN의 출력은 Flatten층에 입력되어 크기가 (22528,) 1D 텐서로 만들어지고 512개의 노드를 가진 MLP층에 입력되는 구조로 되어 있다. 이 MLP층의 출력은 action이 18개인 출력층에 입력된다.

```
from stable_baselines.common.cmd_util import make_atari_env
from stable_baselines.common.vec_env import VecFrameStack
from stable_baselines import ACER

env=make_atari_env('PongNoFrameskip-v4',num_env=4,seed=1)
env=VecFrameStack(env,n_stack=4)

model=ACER('CnnPolicy',env,verbose=1)
model.learn(5000)
model.save('./temp/acer_pongnoframeskip-v4-1')
```

```
import gym
from stable_baselines.common.cmd_util import make_atari_env
from stable_baselines.common.vec_env import VecFrameStack
from stable_baselines import ACER

env=make_atari_env('PongNoFrameskip-v4',num_env=4,seed=1)
env=VecFrameStack(env,n_stack=4)

model=ACER.load('./temp/acer_pongnoframeskip-v4-1')
parms=model.get_parameter_list()
print(parms)

obs=env.reset()
for i in range(1000):
    action, _states=model.predict(obs, deterministic=True)
```

```
    obs,rewards,dones,_=env.step(action)
    env.render()
```

```
[<tf.Variable 'model/c1/w:0' shape=(8, 8, 4, 32) dtype=float32_ref>, <tf.Variable 'model/c1/b:0' shape=(1, 32, 1, 1) dtype=float32_ref>, <tf.Variable 'model/c2/w:0' shape=(4, 4, 32, 64) dtype=float32_ref>, <tf.Variable 'model/c2/b:0' shape=(1, 64, 1, 1) dtype=float32_ref>, <tf.Variable 'model/c3/w:0' shape=(3, 3, 64, 64) dtype=float32_ref>, <tf.Variable 'model/c3/b:0' shape=(1, 64, 1, 1) dtype=float32_ref>, <tf.Variable 'model/fc1/w:0' shape=(3136, 512) dtype=float32_ref>, <tf.Variable 'model/fc1/b:0' shape=(512,) dtype=float32_ref>, <tf.Variable 'model/vf/w:0' shape=(512, 1) dtype=float32_ref>, <tf.Variable 'model/vf/b:0' shape=(1,) dtype=float32_ref>, <tf.Variable 'model/pi/w:0' shape=(512, 6) dtype=float32_ref>, <tf.Variable 'model/pi/b:0' shape=(6,) dtype=float32_ref>, <tf.Variable 'model/q/w:0' shape=(512, 6) dtype=float32_ref>, <tf.Variable 'model/q/b:0' shape=(6,) dtype=float32_ref>]
```

위 프로그램에서 보여주는 CnnPolicy는 입력층(image state) → CNN(32노드) → CNN(64노드) → CNN(64노드) → Flatten((3136,)) → MLP(512노드) → 출력층((6,))로 구성되어 있다.

```
from stable_baselines.common.cmd_util import make_atari_env
from stable_baselines.common.vec_env import VecFrameStack
from stable_baselines import ACER

env=make_atari_env('PongNoFrameskip-v4',num_env=4,seed=1)
env=VecFrameStack(env,n_stack=4)

model=ACER('CnnLstmPolicy',env,verbose=1)
model.learn(5000)
model.save('./temp/acer_pongnoframeskip-v4-2')
```

```
import gym
from stable_baselines.common.cmd_util import make_atari_env
from stable_baselines.common.vec_env import VecFrameStack
from stable_baselines import ACER

env=make_atari_env('PongNoFrameskip-v4',num_env=4,seed=1)
env=VecFrameStack(env,n_stack=4)

model=ACER.load('./temp/acer_pongnoframeskip-v4-2')
parms=model.get_parameter_list()
print(parms)

obs=env.reset()
for i in range(1000):
    action, _states=model.predict(obs, deterministic=True)
    obs,rewards,dones,_=env.step(action)
    env.render()
```

```
[<tf.Variable 'model/c1/w:0' shape=(8, 8, 4, 32) dtype=float32_ref>, <tf.Variable 'model/c1/b:0' shape=(1, 32, 1, 1) dtype=float32_ref>, <tf.Variable 'model/c2/w:0' shape=(4, 4, 32, 64) dtype=float32_ref>, <tf.Variable 'model/c2/b:0' shape=(1, 64, 1, 1) dtype=float32_ref>, <tf.Variable 'model/c3/w:0' shape=(3, 3, 64, 64) dtype=float32_ref>, <tf.Variable 'model/c3/b:0' shape=(1, 64, 1, 1) dtype=float32_ref>, <tf.Variable 'model/fc1/w:0' shape=(3136, 512) dtype=float32_ref>, <tf.Variable 'model/fc1/b:0' shape=(512,) dtype=float32_ref>, <tf.Variable 'model/lstm1/wx:0' shape=(512, 1024) dtype=float32_ref>, <tf.Variable 'model/lstm1/wh:0' shape=(256, 1024) dtype=float32_ref>, <tf.Variable 'model/lstm1/b:0' shape=(1024,) dtype=float32_ref>, <tf.Variable 'model/vf/w:0' shape=(256, 1) dtype=float32_ref>, <tf.Variable 'model/vf/b:0' shape=(1,) dtype=float32_ref>, <tf.Variable 'model/pi/w:0' shape=(256, 6) dtype=float32_ref>, <tf.Variable 'model/pi/b:0' shape=(6,) dtype=float32_ref>, <tf.Variable 'model/q/w:0' shape=(256, 6) dtype=float32_ref>, <tf.Variable 'model/q/b:0' shape=(6,) dtype=float32_ref>]
```

위 프로그램에 의해 CnnLstmPolicy의 아키텍처는 다음과 같다. 입력층(이미지 state) → CNN(32노드) → CNN(64노드) → CNN(64노드) → Flatten((3136,) 1D) → MLP(512노드) → LSTM(256노드)의 구조로 되어 있다. LSTM은 직전 은닉층(즉, MLP(512노드))과 자신의 직전 시점의 은닉층으로부터 입력을 받고 4개의 gate($256 \times 4 = 1024$개의 모수)가 있으므로 (512, 1024)와 (256,1024)으로 모수가

표현된 것을 확인할 수 있다. LSTM의 (256,) 1D 출력은 3개의 출력층으로 입력되는데 첫 번째 출력층은 $V(s)$로 크기가 (1,)인 1D, 두 번째 출력층은 $\pi(a|s)$로 크기가 (6,)인 1D, 그리고 세 번째 출력층은 $Q(s,a)$로 크기가 (6,)인 1D 텐서이다.

```
import gym
from stable_baselines.common.policies import MlpLstmPolicy
from stable_baselines.common.vec_env import DummyVecEnv
from stable_baselines import A2C


env=gym.make('CartPole-v1')

model=A2C('MlpLstmPolicy',env,verbose=1)
model.learn(total_timesteps=1000)
parms=model.get_parameter_list()
print(parms)
```

```
[<tf.Variable 'model/pi_fc0/w:0' shape=(4, 64) dtype=float32_ref>, <tf.Variable 'model/pi_fc0/b:0' shape=(64,) dtype=float32_ref>, <tf.Variable 'model/pi_fc1/w:0' shape=(64, 64) dtype=float32_ref>, <tf.Variable 'model/pi_fc1/b:0' shape=(64,) dtype=float32_ref>, <tf.Variable 'model/lstm1/wx:0' shape=(64, 1024) dtype=float32_ref>, <tf.Variable 'model/lstm1/wh:0' shape=(256, 1024) dtype=float32_ref>, <tf.Variable 'model/lstm1/b:0' shape=(1024,) dtype=float32_ref>, <tf.Variable 'model/vf/w:0' shape=(256, 1) dtype=float32_ref>, <tf.Variable 'model/vf/b:0' shape=(1,) dtype=float32_ref>, <tf.Variable 'model/pi/w:0' shape=(256, 2) dtype=float32_ref>, <tf.Variable 'model/pi/b:0' shape=(2,) dtype=float32_ref>, <tf.Variable 'model/q/w:0' shape=(256, 2) dtype=float32_ref>, <tf.Variable 'model/q/b:0' shape=(2,) dtype=float32_ref>]
```

위 프로그램으로부터 MlpLstmPolicy의 아키텍처는 입력층((4,) 1D) → MLP(64노드) → MLP(64노드) → LSTM(256노드)으로 구성되어 있으며 3개의 출력층으로 (256,1) 1D 텐서가 입력된다. 첫 번째 출력층은 $V(s)$로 크기가 (1,)인 1D, 두 번째 출력층은 $\pi(a|s)$로 크기가 (2,)인 1D, 그리고 세 번째 출력층은 $Q(s,a)$로 크기가 (2,)인 1D 텐서이다.

9.4 맞춤형 Policy 만들기

Stable Baselines에서 맞춤형 policy를 만드는 방법은 크게 3가지 방법으로 나눌 수 있다. 첫 번째는 강화학습 옵션 중의 하나인 policy_kwargs를 이용하는 방법이고, 두 번째는 built-in policy를 부모 클래스로 지정하고 net_arch를 이용하는 방법이다. 이 두 가지 방법은 같은 방법이기 때문에 적용하기가 훨씬 간편한 첫 번째 방법이 선호된다. 그러나 이 두 가지 방법은 MLP층의 노드나 층을 자유스럽게 조절할 수 있지만 CNN층이나 LSTM층을 조절하지 못한다. 세 번째 방법은 built-in policy인 ActorCriticPolicy를 부모 클래스로 하여 CNN층과 MLP층을 자유롭게 조절하는 방법이다.

다음 프로그램은 DQN 알고리즘에서 기존의 64개 노드를 가진 MlpPolicy를 256개의 노드를 가진 2개의 MlpPolicy로 수정하는 프로그램이다. DQN 옵션에서 policy_kwargs=dict(layers=[256,256])으로 지정하면 MlpPolicy의 MLP층의 노드 수를 조절할 수 있다. 노드 수뿐만 아니라 MLP층의 수도 증감시킬 수 있다. 예를 들어, policy_kwargs=dict(layers=[32,64,128])으로 지정하면 MLP층은 3개로 늘어나고 각 MLP층은 노드 수가 32, 64, 128개로 변한 맞춤형 MlpPolicy를 만들 수 있다.

```
import gym
import warnings
warnings.filterwarnings('ignore')
from stable_baselines.deepq import MlpPolicy
from stable_baselines import DQN

env=gym.make('CartPole-v1')
#print(env.observation_space)
model=DQN(MlpPolicy,env,verbose=1,policy_kwargs=dict(layers=[256,256]))
model.learn(total_timesteps=1000)
parms=model.get_parameter_list()
print(parms)
```

```
[<tf.Variable 'deepq/eps:0' shape=() dtype=float32_ref>, <tf.Variable 'deepq/model/action_value/fully_connected/weights:0' shape=(4, 256) dtype=float32_ref>, <tf.Variable 'deepq/model/action_value/fully_connected/biases:0' shape=(256,) dtype=float32_ref>, <tf.Variable 'deepq/model/action_value/fully_connected_1/weights:0' shape=(256, 256) dtype=float32_ref>, <tf.Variable 'deepq/model/action_value/fully_connected_1/biases:0' shape=(256,) dtype=float32_ref>, <tf.Variable 'deepq/model/action_value/fully_connected_2/weights:0' shape=(256, 2) dtype=float32_ref>, <tf.Variable 'deepq/model/action_value/fully_connected_2/biases:0' shape=(2,) dtype=float32_ref>, <tf.Variable 'deepq/model/state_value/fully_connected/weights:0' shape=(4, 256) dtype=float32_ref>, <tf.Variable 'deepq/model/state_value/fully_connected/biases:0' shape=(256,) dtype=float32_ref>, <tf.Variable 'deepq/model/state_value/fully_connected_1/weights:0' shape=(256, 256) dtype=float32_ref>, <tf.Variable 'deepq/model/state_value/fully_connected_1/biases:0' shape=(256,) dtype=float32_ref>, <tf.Variable 'deepq/model/state_value/fully_connected_2/weights:0' shape=(256, 1) dtype=float32_ref>, <tf.Variable 'deepq/model/state_value/fully_connected_2/biases:0' shape=(1,) dtype=float32_ref>, <tf.Variable 'deepq/target_q_func/model/action_value/fully_connected/weights:0' shape=(4, 256) dtype=float32_ref>, <tf.Variable 'deepq/target_q_func/model/action_value/fully_connected/biases:0' shape=(256,) dtype=float32_ref>, <tf.Variable 'deepq/target_q_func/model/action_value/fully_connected_1/weights:0' shape=(256, 256) dtype=float32_ref>, <tf.Variable 'deepq/target_q_func/model/action_value/fully_connected_1/biases:0' shape=(256,) dtype=float32_ref>, <tf.Variable 'deepq/target_q_func/model/action_value/fully_connected_2/weights:0' shape=(256, 2) dtype=float32_ref>, <tf.Variable 'deepq/target_q_func/model/action_value/fully_connected_2/biases:0' shape=(2,) dtype=float32_ref>, <tf.Variable 'deepq/target_q_func/model/state_value/fully_connected/weights:0' shape=(4, 256) dtype=float32_ref>, <tf.Variable 'deepq/target_q_func/model/state_value/fully_connected/biases:0' shape=(256,) dtype=float32_ref>, <tf.Variable 'deepq/target_q_func/model/state_value/fully_connected_1/weights:0' shape=(256, 256) dtype=float32_ref>, <tf.Variable 'deepq/target_q_func/model/state_value/fully_connected_1/biases:0' shape=(256,) dtype=float32_ref>, <tf.Variable 'deepq/target_q_func/model/state_value/fully_connected_2/weights:0' shape=(256, 1) dtype=float32_ref>, <tf.Variable 'deepq/target_q_func/model/state_value/fully_connected_2/biases:0' shape=(1,) dtype=float32_ref>]
```

stable_baselines에서는 11장에서 논의할 DDPG, SAC, TD3 강화학습 알고리즘을 DQN과 동일 계열로 분류하며 DQN과 동일한 문법으로 맞춤형 policy를 생성한다. 다음 프로그램은 SAC 옵션에 policy_kwargs=dict(layers=[32,64,128])을 부여하여 각각 32, 64, 128 노드를 가진 3개의 MLP층으로 구성된 맞춤형 MlpPolicy를 생성하여 Pendulum-v0를 학습시키고 있다. 물론 충분한 학습을 위해서는 total_ timesteps=1000보다 훨씬 큰 수를 지정해야 한다.

```
import gym
import numpy as np

from stable_baselines.sac import MlpPolicy
from stable_baselines import SAC

env=gym.make('Pendulum-v0')
model=SAC(MlpPolicy,env,verbose=1,policy_kwargs=dict(layers=[32,64,128]))
model.learn(1000)
parms=model.get_parameter_list()
print(parms)
```

```
[<tf.Variable 'model/pi/fc0/kernel:0' shape=(3, 32) dtype=float32_ref>, <tf.Variable
'model/pi/fc0/bias:0' shape=(32,) dtype=float32_ref>, <tf.Variable 'model/pi/fc1/kernel:0'
shape=(32, 64) dtype=float32_ref>, <tf.Variable 'model/pi/fc1/bias:0' shape=(64,)
dtype=float32_ref>, <tf.Variable 'model/pi/fc2/kernel:0' shape=(64, 128)
dtype=float32_ref>, <tf.Variable 'model/pi/fc2/bias:0' shape=(128,) dtype=float32_ref>,
<tf.Variable 'model/pi/dense/kernel:0' shape=(128, 1) dtype=float32_ref>, <tf.Variable
'model/pi/dense/bias:0' shape=(1,) dtype=float32_ref>, <tf.Variable
'model/pi/dense_1/kernel:0' shape=(128, 1) dtype=float32_ref>, <tf.Variable
'model/pi/dense_1/bias:0' shape=(1,) dtype=float32_ref>, <tf.Variable
'model/values_fn/vf/fc0/kernel:0' shape=(3, 32) dtype=float32_ref>, <tf.Variable
'model/values_fn/vf/fc0/bias:0' shape=(32,) dtype=float32_ref>, <tf.Variable
'model/values_fn/vf/fc1/kernel:0' shape=(32, 64) dtype=float32_ref>, <tf.Variable
'model/values_fn/vf/fc1/bias:0' shape=(64,) dtype=float32_ref>, <tf.Variable
'model/values fn/vf/fc2/kernel:0' shape=(64, 128) dtype=float32_ref>, <tf.Variable
'model/values_fn/vf/fc2/bias:0' shape=(128,) dtype=float32_ref>, <tf.Variable
'model/values_fn/vf/vf/kernel:0' shape=(128, 1) dtype=float32_ref>, <tf.Variable
'model/values_fn/vf/vf/bias:0' shape=(1,) dtype=float32_ref>, <tf.Variable
'model/values_fn/qf1/fc0/kernel:0' shape=(4, 32) dtype=float32_ref>, <tf.Variable
'model/values_fn/qf1/fc0/bias:0' shape=(32,) dtype=float32_ref>, <tf.Variable
'model/values_fn/qf1/fc1/kernel:0' shape=(32, 64) dtype=float32_ref>, <tf.Variable
'model/values_fn/qf1/fc1/bias:0' shape=(64,) dtype=float32_ref>, <tf.Variable
'model/values_fn/qf1/fc2/kernel:0' shape=(64, 128) dtype=float32_ref>, <tf.Variable
'model/values_fn/qf1/fc2/bias:0' shape=(128,) dtype=float32_ref>, <tf.Variable
'model/values_fn/qf1/qf1/kernel:0' shape=(128, 1) dtype=float32_ref>, <tf.Variable
'model/values_fn/qf1/qf1/bias:0' shape=(1,) dtype=float32_ref>, <tf.Variable
'model/values_fn/qf2/fc0/kernel:0' shape=(4, 32) dtype=float32_ref>, <tf.Variable
'model/values_fn/qf2/fc0/bias:0' shape=(32,) dtype=float32_ref>, <tf.Variable
'model/values_fn/qf2/fc1/kernel:0' shape=(32, 64) dtype=float32_ref>, <tf.Variable
```

```
'model/values_fn/qf2/fc1/bias:0'      shape=(64,)       dtype=float32_ref>,      <tf.Variable
'model/values_fn/qf2/fc2/kernel:0'   shape=(64,    128)  dtype=float32_ref>,      <tf.Variable
'model/values_fn/qf2/fc2/bias:0'      shape=(128,)      dtype=float32_ref>,      <tf.Variable
'model/values_fn/qf2/qf2/kernel:0'   shape=(128,    1)  dtype=float32_ref>,      <tf.Variable
'model/values_fn/qf2/qf2/bias:0'      shape=(1,)        dtype=float32_ref>,      <tf.Variable
'model/log_ent_coef:0'            shape=()          dtype=float32_ref>,          <tf.Variable
'target/values_fn/vf/fc0/kernel:0'    shape=(3,     32)  dtype=float32_ref>,      <tf.Variable
'target/values_fn/vf/fc0/bias:0'      shape=(32,)       dtype=float32_ref>,      <tf.Variable
'target/values_fn/vf/fc1/kernel:0'    shape=(32,    64)  dtype=float32_ref>,      <tf.Variable
'target/values_fn/vf/fc1/bias:0'      shape=(64,)       dtype=float32_ref>,      <tf.Variable
'target/values_fn/vf/fc2/kernel:0'    shape=(64,   128)  dtype=float32_ref>,      <tf.Variable
'target/values_fn/vf/fc2/bias:0'      shape=(128,)      dtype=float32_ref>,      <tf.Variable
'target/values_fn/vf/vf/kernel:0'    shape=(128,    1)  dtype=float32_ref>,      <tf.Variable
'target/values_fn/vf/vf/bias:0' shape=(1,) dtype=float32_ref>]
```

앞에서 설명한 DQN, DDPG, SAC, TD3를 제외한 모든 강화학습 알고리즘은 다음 프로그램과 같이 layers 대신 net_arch를 이용하여 MLP층 수와 노드 수를 조절한다. A2C에서 policy_kwargs=dict(net_arch=[32,32,32])으로 지정하여 다음 그림과 같은 맞춤형 MlpPolicy를 생성하여 Cartpole-V1을 학습시키고 있다.

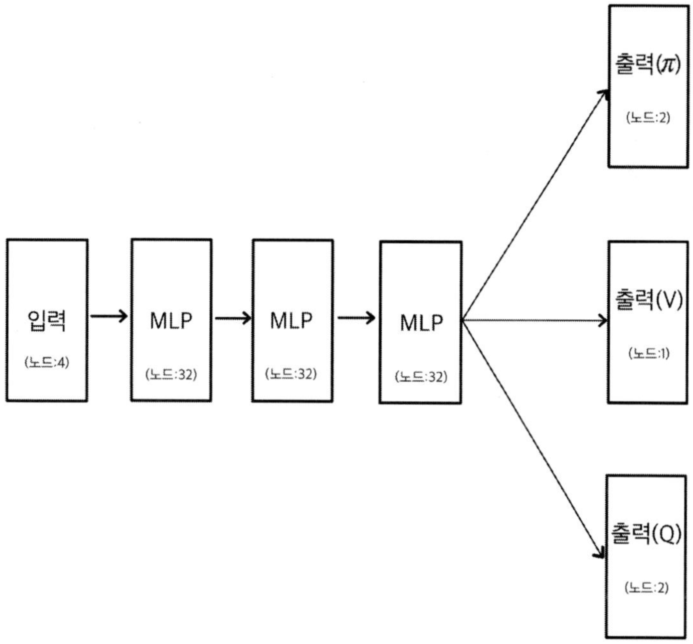

```
import gym
from stable_baselines.common.policies import MlpLstmPolicy
from stable_baselines.common.vec_env import DummyVecEnv
from stable_baselines import A2C


env=gym.make('CartPole-v1')

model=A2C('MlpPolicy',env,verbose=1, policy_kwargs=dict(net_arch=[32,32,32]))
model.learn(total_timesteps=1000)
parms=model.get_parameter_list()
print(parms)
```

```
[<tf.Variable 'model/shared_fc0/w:0' shape=(4, 32) dtype=float32_ref>, <tf.Variable 'model/shared_fc0/b:0' shape=(32,) dtype=float32_ref>, <tf.Variable 'model/shared_fc1/w:0' shape=(32, 32) dtype=float32_ref>, <tf.Variable 'model/shared_fc1/b:0' shape=(32,) dtype=float32_ref>, <tf.Variable 'model/shared_fc2/w:0' shape=(32, 32) dtype=float32_ref>, <tf.Variable 'model/shared_fc2/b:0' shape=(32,) dtype=float32_ref>, <tf.Variable 'model/vf/w:0' shape=(32, 1) dtype=float32_ref>, <tf.Variable 'model/vf/b:0' shape=(1,) dtype=float32_ref>, <tf.Variable 'model/pi/w:0' shape=(32, 2) dtype=float32_ref>, <tf.Variable 'model/pi/b:0' shape=(2,) dtype=float32_ref>, <tf.Variable 'model/q/w:0' shape=(32, 2) dtype=float32_ref>, <tf.Variable 'model/q/b:0' shape=(2,) dtype=float32_ref>]
```

다음 프로그램은 64개의 노드를 가진 2개의 MLP층과 256개의 노드를 가진 LSTM층으로 구성된 MlpLstmPolicy를, net_arch=[32,32,32,'lstm']을 지정하여 32개의 노드를 가진 3개의 MLP층과 256개의 노드를 가진 LSTM층으로 수정한 맞춤형 MlpLstmPolicy를 보여주고 있다. 여기에서 'lstm'은 오직 한 번만 허용된다. 예를 들어 net_arch=[32,32,32,'lstm','lstm']은 2개 이상의 LSTM층을 허용하지 않기 때문에 error가 발생한다.

```
import gym
from stable_baselines.common.policies import MlpLstmPolicy
from stable_baselines.common.vec_env import DummyVecEnv
from stable_baselines import A2C


env=gym.make('CartPole-v1')
```

```
model=A2C('MlpLstmPolicy',env,verbose=1, policy_kwargs=dict(net_arch=[32,32, 32,'lstm']))
model.learn(total_timesteps=1000)
parms=model.get_parameter_list()
print(parms)
```

```
[<tf.Variable 'model/shared_fc0/w:0' shape=(4, 32) dtype=float32_ref>, <tf.Variable 'model/shared_fc0/b:0' shape=(32,) dtype=float32_ref>, <tf.Variable 'model/shared_fc1/w:0' shape=(32, 32) dtype=float32_ref>, <tf.Variable 'model/shared_fc1/b:0' shape=(32,) dtype=float32_ref>, <tf.Variable 'model/shared_fc2/w:0' shape=(32, 32) dtype=float32_ref>, <tf.Variable 'model/shared_fc2/b:0' shape=(32,) dtype=float32_ref>, <tf.Variable 'model/lstm1/wx:0' shape=(32, 1024) dtype=float32_ref>, <tf.Variable 'model/lstm1/wh:0' shape=(256, 1024) dtype=float32_ref>, <tf.Variable 'model/lstm1/b:0' shape=(1024,) dtype=float32_ref>, <tf.Variable 'model/vf/w:0' shape=(256, 1) dtype=float32_ref>, <tf.Variable 'model/vf/b:0' shape=(1,) dtype=float32_ref>, <tf.Variable 'model/pi/w:0' shape=(256, 2) dtype=float32_ref>, <tf.Variable 'model/pi/b:0' shape=(2,) dtype=float32_ref>, <tf.Variable 'model/q/w:0' shape=(256, 2) dtype=float32_ref>, <tf.Variable 'model/q/b:0' shape=(2,) dtype=float32_ref>]
```

다음 프로그램은 Actor-Critic 강화학습 알고리즘에 적용되는 맞춤형 policy를 생성하고 있다. 8장 A2C, ACER과 10장에서 논의할 TRPO, PPO, ACTKR 등의 알고리즘이 Actor-Critic 알고리즘에 해당한다. 8장에서 논의했듯이, Actor-Critic 알고리즘에서는 공통아키텍처를 거친 후 actor 아키텍처와 critic 아키텍처로 구성된 policy를 이용할 수 있다. 아래 프로그램에서

```
policy_kwargs=dict(net_arch=[32,32,32,'lstm',dict(pi=[64,64],vf=[128,128])])
```

로 지정하여 맞춤형 MlpLstmPolicy를 생성하고 있다. 공통아키텍처는 노드 수가 32개인 3개의 MLP층과 노드 수가 256개인 LSTM층으로 구성되어 있고 이 공통아키텍처의 출력은 actor 아키텍처(64개의 노드를 가진 2개의 MLP층)에 입력되고, 동시에 critic 아키텍처(128개의 노드를 가진 2개의 MLP층)에 입력된다. 그림으로 표현된 맞춤형 policy의 구조는 다음과 같다.

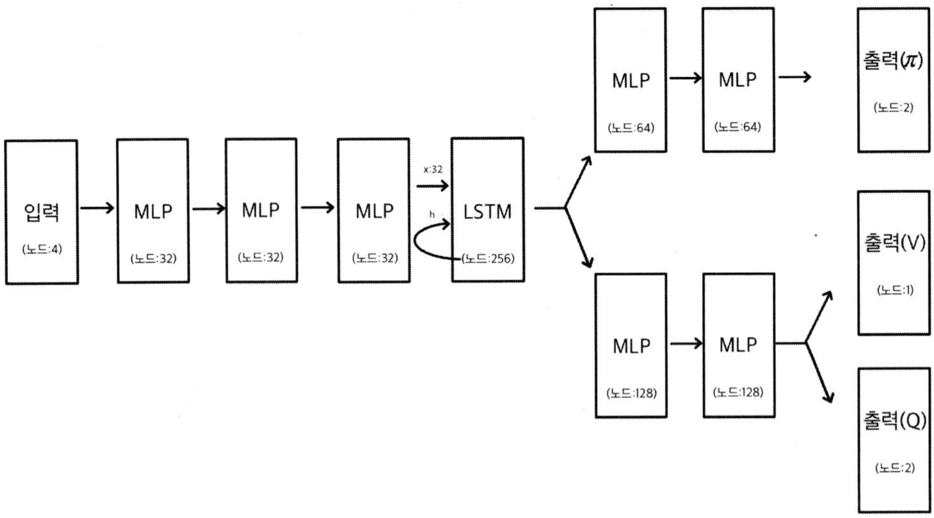


```
import gym
from stable_baselines.common.policies import MlpLstmPolicy
from stable_baselines.common.vec_env import DummyVecEnv
from stable_baselines import A2C


env=gym.make('CartPole-v1')

model=A2C('MlpLstmPolicy',env,verbose=1,
        policy_kwargs=dict(net_arch=[32,32,32,'lstm',dict(pi=[64,64],vf=[128,128])]))
model.learn(total_timesteps=1000)
parms=model.get_parameter_list()
print(parms)
```

```
[<tf.Variable 'model/shared_fc0/w:0' shape=(4, 32) dtype=float32_ref>, <tf.Variable 'model/shared_fc0/b:0' shape=(32,) dtype=float32_ref>, <tf.Variable 'model/shared_fc1/w:0' shape=(32, 32) dtype=float32_ref>, <tf.Variable 'model/shared_fc1/b:0' shape=(32,) dtype=float32_ref>, <tf.Variable 'model/shared_fc2/w:0' shape=(32, 32) dtype=float32_ref>, <tf.Variable 'model/shared_fc2/b:0' shape=(32,) dtype=float32_ref>, <tf.Variable 'model/lstm1/wx:0' shape=(32, 1024) dtype=float32_ref>, <tf.Variable 'model/lstm1/wh:0' shape=(256, 1024) dtype=float32_ref>, <tf.Variable 'model/lstm1/b:0' shape=(1024,) dtype=float32_ref>, <tf.Variable 'model/pi_fc0/w:0' shape=(256, 64) dtype=float32_ref>, <tf.Variable 'model/pi_fc0/b:0' shape=(64,) dtype=float32_ref>, <tf.Variable 'model/pi_fc1/w:0' shape=(64, 64) dtype=float32_ref>, <tf.Variable 'model/pi_fc1/b:0' shape=(64,) dtype=float32_ref>, <tf.Variable
```

```
'model/vf_fc0/w:0' shape=(256, 128) dtype=float32_ref>, <tf.Variable 'model/vf_fc0/b:0' shape=(128,) dtype=float32_ref>, <tf.Variable 'model/vf_fc1/w:0' shape=(128, 128) dtype=float32_ref>, <tf.Variable 'model/vf_fc1/b:0' shape=(128,) dtype=float32_ref>, <tf.Variable 'model/vf/w:0' shape=(128, 1) dtype=float32_ref>, <tf.Variable 'model/vf/b:0' shape=(1,) dtype=float32_ref>, <tf.Variable 'model/pi/w:0' shape=(64, 2) dtype=float32_ref>, <tf.Variable 'model/pi/b:0' shape=(2,) dtype=float32_ref>, <tf.Variable 'model/q/w:0' shape=(128, 2) dtype=float32_ref>, <tf.Variable 'model/q/b:0' shape=(2,) dtype=float32_ref>]
```

다음 프로그램은 ACER 알고리즘에 CnnPolicy를 적용하는 경우를 보여주고 있다. net_arch=[256,256,256]을 부여하였으나 옵션이 무시되고 nature_cnn이 실행된 프로그램 결과를 볼 수 있다. 이는 net_arch로 CNN을 변경할 수 없다는 것을 보여주고 있다.

```
from stable_baselines.common.cmd_util import make_atari_env
from stable_baselines.common.vec_env import VecFrameStack
from stable_baselines import ACER

env=make_atari_env('PongNoFrameskip-v4',num_env=4,seed=1)
env=VecFrameStack(env,n_stack=4)

model=ACER('CnnPolicy',env,verbose=1, policy_kwargs=dict(net_arch=[256,256,256]))
model.learn(35000)
parms=model.get_parameter_list()
print(parms)
```

```
[<tf.Variable 'model/c1/w:0' shape=(8, 8, 4, 32) dtype=float32_ref>, <tf.Variable 'model/c1/b:0' shape=(1, 32, 1, 1) dtype=float32_ref>, <tf.Variable 'model/c2/w:0' shape=(4, 4, 32, 64) dtype=float32_ref>, <tf.Variable 'model/c2/b:0' shape=(1, 64, 1, 1) dtype=float32_ref>, <tf.Variable 'model/c3/w:0' shape=(3, 3, 64, 64) dtype=float32_ref>, <tf.Variable 'model/c3/b:0' shape=(1, 64, 1, 1) dtype=float32_ref>, <tf.Variable 'model/fc1/w:0' shape=(3136, 512) dtype=float32_ref>, <tf.Variable 'model/fc1/b:0' shape=(512,) dtype=float32_ref>, <tf.Variable 'model/vf/w:0' shape=(512, 1) dtype=float32_ref>, <tf.Variable 'model/vf/b:0' shape=(1,) dtype=float32_ref>, <tf.Variable 'model/pi/w:0' shape=(512, 6) dtype=float32_ref>, <tf.Variable 'model/pi/b:0' shape=(6,) dtype=float32_ref>, <tf.Variable 'model/q/w:0' shape=(512, 6) dtype=float32_ref>, <tf.Variable 'model/q/b:0' shape=(6,) dtype=float32_ref>]
```

다음 프로그램은 atari 게임에 ACER 알고리즘을 학습시키는 프로그램이다. atari 게임은 이미지 자료로 입력되지만, 노드 수가 256개인 3개의 MLP층으로 구성된 맞춤형 MlpPolicy를 적용하고 있다. VecFrameStack으로 (84,84,4) 이미지 자료가 입력되면 MlpPolicy는 default로 (84,84,4) 3D 텐서가 flatten되어 (28224,) 1D 텐서로 전환되어 MLP층에 입력되는 것을 프로그램 결과에서 확인할 수 있다. 그러므로 이미지 자료와 같은 3D 텐서 입력자료에 MlpPolicy는 사용가능하다.

```
from stable_baselines.common.cmd_util import make_atari_env
from stable_baselines.common.vec_env import VecFrameStack
from stable_baselines import ACER

env=make_atari_env('PongNoFrameskip-v4',num_env=4,seed=1)
env=VecFrameStack(env,n_stack=4)
print(env.observation_space)

model=ACER('MlpPolicy',env,verbose=1, policy_kwargs=dict(net_arch=[256,256,256]))
model.learn(1000)
parms=model.get_parameter_list()
print(parms)
```

```
[<tf.Variable 'model/shared_fc0/w:0' shape=(28224, 256) dtype=float32_ref>, <tf.Variable 'model/shared_fc0/b:0' shape=(256,) dtype=float32_ref>, <tf.Variable 'model/shared_fc1/w:0' shape=(256, 256) dtype=float32_ref>, <tf.Variable 'model/shared_fc1/b:0' shape=(256,) dtype=float32_ref>, <tf.Variable 'model/shared_fc2/w:0' shape=(256, 256) dtype=float32_ref>, <tf.Variable 'model/shared_fc2/b:0' shape=(256,) dtype=float32_ref>, <tf.Variable 'model/vf/w:0' shape=(256, 1) dtype=float32_ref>, <tf.Variable 'model/vf/b:0' shape=(1,) dtype=float32_ref>, <tf.Variable 'model/pi/w:0' shape=(256, 6) dtype=float32_ref>, <tf.Variable 'model/pi/b:0' shape=(6,) dtype=float32_ref>, <tf.Variable 'model/q/w:0' shape=(256, 6) dtype=float32_ref>, <tf.Variable 'model/q/b:0' shape=(6,) dtype=float32_ref>]
```

두 번째 맞춤형 policy는 built-in policy를 부모 클래스로 하여 net_arch와 feature_extraction을 이용하여 설계할 수 있다. 아래 프로그램은 MsPacman atari 게임에 built-in LstmPolicy를 단순하게 적용하고 있다. atari 게임이 이미지 자료이기 때문에 CnnLstmPolicy를 적용하는 것이 타당하지만, LstmPolicy만 적용하더라도

default로 nature_cnn가 입력자료에 적용된 후, LSTM층에 연결된 것을 아래 프로그램에서 볼 수 있다.

```
import gym
from stable_baselines.common.atari_wrappers import make_atari
from stable_baselines.common.cmd_util import make_atari_env
from stable_baselines.common.vec_env import VecFrameStack
from stable_baselines.deepq import CnnPolicy
from stable_baselines.common.policies import LstmPolicy
from stable_baselines import A2C


env=make_atari('MsPacmanNoFrameskip-v0')
print(env.observation_space)

agent=A2C(LstmPolicy,env)
agent.learn(1000)
parms=agent.get_parameter_list()
print(parms)
```

```
Box(0, 255, (210, 160, 3), uint8)
[<tf.Variable 'model/c1/w:0' shape=(8, 8, 3, 32) dtype=float32_ref>, <tf.Variable 'model/c1/b:0' shape=(1, 32, 1, 1) dtype=float32_ref>, <tf.Variable 'model/c2/w:0' shape=(4, 4, 32, 64) dtype=float32_ref>, <tf.Variable 'model/c2/b:0' shape=(1, 64, 1, 1) dtype=float32_ref>, <tf.Variable 'model/c3/w:0' shape=(3, 3, 64, 64) dtype=float32_ref>, <tf.Variable 'model/c3/b:0' shape=(1, 64, 1, 1) dtype=float32_ref>, <tf.Variable 'model/fc1/w:0' shape=(22528, 512) dtype=float32_ref>, <tf.Variable 'model/fc1/b:0' shape=(512,) dtype=float32_ref>, <tf.Variable 'model/lstm1/wx:0' shape=(512, 1024) dtype=float32_ref>, <tf.Variable 'model/lstm1/wh:0' shape=(256, 1024) dtype=float32_ref>, <tf.Variable 'model/lstm1/b:0' shape=(1024,) dtype=float32_ref>, <tf.Variable 'model/vf/w:0' shape=(256, 1) dtype=float32_ref>, <tf.Variable 'model/vf/b:0' shape=(1,) dtype=float32_ref>, <tf.Variable 'model/pi/w:0' shape=(256, 9) dtype=float32_ref>, <tf.Variable 'model/pi/b:0' shape=(9,) dtype=float32_ref>, <tf.Variable 'model/q/w:0' shape=(256, 9) dtype=float32_ref>, <tf.Variable 'model/q/b:0' shape=(9,) dtype=float32_ref>]
```

이미지 입력자료를 MLP층으로 연결한 후, LSTM층을 연결하기 위해 다음과 같이 맞춤형 MlpLstmPolicy를 만들 수 있다. LstmPolicy를 부모 클래스로 지정하고 feature_extraction='mlp'로 부여하면, (210,160,3) 3D 텐서 입력자료가 default로 flatten되어 (100800,) 1D 텐서로 전환된 후 64개의 노드를 가진 2개의 MLP층으로 연결되고 이 MLP층의 출력은 256개 노드를 가진 LSTM층으로 연결된다. 사실, 아래 프로그램은 built-in MlpLstmPolicy와 동일하다.

```
import gym
from stable_baselines.common.atari_wrappers import make_atari
from stable_baselines.common.cmd_util import make_atari_env
from stable_baselines.common.vec_env import VecFrameStack
from stable_baselines.deepq import CnnPolicy
from stable_baselines.common.policies import LstmPolicy
from stable_baselines import A2C


class CustomPolicy(LstmPolicy):
    def __init__(self, *args,**kwargs):
        super().__init__(*args,**kwargs, feature_extraction='mlp')
env=make_atari('MsPacmanNoFrameskip-v0')
print(env.observation_space)

agent=A2C(CustomPolicy,env)
agent.learn(1000)
parms=agent.get_parameter_list()
print(parms)
```

```
Box(0, 255, (210, 160, 3), uint8)
[<tf.Variable 'model/pi_fc0/w:0' shape=(100800, 64) dtype=float32_ref>, <tf.Variable 'model/pi_fc0/b:0' shape=(64,) dtype=float32_ref>, <tf.Variable 'model/pi_fc1/w:0' shape=(64, 64) dtype=float32_ref>, <tf.Variable 'model/pi_fc1/b:0' shape=(64,) dtype=float32_ref>, <tf.Variable 'model/lstm1/wx:0' shape=(64, 1024) dtype=float32_ref>, <tf.Variable 'model/lstm1/wh:0' shape=(256, 1024) dtype=float32_ref>, <tf.Variable 'model/lstm1/b:0' shape=(1024,) dtype=float32_ref>, <tf.Variable 'model/vf/w:0' shape=(256, 1) dtype=float32_ref>, <tf.Variable 'model/vf/b:0' shape=(1,) dtype=float32_ref>, <tf.Variable 'model/pi/w:0' shape=(256, 9) dtype=float32_ref>, <tf.Variable 'model/pi/b:0' shape=(9,) dtype=float32_ref>, <tf.Variable 'model/q/w:0' shape=(256, 9) dtype=float32_ref>, <tf.Variable 'model/q/b:0' shape=(9,) dtype=float32_ref>]
```

다음 프로그램은 LstmPolicy를 부모 클래스로 하여 Actor-Critic 계열 알고리즘을 적용하기 위한 맞춤형 policy를 구성하는 프로그램이다. net_arch에 'lstm'이 포함되어 있으므로 부모 클래스로 LstmPolicy로 지정했고 'CartPole-v1'의 입력자료가 1D 텐서이므로 feature_extraction='mlp'로 지정하였다. 맞춤형 policy의 공통아키텍처는 노드 수가 8개인 MLP층과 노드 수가 256개인 LSTM층으로 구성되어 있고 actor와 critic 아키텍처는 모두 노드 수가 128개인 3개의 MLP층으로 설계되어 있으며 그림으로 표현하면 아래와 같다.

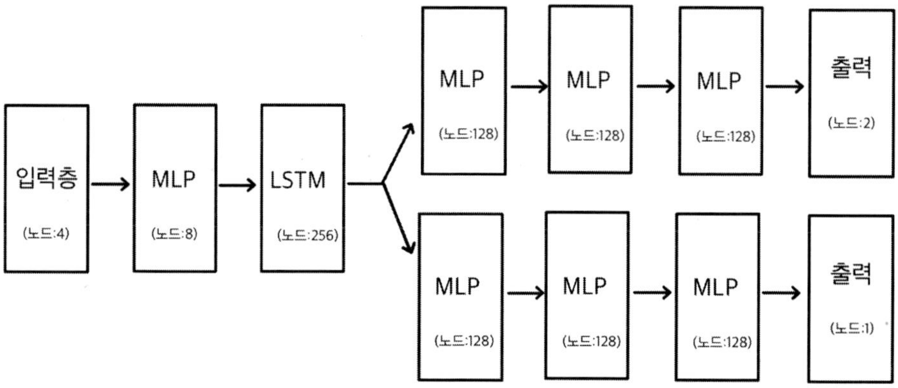


```
import gym
from stable_baselines.common.policies import LstmPolicy
from stable_baselines.common.vec_env import DummyVecEnv
from stable_baselines import A2C

class CustomPolicy(LstmPolicy):
    def __init__(self, *args,**kwargs):
        super().__init__(*args,**kwargs,
                         net_arch=[8,'lstm',dict(pi=[128,128,128],vf=[128,128,128])],
feature_extraction='mlp')

env=gym.make('CartPole-v1')

model=A2C(CustomPolicy,env,verbose=1)
model.learn(total_timesteps=1000)
parms=model.get_parameter_list()
print(parms)
```

```
[<tf.Variable 'model/shared_fc0/w:0' shape=(4, 8) dtype=float32_ref>, <tf.Variable 'model/shared_fc0/b:0' shape=(8,) dtype=float32_ref>, <tf.Variable 'model/lstm1/wx:0' shape=(8, 1024) dtype=float32_ref>, <tf.Variable 'model/lstm1/wh:0' shape=(256, 1024) dtype=float32_ref>, <tf.Variable 'model/lstm1/b:0' shape=(1024,) dtype=float32_ref>, <tf.Variable 'model/pi_fc0/w:0' shape=(256, 128) dtype=float32_ref>, <tf.Variable 'model/pi_fc0/b:0' shape=(128,) dtype=float32_ref>, <tf.Variable 'model/pi_fc1/w:0' shape=(128, 128) dtype=float32_ref>, <tf.Variable 'model/pi_fc1/b:0' shape=(128,) .
```

```
dtype=float32_ref>, <tf.Variable 'model/pi_fc2/w:0' shape=(128, 128) dtype=float32_ref>,
<tf.Variable 'model/pi_fc2/b:0' shape=(128,) dtype=float32_ref>, <tf.Variable
'model/vf_fc0/w:0' shape=(256, 128) dtype=float32_ref>, <tf.Variable 'model/vf_fc0/b:0'
shape=(128,) dtype=float32_ref>, <tf.Variable 'model/vf_fc1/w:0' shape=(128, 128)
dtype=float32_ref>, <tf.Variable 'model/vf_fc1/b:0' shape=(128,) dtype=float32_ref>,
<tf.Variable 'model/vf_fc2/w:0' shape=(128, 128) dtype=float32_ref>, <tf.Variable
'model/vf_fc2/b:0' shape=(128,) dtype=float32_ref>, <tf.Variable 'model/vf/w:0'
shape=(128, 1) dtype=float32_ref>, <tf.Variable 'model/vf/b:0' shape=(1,)
dtype=float32_ref>, <tf.Variable 'model/pi/w:0' shape=(128, 2) dtype=float32_ref>,
<tf.Variable 'model/pi/b:0' shape=(2,) dtype=float32_ref>, <tf.Variable 'model/q/w:0'
shape=(128, 2) dtype=float32_ref>, <tf.Variable 'model/q/b:0' shape=(2,)
dtype=float32_ref>]
```

다음 프로그램은 Actor-Critic 계열 알고리즘에서 사용되는 FeedForwardPolicy를 부모 클래스로 하여 생성한 맞춤형 policy를 보여주고 있다. FeedFowardPolicy의 net_arch는 오직 정수와 dict만 허용되므로 MLP층만 수정 가능하다. 예를 들어 net_arch=[8,'lstm']은 error가 발생하게 된다. 아래와 같이 net_arch를 이용하여 policy의 공통아키텍처와 actor 및 critic 아키텍처를 구성할 수 있으며 policy의 구조를 그림으로 표현하면 다음과 같다.

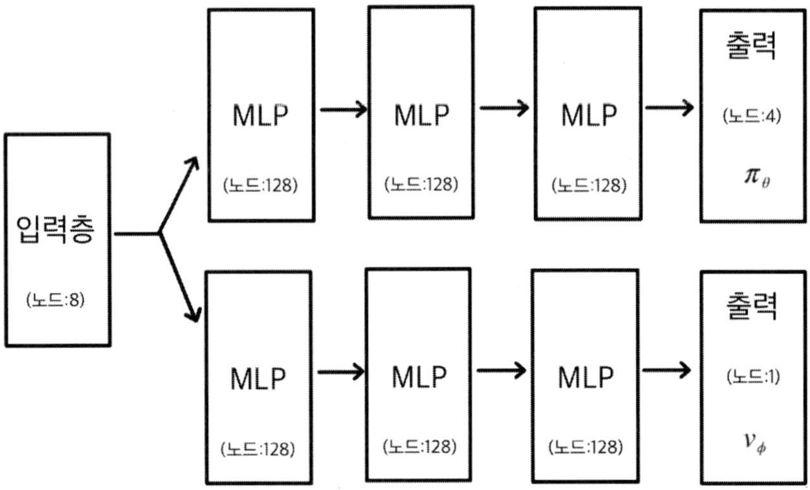

```
import gym
from stable_baselines.common.policies import FeedForwardPolicy
from stable_baselines.common.vec_env import DummyVecEnv
from stable_baselines import A2C

class CustomPolicy(FeedForwardPolicy):
    def __init__(self, *args,**kwargs):
        super().__init__(*args,**kwargs,
                         net_arch=[dict(pi=[128,128,128],vf=[128,128,128])],
feature_extraction='mlp')

env=gym.make('LunarLander-v2')

model=A2C(CustomPolicy,env,verbose=1)
model.learn(total_timesteps=1000)
parms=model.get_parameter_list()
print(parms)
```

```
[<tf.Variable 'model/pi_fc0/w:0' shape=(8, 128) dtype=float32_ref>, <tf.Variable 'model/pi_fc0/b:0' shape=(128,) dtype=float32_ref>, <tf.Variable 'model/vf_fc0/w:0' shape=(8, 128) dtype=float32_ref>, <tf.Variable 'model/vf_fc0/b:0' shape=(128,) dtype=float32_ref>, <tf.Variable 'model/pi_fc1/w:0' shape=(128, 128) dtype=float32_ref>, <tf.Variable 'model/pi_fc1/b:0' shape=(128,) dtype=float32_ref>, <tf.Variable 'model/vf_fc1/w:0' shape=(128, 128) dtype=float32_ref>, <tf.Variable 'model/vf_fc1/b:0' shape=(128,) dtype=float32_ref>, <tf.Variable 'model/pi_fc2/w:0' shape=(128, 128) dtype=float32_ref>, <tf.Variable 'model/pi_fc2/b:0' shape=(128,) dtype=float32_ref>, <tf.Variable 'model/vf_fc2/w:0' shape=(128, 128) dtype=float32_ref>, <tf.Variable 'model/vf_fc2/b:0' shape=(128,) dtype=float32_ref>, <tf.Variable 'model/vf/w:0' shape=(128, 1) dtype=float32_ref>, <tf.Variable 'model/vf/b:0' shape=(1,) dtype=float32_ref>, <tf.Variable 'model/pi/w:0' shape=(128, 4) dtype=float32_ref>, <tf.Variable 'model/pi/b:0' shape=(4,) dtype=float32_ref>, <tf.Variable 'model/q/w:0' shape=(128, 4) dtype=float32_ref>, <tf.Variable 'model/q/b:0' shape=(4,) dtype=float32_ref>]
```

다음 프로그램은 직전 프로그램과 동일하게 FeedForwardPolicy를 부모 클래스로 또 다른 맞춤형 policy를 설계하는 프로그램을 보여주고 있다. net_arch를 이용하여 공통아키텍처와 actor 및 critic 아키텍처를 설계했으나, feature_extraction= 'cnn'으로 부여하면 아래 프로그램 결과에서 볼 수 있듯이 default로 net_arch를 완전히 무시하고 nature_cnn으로 구성된 CnnPolicy를 실행하게 된다. 그러므로 FeedForward

Policy를 이용한 맞춤형 policy 설계 시 유의해야 한다.

```
import gym
from stable_baselines.common.policies import FeedForwardPolicy
from stable_baselines.common.cmd_util import make_atari_env
from stable_baselines.common.vec_env import VecFrameStack
from stable_baselines import ACER

env=make_atari_env('PongNoFrameskip-v4',num_env=4,seed=1)
env=VecFrameStack(env,n_stack=4)
class CustomPolicy(FeedForwardPolicy):
    def __init__(self, *args,**kwargs):
        super().__init__(*args,**kwargs,
                         net_arch=[128,128,dict(pi=[128,128,128],vf=[128,128,128])],
                         feature_extraction='cnn')
model=ACER(CustomPolicy,env,verbose=1)
model.learn(1000)
parms=model.get_parameter_list()
print(parms)
```

```
[<tf.Variable 'model/c1/w:0' shape=(8, 8, 4, 32) dtype=float32_ref>, <tf.Variable
'model/c1/b:0' shape=(1, 32, 1, 1) dtype=float32_ref>, <tf.Variable 'model/c2/w:0'
shape=(4, 4, 32, 64) dtype=float32_ref>, <tf.Variable 'model/c2/b:0' shape=(1, 64, 1, 1)
dtype=float32_ref>, <tf.Variable 'model/c3/w:0' shape=(3, 3, 64, 64) dtype=float32_ref>,
<tf.Variable 'model/c3/b:0' shape=(1, 64, 1, 1) dtype=float32_ref>, <tf.Variable
'model/fc1/w:0' shape=(3136, 512) dtype=float32_ref>, <tf.Variable 'model/fc1/b:0'
shape=(512,) dtype=float32_ref>, <tf.Variable 'model/vf/w:0' shape=(512, 1)
dtype=float32_ref>, <tf.Variable 'model/vf/b:0' shape=(1,) dtype=float32_ref>, <tf.Variable
'model/pi/w:0' shape=(512, 6) dtype=float32_ref>, <tf.Variable 'model/pi/b:0' shape=(6,)
dtype=float32_ref>, <tf.Variable 'model/q/w:0' shape=(512, 6) dtype=float32_ref>,
<tf.Variable 'model/q/b:0' shape=(6,) dtype=float32_ref>]
```

다음 프로그램은 feature_extraction='mlp'로 지정한 것을 제외하고 위 프로그램과 동일하다. 비록 입력자료가 이미지 자료이지만 feature_extraction='mlp'에 의해 default로 flatten되어 (28224,) 1D 텐서로 전환되어 입력되고 위 프로그램과 다르게 net_arch에 지정된 맞춤형 MLP층을 구성하는 것을 볼 수 있다.

```
import gym
from stable_baselines.common.policies import FeedForwardPolicy
from stable_baselines.common.cmd_util import make_atari_env
from stable_baselines.common.vec_env import VecFrameStack
from stable_baselines import ACER

env=make_atari_env('PongNoFrameskip-v4',num_env=4,seed=1)
env=VecFrameStack(env,n_stack=4)
class CustomPolicy(FeedForwardPolicy):
    def __init__(self, *args,**kwargs):
        super().__init__(*args,**kwargs,
                        net_arch=[128,128,dict(pi=[128,128,128],vf=[128,128,128])],
feature_extraction='mlp')
model=ACER(CustomPolicy,env,verbose=1)
model.learn(1000)
parms=model.get_parameter_list()
print(parms)
```

```
[<tf.Variable 'model/shared_fc0/w:0' shape=(28224, 128) dtype=float32_ref>, <tf.Variable 'model/shared_fc0/b:0' shape=(128,) dtype=float32_ref>, <tf.Variable 'model/shared_fc1/w:0' shape=(128, 128) dtype=float32_ref>, <tf.Variable 'model/shared_fc1/b:0' shape=(128,) dtype=float32_ref>, <tf.Variable 'model/pi_fc0/w:0' shape=(128, 128) dtype=float32_ref>, <tf.Variable 'model/pi_fc0/b:0' shape=(128,) dtype=float32_ref>, <tf.Variable 'model/vf_fc0/w:0' shape=(128, 128) dtype=float32_ref>, <tf.Variable 'model/vf_fc0/b:0' shape=(128,) dtype=float32_ref>, <tf.Variable 'model/pi_fc1/w:0' shape=(128, 128) dtype=float32_ref>, <tf.Variable 'model/pi_fc1/b:0' shape=(128,) dtype=float32_ref>, <tf.Variable 'model/vf_fc1/w:0' shape=(128, 128) dtype=float32_ref>, <tf.Variable 'model/vf_fc1/b:0' shape=(128,) dtype=float32_ref>, <tf.Variable 'model/pi_fc2/w:0' shape=(128, 128) dtype=float32_ref>, <tf.Variable 'model/pi_fc2/b:0' shape=(128,) dtype=float32_ref>, <tf.Variable 'model/vf_fc2/w:0' shape=(128, 128) dtype=float32_ref>, <tf.Variable 'model/vf_fc2/b:0' shape=(128,) dtype=float32_ref>, <tf.Variable 'model/vf/w:0' shape=(128, 1) dtype=float32_ref>, <tf.Variable 'model/vf/b:0' shape=(1,) dtype=float32_ref>, <tf.Variable 'model/pi/w:0' shape=(128, 6) dtype=float32_ref>, <tf.Variable 'model/pi/b:0' shape=(6,) dtype=float32_ref>, <tf.Variable 'model/q/w:0' shape=(128, 6) dtype=float32_ref>, <tf.Variable 'model/q/b:0' shape=(6,) dtype=float32_ref>]
```

지금까지 논의한 맞춤형 policy의 설계 방법에서는, MLP층의 층수나 노드 수는 자유롭게 조절할 수 있었으나 CNN층은 오직 nature_cnn만 사용 가능하였고 LSTM층은 오직 256개의 노드를 가진 하나의 층만 사용 가능하였다. 세 번째 맞춤형 policy

의 설계는 CNN층과 LSTM층을 조절 가능하게 한다. 아래 프로그램은 stable_baselines의 built-in ActorCriticPolicy를 부모 클래스로 지정하고 맞춤형 policy를 설계하고 있다.

```
tf.variable_scope('model',reuse=reuse):
```

로 이 block 안에 있는 모수의 변수명이 'model'로 시작하도록 하고 있다. tf.variable.scope 블록은 사용하고자 하는 활성함수를 activ로 정의한 후, stable_baselines의 내장함수 conv를 호출하여 3개의 CNN층을 정의하고 있다. 첫 번째 CNN층은 노드 수 32, kernel=9, strides=4, 두 번째 CNN층은 노드 수 64, kernel=5, strides=2로, 세 번째 CNN층은 노드 수 128, kernel=3, strides=2로 지정하고 있다. 세 번째 CNN층의 출력은 flatten된 후, actor('model/ pi_fc', 노드 수가 128개인 3개의 MLP층으로 구성됨)와 critic('model/vf_fc', 노드 수가 32인 2개의 MLP층으로 구성됨)에 입력된 것을 아래 프로그램 출력에서 확인할 수 있다. 아래 프로그램은 일반화하여 사용할 수 있다. CNN층의 층수, 노드 수, kernel, strides와 MLP층의 층수와 노드 수를 필요에 따라 적절하게 조절하고 나머지 모든 변수명, 내장변수명, 내장함수 등을 포함하여 프로그램 내의 def step, def proba_step, def value를 그대로 copy하여 사용하면 되기 때문이다.

```
import warnings
import gym
import tensorflow as tf
import numpy as np

from stable_baselines.common.tf_layers import conv, linear, conv_to_fc, lstm
from stable_baselines.common.policies import ActorCriticPolicy,register_policy,nature_cnn
from stable_baselines.common.vec_env import DummyVecEnv
from stable_baselines import A2C

class CustomPolicy(ActorCriticPolicy):
```

```
    def __init__(self,sess,ob_space,ac_space,n_env,n_steps,n_batch,
                 reuse=False,**kwargs):
        super(CustomPolicy,self).__init__(sess,ob_space,ac_space,n_env,n_steps,
                                          n_batch,reuse=reuse,scale=True)
        with tf.variable_scope('model',reuse=reuse):
            activ=tf.nn.relu
            layer_1 = activ(conv(self.processed_obs, 'c1', n_filters=32,
                           filter_size=9, stride=4, init_scale=np.sqrt(2), **kwargs))
            layer_2 = activ(conv(layer_1, 'c2', n_filters=64, filter_size=5,
                           stride=2, init_scale=np.sqrt(2), **kwargs))
            layer_3 = activ(conv(layer_2, 'c3', n_filters=128, filter_size=3,
                           stride=2, init_scale=np.sqrt(2), **kwargs))
            extracted_features=tf.layers.flatten(layer_3)
            pi_h=extracted_features
            for i,layer_size in enumerate([128,128,128]):
                pi_h=activ(tf.layers.dense(pi_h,layer_size,name='pi_fc'+str(i)))
            pi_latent=pi_h

            vf_h=extracted_features
            for i,layer_size in enumerate([32,32]):
                vf_h=activ(tf.layers.dense(vf_h,layer_size,name='vf_fc'+str(i)))
            value_fn=tf.layers.dense(vf_h,1,name='vf')
            vf_latent=vf_h

            self._proba_distribution,self._policy,self.q_value=₩

self.pdtype.proba_distribution_from_latent(pi_latent,vf_latent,init_scale=0.01)
        self._value_fn=value_fn
        self._setup_init()

    def step(self,obs,state=None,mask=None,deterministic=False):
        if deterministic:
            action,value,neglogp=self.sess.run([self.deterministic_action,
                        self.value_flat,self.neglogp],{self.obs_ph:obs})
        else:
            action,value,neglogp=self.sess.run([self.action,self.value_flat,
                                                self.neglogp],{self.obs_ph:obs})
        return action,value,self.initial_state,neglogp

    def proba_step(self,obs,state=None,mask=None):
        return self.sess.run(self.policy_proba, {self.obs_ph:obs})

    def value(self,obs,state=None,mask=None):
        return self.sess.run(self.value_flat, {self.obs_ph:obs})
```

```
env=DummyVecEnv([lambda:gym.make('Breakout-v0')])
model=A2C(CustomPolicy,env,verbose=1)
model.learn(total_timesteps=1000)
print(env.observation_space)
```

```
Box(0, 255, (210, 160, 3), uint8)
```

```
parms=model.get_parameter_list()
print(parms)
```

```
[<tf.Variable 'model/c1/w:0' shape=(9, 9, 3, 32) dtype=float32_ref>, <tf.Variable 'model/c1/b:0' shape=(1, 32, 1, 1) dtype=float32_ref>, <tf.Variable 'model/c2/w:0' shape=(5, 5, 32, 64) dtype=float32_ref>, <tf.Variable 'model/c2/b:0' shape=(1, 64, 1, 1) dtype=float32_ref>, <tf.Variable 'model/c3/w:0' shape=(3, 3, 64, 128) dtype=float32_ref>, <tf.Variable 'model/c3/b:0' shape=(1, 128, 1, 1) dtype=float32_ref>, <tf.Variable 'model/pi_fc0/kernel:0' shape=(11264, 128) dtype=float32_ref>, <tf.Variable 'model/pi_fc0/bias:0' shape=(128,) dtype=float32_ref>, <tf.Variable 'model/pi_fc1/kernel:0' shape=(128, 128) dtype=float32_ref>, <tf.Variable 'model/pi_fc1/bias:0' shape=(128,) dtype=float32_ref>, <tf.Variable 'model/pi_fc2/kernel:0' shape=(128, 128) dtype=float32_ref>, <tf.Variable 'model/pi_fc2/bias:0' shape=(128,) dtype=float32_ref>, <tf.Variable 'model/vf_fc0/kernel:0' shape=(11264, 32) dtype=float32_ref>, <tf.Variable 'model/vf_fc0/bias:0' shape=(32,) dtype=float32_ref>, <tf.Variable 'model/vf_fc1/kernel:0' shape=(32, 32) dtype=float32_ref>, <tf.Variable 'model/vf_fc1/bias:0' shape=(32,) dtype=float32_ref>, <tf.Variable 'model/vf/kernel:0' shape=(32, 1) dtype=float32_ref>, <tf.Variable 'model/vf/bias:0' shape=(1,) dtype=float32_ref>, <tf.Variable 'model/pi/w:0' shape=(128, 4) dtype=float32_ref>, <tf.Variable 'model/pi/b:0' shape=(4,) dtype=float32_ref>, <tf.Variable 'model/q/w:0' shape=(32, 4) dtype=float32_ref>, <tf.Variable 'model/q/b:0' shape=(4,) dtype=float32_ref>]
```

위 프로그램에서 정의된 conv, linear, conv_to_fc, lstm 등은 stable_baselines의 내장 함수로 다음 주소에서 source code를 볼 수 있다.

https://github.com/hill-a/stable-baselines/blob/master/stable_baselines/common/tf_layers.py

다음 프로그램은 ActorCriticPolicy를 부모 클래스로 하여 맞춤형 CnnPolicy를 설계하고 있다. Built-in CnnPolicy의 부모 클래스가 ActorCriticPolicy이므로 맞춤형

CnnPolicy도 ActorCriticPolicy를 부모 클래스로 지정해야 한다. layer_1 ~ layer_3로 CNN층을 3개로 지정한 후, layer_4로 3D 텐서를 1D 텐서로 전환하고 있다. Built-in CnnPolicy에서 pi_latent=vf_latent이므로

```
pi_layent=vf_latent=linear(layer_4,'c4',512)
```

으로 정의하고 있다. 여기에서 linear는 MLP층을 구성하는 내장함수이며 layer_4는 입력데이터를 'c4'는 모수 명을, 그리고 512는 MLP층의 노드 수를 말한다. 이를 제외한 모든 프로그램을 그대로 사용하여 다른 맞춤형 CnnPolicy를 어렵지 않게 설계할 수 있을 것이다.

```
import warnings
import gym
import tensorflow as tf
import numpy as np

from stable_baselines.common.tf_layers import conv, linear, conv_to_fc, lstm
from stable_baselines.common.policies import ActorCriticPolicy,register_policy,nature_cnn
from stable_baselines.common.vec_env import DummyVecEnv
from stable_baselines import A2C,TD3

class CustomPolicy(ActorCriticPolicy):
    def __init__(self,sess,ob_space,ac_space,n_env,n_steps,
                                        n_batch,reuse=False,**kwargs):
        super(CustomPolicy,self).__init__(sess,ob_space,ac_space,n_env,n_steps,
                                        n_batch,reuse=reuse)
        with tf.variable_scope('model',reuse=reuse):
            activ=tf.nn.relu
            layer_1 = activ(conv(self.processed_obs, 'c1',  n_filters=32,
                    filter_size=9, stride=2, init_scale=np.sqrt(2), **kwargs))
            layer_2 = activ(conv(layer_1, 'c2', n_filters=64,
                    filter_size=4, stride=2, init_scale=np.sqrt(2), **kwargs))
            layer_3 = activ(conv(layer_2, 'c3', n_filters=128,
                            filter_size=3, stride=2, init_scale=np.sqrt(2), **kwargs))
            layer_4=tf.layers.flatten(layer_3)
            pi_latent=vf_latent=linear(layer_4,'c4',512)
            self._value_fn = linear(vf_latent, 'vf', 1)
```

```
            self._proba_distribution, self._policy, self.q_value = ₩
                self.pdtype.proba_distribution_from_latent(pi_latent,
                                                            vf_latent, init_scale=0.01)

        self._setup_init()

    def step(self, obs, state=None, mask=None, deterministic=False):
        if deterministic:
            action, value, neglogp = self.sess.run([self.deterministic_action,
                                    self.value_flat,self.neglogp],{self.obs_ph: obs})
        else:
            action, value, neglogp = self.sess.run([self.action, self.value_flat,
                            self.neglogp],{self.obs_ph: obs})
        return action, value, self.initial_state, neglogp

    def proba_step(self, obs, state=None, mask=None):
        return self.sess.run(self.policy_proba, {self.obs_ph: obs})

    def value(self, obs, state=None, mask=None):
        return self.sess.run(self.value_flat, {self.obs_ph: obs})


env=DummyVecEnv([lambda:gym.make('Breakout-v0')])
model=A2C(CustomPolicy,env,verbose=1)
model.learn(total_timesteps=1000)
```

```
parms=model.get_parameter_list()
print(parms)
```

```
[<tf.Variable 'model/c1/w:0' shape=(9, 9, 3, 32) dtype=float32_ref>, <tf.Variable 'model/c1/b:0' shape=(1, 32, 1, 1) dtype=float32_ref>, <tf.Variable 'model/c2/w:0' shape=(4, 4, 32, 64) dtype=float32_ref>, <tf.Variable 'model/c2/b:0' shape=(1, 64, 1, 1) dtype=float32_ref>, <tf.Variable 'model/c3/w:0' shape=(3, 3, 64, 128) dtype=float32_ref>, <tf.Variable 'model/c3/b:0' shape=(1, 128, 1, 1) dtype=float32_ref>, <tf.Variable 'model/c4/w:0' shape=(55296, 512) dtype=float32_ref>, <tf.Variable 'model/c4/b:0' shape=(512,) dtype=float32_ref>, <tf.Variable 'model/vf/w:0' shape=(512, 1) dtype=float32_ref>, <tf.Variable 'model/vf/b:0' shape=(1,) dtype=float32_ref>, <tf.Variable 'model/pi/w:0' shape=(512, 4) dtype=float32_ref>, <tf.Variable 'model/pi/b:0' shape=(4,) dtype=float32_ref>, <tf.Variable 'model/q/w:0' shape=(512, 4) dtype=float32_ref>, <tf.Variable 'model/q/b:0' shape=(4,) dtype=float32_ref>]
```

LstmPolicy를 맞춤형으로 수정해야 할 경우, 부모 클래스를 LstmPolicy로 지정해야 한다. LstmPolicy 자체가 독립적인 클래스이고 CnnLstmPolicy나 MlpLstmPolicy 등의 부모 클래스이기 때문이다. LstmPolicy를 포함하여 stable_baselines의 built-in policy의 source code는 다음 주소에 제공되어 있다.

https://github.com/hill-a/stable-baselines/blob/master/stable_baselines/common/policies.py

맞춤형 LstmPolicy는 이 source code를 이용하여, 앞에서 논의한 맞춤형 CnnPolicy를 참고하면 큰 어려움없이 작성할 수 있을 것이다. 실습으로 맞춤형 LstmPolicy를 기반으로 맞춤형 CnnLstmPolicy와 MlpLstmPolicy를 작성해 보길 바란다.

9.5 Multiprocessing과 맞춤형 환경

Stable Baselines는 2개 이상의 동일한 환경에서 agent를 학습시키는 기능을 가지고 있다. 매 시간스텝마다 하나의 환경으로 agent를 학습시키는 것보다 여러 개의 동일한 환경으로 agent를 학습시키면 학습 속도는 매우 빠르게 될 것이다. 이와 같은 여러 개의 환경을 벡터화한 환경(vectorized environment)이라고 하며 Stable Baselines는 SubproVecEnv와 DummyVecEnv를 제공하고 있다. SubproVecEnv는 Microsoft MPI의 multiprocessing 기능을 이용하여, 각자의 process에서 독립적이지만 동일한 각자의 환경으로 학습하는 반면, DummyVecEnv는 하나의 process에서 여러 개의 동일한 환경을 차례대로 처리하는 벡터화된 환경이다. 그러므로 Dummy VecEnv는 multiprocessing을 이용하지 않는다. Stable Baselines에서 multiprocessing이 지원되지 않은 강화학습 알고리즘은 DQN, 그리고 11장에서 공부할 TD3, SAC, HER 등이 있다. 다음 프로그램은 SubproVecEnv를 실행한 프로그램이다.

독립적 process를 num_cpu=4로 4개 만든 후, 각각의 seed 번호를 달리 부여하여 독립성을 확보한 4개의 CartPole-v1 환경을 make_env( ) 함수로 만들고 있다.

```
import gym
import numpy as np

from stable_baselines.common.policies import MlpPolicy
from stable_baselines.common.vec_env import SubprocVecEnv
from stable_baselines.common import set_global_seeds, make_vec_env
from stable_baselines import A2C

def make_env(env_id,rank,seed=0):
    def _init():
        env=gym.make(env_id)
        env.seed(seed+rank)
        return env
    set_global_seeds(seed)
    return _init

if __name__=='__main__':
    env_id='CartPole-v1'
    num_cpu=4
    env=SubprocVecEnv([make_env(env_id,i) for i in range(num_cpu)])

    model=A2C(MlpPolicy,env,verbose=1)
    model.learn(total_timesteps=25000)
```

위 프로그램에서 실행한 multiprocessing은 stable_baselines에 내장된 함수 make_vec_env를 이용하여 아래 프로그램과 같이 간단하게 multiprocessing을 실행할 수 있다. 학습된 A2C의 시각화를 위한 obs=env.reset( )부터 env.render( )까지를 실행하면 4개의 cartpole 그림이 나타날 것이다. 4개의 독립적인 process가 실행된 결과이다.

```
import gym
import numpy as np
```

```
from stable_baselines.common.policies import MlpPolicy
from stable_baselines.common import make_vec_env
from stable_baselines import A2C

env_id='CartPole-v1'
num_cpu=4
env=make_vec_env(env_id,n_envs=num_cpu,seed=0)

model=A2C(MlpPolicy,env,verbose=1)
model.learn(total_timesteps=25000)

obs=env.reset()
for _ in range(500):
    action, _states=model.predict(obs)
    obs,rewards,dones,info=env.step(action)
    env.render()
```

아래 프로그램은 벡터화 환경을 위한 DummyVecEnv를 적용한 사례이다. Dummy VecEnv에 의한 벡터화 환경설정은 아래와 같이 lambda를 사용해야 한다. 시각화된 학습결과를 보면 DummyVecEnv는 하나의 process에서 2개 이상의 환경을 차례로 실행하므로 SubproVecEnv와 다르게 하나의 그림만 나타난 것을 알 수 있다.

```
import gym
import numpy as np

from stable_baselines.common.policies import MlpPolicy
from stable_baselines.common.vec_env import DummyVecEnv
from stable_baselines import A2C

env=DummyVecEnv([lambda:gym.make('CartPole-v1')])

model=A2C(MlpPolicy,env,verbose=1)
model.learn(total_timesteps=25000)

obs=env.reset()
```

```
for _ in range(500):
    action, _states=model.predict(obs)
    obs,rewards,dones,info=env.step(action)
    env.render()
```

지금까지 강화학습에 사용한 gym, atari, highway, MoJoCo 등은 모두 가상환경이다. 이러한 환경을 이용하여 강화학습의 agent를 학습시킨 후 실제 환경(real world)에서 좀 더 학습시키는 과정을 거쳐야 강화학습 agent는 비로소 실제 응용이 가능하다. 예를 들어 highway 환경 중 parking을 이용하여 강화학습 agent가 자동주차할 수 있도록 학습시킨 후, 다양한 실제 주차환경에서 추가로 강화학습 agent를 학습시켜야 자동주차시스템을 자동차에 장착하게 된다. 그러므로 현실적 강화학습 환경구축은 강화학습 알고리즘만큼 중요하다고 할 수 있다. stable_baselines는 맞춤형 환경을 구성할 때 gym 인터페이스를 따르도록 하고 있다. gym 인터페이스에 의한 환경 구성요소는

1. action space와 observation space(state space)를 정의해야 한다.
2. action을 입력하면 observation, reward, done, info를 출력하는 step 함수를 정의해야 한다.
3. 환경을 초기화하는 reset 함수를 정의해야 한다.
4. 학습 중 또는 학습된 결과를 시각화하는 render 함수를 정의해야 한다.

이상 4가지 구성요소를 반영한 프로그램의 형태는 다음과 같다.

```
import gym
from gym import spaces

class CustomEnv(gym.Env):
    metadata={'render.modes':['human']}

    def __init__(self, arg1,arg2, ...):
```

```
        super(CustomEnv, self).__init__()
        self.action_space=spaces.Discrete(number)
        self.observation_space=spaces.Box(low=0, high=255,
                                    shape=(h,w,ch), dtypes=np.unit8)

    def step(self,action):
        ...
        return observation, reward, done, info

    def reset(self):
        ...
        return observation

    def render(self, mode='human'):
        ...

    def close(self):
        ...
```

위 프로그램에서 action_space는 이산형을 observation_space는 연속형을 가정한 것이다. 맞춤형 CustomEnv 클래스는 gym.Env를 부모 클래스로 하여 gym.Env가 가지고 있는 함수와 속성을 사용할 수 있도록 하고 있다. 이렇게 만든 맞춤형 환경은 내장되어있는 gym 환경과 동일하게 아래의 프로그램과 같이 사용할 수 있다.

```
env=CustomEnv(arg1, arg2, ...)
model=A2C('CnnPolicy', env)
model.learn(total_timesteps=10000)
```

맞춤형 환경이 gym 인터페이스에 맞게 설정되었는지는 check_env( ) 함수로 아래와 같이 점검할 수 있다.

```
from stable_baselines.common.env_checker import check_env
env=CustomEnv(arg1,arg2, ...)
check_env( )
```

다음 절에서는 실제 주식자료를 이용하여 주식시장 환경을 만든 후, 강화학습 agent를 학습시키는 응용문제를 다루게 될 것이다.

9.6 시스템 주식거래를 위한 주식시장 환경구축

강화학습은 내장된(built-in) 환경보다는 궁극적으로 사용자의 문제를 해결해야 하므로 문제 해결에 필요한 맞춤형 환경을 구축해야 한다. 이번 절에서는 9.5절에서 소개한 gym 인터페이스에 따라 주식투자를 위한 환경을 구축하고자 한다. 아래에서 논의하는 강화학습 환경구축은 일부 프로그램을 수정하였으나 King (2019)의 프로그램을 기반으로 작성한 것이다. 먼저 주식시장 환경을 정의하기 위해 1998년 1월 2일부터 2018년 11월 16일까지 총 5,255일 동안 일일 단위[open, high, low, close, volume] 데이터와 특정 주식에 관련된 balance, 보유주식 수, 최대 balance 등 주식 position을 observation_space로 정의한다. action_space는 (action_1, action_2)로 action_1은 buy, sell, hold로 주식을 살지, 팔지, 혹은 그대로 보유할지를 결정하는 action_space이고, action_2는 주식 거래량(amount)으로 사거나 팔 때 얼마나 사고팔지를 나타내는 주식 수를 말한다. 5,255 동안의 주식 데이터는 pandas 데이터이며 자료의 형태를 살펴보면 다음과 같다(자료는 출판사 홈페이지에서 download 할 수 있다).

```
import numpy as np
import pandas as pd
df=pd.read_csv('C:/Users/user/Desktop/강화학습/stockdata.csv')
```

```
print(df.head())
print(df.tail())
print(len(df))
```

```
Unnamed:     0        Date   Open      High       Low   Close       Volume
0            0  1998-01-02  13.63     16.25     13.50   16.25    6411700.0
1            1  1998-01-05  16.50     16.56     15.19   15.88    5820300.0
2            2  1998-01-06  15.94     20.00     14.75   18.94   16182800.0
3            3  1998-01-07  18.81     19.00     17.31   17.50    9300200.0
4            4  1998-01-08  17.44     18.62     16.94   18.19    6910900.0
Unnamed      0        Date   Open      High       Low   Close       Volume
5250      5250  2018-11-12  199.00  199.8500  193.7900  194.17  51135518.0
5251      5251  2018-11-13  191.63  197.1800  191.4501  192.23  46882936.0
5252      5252  2018-11-14  193.90  194.4800  185.9300  186.80  60800957.0
5253      5253  2018-11-15  188.39  191.9700  186.9000  191.41  46478801.0
5254      5254  2018-11-16  190.50  194.9695  189.4600  193.53  36186440.0
5255
```

이제 맞춤형 환경 클래스를 StockTradingEnv( )로 아래와 같이 정의한다. 먼저 환경에 필요한 라이브러리와 함수를 불러오고 환경을 설정할 때 필요한 초모수 값을 부여한다. 최초의 balance는 $10,000이다.

```
import random
import json
import gym
from gym import spaces
import pandas as pd
import numpy as np
```

```
MAX_ACCOUNT_BALANCE = 2147483647
MAX_NUM_SHARES = 2147483647
MAX_SHARE_PRICE = 5000
MAX_OPEN_POSITIONS = 5
MAX_STEPS = 20000

INITIAL_ACCOUNT_BALANCE = 10000
```

다음의 연속된 5개의 프로그램은 주식시장 환경을 만드는 StockTradingEnv 클래스를 정의하고 있다.

```
class StockTradingEnv(gym.Env):
    """A stock trading environment for OpenAI gym"""
    metadata = {'render.modes': ['human']}

    def __init__(self, df):
        super(StockTradingEnv, self).__init__()

        self.df = df
        self.reward_range = (0, MAX_ACCOUNT_BALANCE)

        # Actions of the format Buy x%, Sell x%, Hold, etc.
        self.action_space = spaces.Box(
            low=np.array([0, 0]), high=np.array([3, 1]), dtype=np.float16)

        # Prices contains the OHCL values for the last five prices
        self.observation_space = spaces.Box(
            low=0, high=1, shape=(6, 6), dtype=np.float16)
```

위 프로그램에서 StockTradingEnv( ) 클래스는 gym.Env를 부모 클래스로 정의하고 def __init__(self, df)에 의해 StockTrading Env는 df라는 데이터셋을 입력하여 호출된다. action_space는 Box로 정의된 2D 데이터로 [action_1, action_2]으로 구성되어 있고 모두 실숫값을 갖는다. action_1의 최솟값은 0, 최댓값은 3, 그리고 action_2의 최솟값은 0, 최댓값은 1로 정의하여 action_2는 주식거래량이므로 사거나 파는 주식 비율을 의미한다. observation_space는 크기가 (6,6)인 2D 텐서임을 선언하고 있다.

```
    def _nextObservation(self):
        # Get the stock data points for the last 5 days and scale to between 0-1
        frame = np.array([
            self.df.loc[self.currentStep: self.currentStep+5, 'Open'].values /MAX_SHARE_PRICE,
```

```
            self.df.loc[self.currentStep: self.currentStep+5, 'High'].values/MAX_SHARE_PRICE,
            self.df.loc[self.currentStep: self.currentStep+5, 'Low'].values / MAX_SHARE_PRICE,
            self.df.loc[self.currentStep: self.currentStep+5, 'Close'].values/MAX_SHARE_PRICE,
            self.df.loc[self.currentStep: self.currentStep+5, 'Volume'].values/MAX_NUM_SHARES
        ])

        # Append additional data and scale each value to between 0-1
        obs = np.append(frame, [[
            self.balance / MAX_ACCOUNT_BALANCE,
            self.maxNetWorth / MAX_ACCOUNT_BALANCE,
            self.sharesHeld / MAX_NUM_SHARES,
            self.averageShareCost / MAX_SHARE_PRICE,
            self.totalSharesSold / MAX_NUM_SHARES,
            self.totalSalesValue / (MAX_NUM_SHARES * MAX_SHARE_PRICE)
                ]], axis=0)

        return obs
```

```
    def _takeAction(self, action):
        currentPrice = random.uniform(
            self.df.loc[self.currentStep+5, "Open"], self.df.loc[self.currentStep+5, "Close"])

        actionType = action[0]
        amount = action[1]

        if actionType < 1:
            # buy amount * self.balance
            totalPossible = self.balance / currentPrice
            sharesBought = totalPossible * amount
            prevAvgShareCost = self.averageShareCost * self.sharesHeld
            avgAdditionalCost = sharesBought * currentPrice

            self.balance -= sharesBought * currentPrice
            self.averageShareCost = (
                prevAvgShareCost + avgAdditionalCost)/(self.sharesHeld + sharesBought)
            self.sharesHeld += sharesBought

        elif actionType < 2:
            # sell amount * self.sharesHeld
            sharesSold = self.sharesHeld * amount
            self.balance += sharesSold * currentPrice
```

```
            self.sharesHeld -= sharesSold
            self.totalSharesSold += sharesSold
            self.totalSalesValue += sharesSold * currentPrice

        netWorth = self.balance + self.sharesHeld * currentPrice

        if netWorth > self.maxNetWorth:
            self.maxNetWorth = netWorth

        if self.sharesHeld == 0:
            self.averageShareCost = 0
```

위 프로그램에서 def _nextObservation( )은 env.step(action)의 출력인 obs를 반환하는 함수이다. observation_space가 (6,6) 2D 텐서이므로 return되는 obs는 (6,6) 2D 텐서로 만들어야 한다. frame은 데이터셋 df로부터 지난 5일간의 주식자료로 구성되어 있으므로 (5,6) 2D 텐서 자료이다. 그러므로 (1,6) 2D 텐서 자료인 주식 position 정보를 axis=0에 붙여서(append) obs를 (6,6) 2D 텐서로 만들고 있다. 이러한 (6,6) 2D 텐서는 stable_baselines MlpPolicy의 입력층에 입력되면 (36,) 1D 텐서로 flatten되어 은닉층에 입력된다. def _takeAction( )은 currentStep+5의 open 가격과 currentStep+5의 close 가격 사이에서 임의로(Uniform 분포로부터) 선택한 가격을 현재 가격으로 정의하고 있다. 이는 _nextObservation( ) 함수에 정의된 current Step+4까지가 지난 5일 동안의 주식 데이터이고 currentStep+5가 현재 시점의 주식 데이터임을 의미한다. 즉, 현재 시점을 포함하여 지난 6일 동안의 주식 데이터를 관찰하여 주식 position을 취한다고 가정하기 때문이다. 이 부분이 King(2019)의 프로그램과 다른 점이다. King은 currentStep을 현재 시점으로 정의했으므로 current Step+1 ~ currentStep+5는 미래 시점을 의미하게 되어 실제 주식시장 관점에서는 현재 시점 기준으로 미래 시점의 주식 데이터를 관측하는 것은 비현실적이라 판단하였기 때문이다. actionType은 action_1을 의미하고 1보다 작은 값이면 buy position을 1 ~ 2 사이의 값이면 sell position을 말한다. 각 position 별로 amount로 정의된 action_2를 이용하여 계산한 balance, 보유주식 수 등을 정의하고 있다.

```
def step(self, action):
    # Execute one time step within the environment
    self._takeAction(action)

    self.currentStep += 1

    if self.currentStep > len(self.df.loc[:, 'Open'].values)-6:
        self.currentStep = 0

    delayModifier = ((self.currentStep+5) / MAX_STEPS)

    reward = self.balance * delayModifier
    done = self.balance <= 0 or self.balance > MAX_ACCOUNT_BALANCE

    obs = self._nextObservation()

    return obs, reward, done, {}
```

def step( )은 _takeAction( ) 함수로부터 self.balance를 받아서 reward를 산출하고 done을 결정한 후, _nextObservation( ) 함수를 호출하여 obs를 반환받아 obs, reward, done을 반환하고 있다. reward는 과거의 balance일수록 작은 값을 갖도록 하고 현재의 balance가 가장 높은 reward를 갖도록 정의하고 있다.

```
def reset(self):
    # Reset the state of the environment to an initial state
    self.balance = INITIAL_ACCOUNT_BALANCE
    self.maxNetWorth = INITIAL_ACCOUNT_BALANCE
    self.sharesHeld = 0
    self.averageShareCost = 0
    self.totalSharesSold = 0
    self.totalSalesValue = 0

    # Set the current step to a random point within the data frame
    self.currentStep = random.randint(
        0, len(self.df.loc[:, 'Open'].values)-6)

    return self._nextObservation()
```

```
def render(self, mode='human', close=False):
    # Render the environment to the screen
    currentPrice = self.df.loc[self.currentStep+5, "Open"]
    netWorth = self.balance + self.sharesHeld * currentPrice
    profit = netWorth - INITIAL_ACCOUNT_BALANCE

    print(f'Step: {self.currentStep}')
    print(f'Balance: {self.balance}')
    print(f'Shares held: {self.sharesHeld} (Total sold: {self.totalSharesSold})')
    print(f'Avg cost for held shares: {self.averageShareCost} (Total sales value:
        {self.totalSalesValue})')
    print(f'Net worth: {netWorth} (Max net worth: {self.maxNetWorth})')
    print(f'Profit: {profit}')
```

def reset( )은 balance와 maxNetworth를 초기치로 환원하고 주식 position을 모두 0으로 초기화하고 있다. currentStep을 0과 (df의 크기-6) 사이의 임의로 선택한 값으로 하고 있다. 이는 agent가 가능한 한 많은 주식 환경을 경험할 수 있도록 각 episode의 첫 state가 임의로 설정되도록 하고 있다. def render( )는 시각화 대신 텍스트자료를 출력하도록 하고 있다. 최초의 balance=$10,000이므로 netWorth가 $10,000 이하이면 손해를 본 것이다.

이제 완성된 맞춤형 환경을 강화학습 알고리즘 중 PPO2로 학습시켜 보자. PPO2는 10장에서 다루겠지만 벡터화 환경에서 사용하는 PPO(proximal policy optimization) 알고리즘을 말한다. 아래 프로그램은 df를 입력으로 한 StockTrading Env(df) 맞춤형 환경을 호출하고 있다. MlpLstmPolicy를 사용할 때 nminibatches =1로 지정해야 error 없이 PPO2를 학습시킬 수 있다. 프로그램 출력은 지면을 절약하기 위해 마지막 2개의 결과만 보여주고 있다.

```
import gym
import json
import datetime as dt

from stable_baselines.common.policies import MlpLstmPolicy
```

```
from stable_baselines.common.vec_env import DummyVecEnv
from stable_baselines import PPO2

#from env.StockTradingEnv import StockTradingEnv

import pandas as pd

df = pd.read_csv('C:/Users/user/Desktop/강화학습/stockdata.csv')
df = df.sort_values('Date')

# The algorithms require a vectorized environment to run

env = DummyVecEnv([lambda:StockTradingEnv(df)])

model = PPO2(MlpLstmPolicy, env, verbose=1,
             nminibatches=1,policy_kwargs=dict(net_arch=[258,258,258,'lstm']))
model.learn(total_timesteps=50000)
model.save('./temp/stock_ppo2')
```

```
-----------------------------------------
| approxkl              | 9.2985075e-10  |
| clipfrac              | 0.0            |
| explained_variance    | -0.00144       |
| fps                   | 123            |
| n_updates             | 389            |
| policy_entropy        | 2.8205795      |
| policy_loss           | -3.7052669e-06 |
| serial_timesteps      | 49792          |
| time_elapsed          | 397            |
| total_timesteps       | 49792          |
| value_loss            | 8199562.5      |
-----------------------------------------
----------------------------------------
| approxkl              | 9.727101e-10   |
| clipfrac              | 0.0            |
| explained_variance    | -1.44e-05      |
| fps                   | 97             |
| n_updates             | 390            |
| policy_entropy        | 2.8205795      |
| policy_loss           | -8.941861e-07  |
| serial_timesteps      | 49920          |
| time_elapsed          | 398            |
| total_timesteps       | 49920          |
| value_loss            | 127456296.0    |
----------------------------------------
```

아래 프로그램은 학습된 agent의 성능을 살펴보기 위해 25일간 투자했을 때의 결과를 보여주고 있다. $10,000에서 $10,101로 25일 동안 약 $101의 수익을 올린 것으로 나타났다. 이는 임의의 초기치(env.reset( ))에 의한 결과로 초기치가 다르면 다른 결과가 나타날 수 있다. 지면 관계상 최초 2일과 마지막 2일의 결과만 보여주고 있다.

```
parms=model.get_parameter_list()
print(parms)
obs = env.reset()
for i in range(25):
    action, _states = model.predict(obs)
    obs, rewards, done, info = env.step(action)
    env.render()
```

```
Step: 1307
Balance: 10000.0
Shares held: 0.0 (Total sold: 0.0)
Avg cost for held shares: 0 (Total sales value: 0.0)
Net worth: 10000.0 (Max net worth: 10000)
Profit: 0.0
Step: 2066
Balance: 10000
Shares held: 0 (Total sold: 0)
Avg cost for held shares: 0 (Total sales value: 0)
Net worth: 10000.0 (Max net worth: 10000)
Profit: 0.0

Step: 2154
Balance: 10101.28518501311
Shares held: 0.0 (Total sold: 146.76935373137022)
Avg cost for held shares: 0 (Total sales value: 9965.124930534657)
Net worth: 10101.28518501311 (Max net worth: 10101.28518501311)
Profit: 101.2851850131101
Step: 2155
Balance: 10101.28518501311
Shares held: 0.0 (Total sold: 146.76935373137022)
Avg cost for held shares: 0 (Total sales value: 9965.124930534657)
Net worth: 10101.28518501311 (Max net worth: 10101.28518501311)
Profit: 101.2851850131101
```

지금까지 보여준 강화학습 PPO2에 의한 맞춤형 환경은 극히 제한적인 주식관련 데이터만을 이용한 것이다. 그러므로 좀 더 정교하고 유용한 금융자료로 맞춤형 환경을 정의하면 좋은 학습결과를 기대할 수 있을 것이다.

10장

TRPO, PPO, ACKTR

이 장에서 논의할 강화학습은 7장 policy gradient 알고리즘을 개선한 강화학습이다. 7장에서 논의한 바와 같이 REINFORCE with baseline에서 목적함수는 아래와 같이 정의되며

$$J(\theta) = E_{\pi_\theta(\tau)}[\sum_{t=0}^{T-1} A(a_t, s_t)] \tag{10.1}$$

advantage $A(a_t, s_t) = R(t) - V_\phi(s_t)$를 최대로 하는(즉, advantage $A(a_t, s_t) = R(t) - V_\phi(s_t)$의 기댓값을 최대로 하는) policy network $\pi_\theta(a|s)$를 구한 바 있다. 여기에서 $\pi_\theta(\tau) = p(s_0)\prod_{t=0}^{T-1}\pi_\theta(a_t|s_t)p(s_{t+1}|s_t, a_t)$이고 $R(t)$는 reward-to-go이다(7장 참조). 식 (10.1)에 의해 모수 θ는 $\theta = \theta + \alpha\nabla_\theta J(\theta)$로 update되므로 식 (10.1)에서 $A(a_t, s_t)$의 변동이 크면 모수의 update 변동이 커지게 된다. 모수 θ의 update가 크면 policy network $\pi_\theta(a|s)$의 개선이 많이 된다는 긍정적인 측면도 있지만, 모수 θ의 update 변동이 크면 딥러닝 모형인 $\pi_\theta(a|s)$가 무너져 버리는(model collapse) 현상의 주요인이 된다. 이를 방지하기 위해 일반적으로 learning rate α를 아주 작게 설정할 수 있지만, 학습속도가 늦어지는 부작용이 발생한다. TRPO와 PPO는 learning rate를 크게 유지하여 학습속도는 빠르게 하되, 모수 변동의 폭을 제한하는 일종의 trust region을 설정하여 policy gradient 알고리즘의 딜레마를 개선하고자 하는 강화학습이다.

10.1 TRPO(Trust Region Policy Optimization)

TRPO에서는 식 (10.1)의 목적함수를

$$J(\theta) = E_{\pi_\theta(\tau)}[\sum_{t=0}^{T-1} A^{\pi_{\theta_{old}}}(a_t, s_t)] \tag{10.2}$$

으로 수정하였다. 여기에서 $A^{\pi_{\theta_{old}}}(a_t, s_t)$는 $\pi_{\theta_{old}}(a_t|s_t)$로 생성된 state와 action으로 계산된 advantage이며 θ_{old}는 직전 반복에서 구한 network $\pi_\theta(a_t|s_t)$ 모수 θ의 추정치이다. 그러므로 $\pi_{\theta_{old}}(a_t|s_t)$는 behavior policy 역할을 하고 $\pi_\theta(a_t|s_t)$는 target policy 역할을 하게 된다. Schulman 외(2017)는 목적함수를 식 (10.2)로 변경함으로써, θ를 update할 때 필요한 미분 $\nabla_\theta J(\theta_{old})$가 식 (10.1)과 식 (10.2)에서 동일하다는 것을 보여 주었고, $\pi_\theta(a|s)$와 $\pi_{\theta_{old}}(a|s)$가 충분히 가깝다면 목적함수 (10.2)를 증가시키는 모수의 update는 목적함수 (10.1)을 증가시킨다는 것을 보여 주었다.

식 (10.2)는

$$J(\theta) = \sum_{t=0}^{T-1} E_{\substack{s_t \sim p(s_t|s_{t-1}, a_{t-1}) \\ a_t \sim \pi_\theta(a_t|s_t)}} [A^{\pi_{\theta_{old}}}(a_t, s_t)] \tag{10.3}$$

로 재표현할 수 있다. 여기에서 $p(s_0|s_{-1}, a_{-1}) = p(s_0)$이다. 위에서 언급한 Schulman 외의 결과에 따라, TRPO의 목적은 $\pi_\theta(a|s)$와 $\pi_{\theta_{old}}(a|s)$의 차이가 일정 범위 내에 있도록 하는 제한조건 아래에서 목적함수 (10.3)을 최대로 하는 policy π를 구하는 데 있다. KullbackLeibler(KL) divergence를 이용하여, 주어진 $\delta > 0$에 대해

$$E_{s \sim p_{\pi_{old}}} [D_{KL}(\pi_{\theta_{old}}(\cdot|s) || \pi_\theta(\cdot|s))] \le \delta \tag{10.4}$$

로 TRPO는 trust region을 설정하고 있다. 여기에서 KL divergence D_{KL}은

$$D_{KL}(f(a|s) || g(a|s)) = \int_a f(a|s) \log \frac{f(a|s)}{g(a|s)} da$$

로 정의된다. 그러므로 $\pi_{\theta_{old}}(a|s) = \pi_\theta(a|s)$이면 $D_{KL}(\pi_{\theta_{old}}(\cdot|s) || \pi_\theta(\cdot|s)) = 0$이 됨을 쉽게 알 수 있고 이는 최솟값이다(증명은 박유성(2020)을 참조). 정리하면 TRPO는 조건 (10.4)에 목적함수 (10.3)을 최대로 하는 network $\pi_\theta(a|s)$를 구하는 강화학습이다. 그러나 이러한 목적을 달성하기에는 식 (10.3)과 (10.4)가 너무 복잡

하기 때문에, 테일러전개를 사용하여 식 (10.3)을 1차식까지 전개하면

$$J(\theta) = J(\theta_{old}) + \nabla_\theta J(\theta_{old})(\theta - \theta_{old})$$

이다. 그런데

$$J(\theta_{old}) = \sum_{t=0}^{T-1} E_{\substack{s_t \sim p(s_t|s_{t-1}, a_{t-1}) \\ a_t \sim \pi_{\theta_{old}}(a_t|s_t)}} [A^{\pi_{\theta_{old}}}(a_t, s_t)]$$

$$= \sum_{t=0}^{T-1} E_{\substack{s_t \sim p(s_t|ts_{t-1}, a_{t-1}) \\ a_t \sim \pi_{\theta_{old}}(a_t|s_t)}} [R(t) - V_\phi(s_t)]$$

이다. $E_{\substack{s_t \sim p(s_t|s_{t-1}, a_{t-1}) \\ a_t \sim \pi_{\theta_{old}}(a_t|s_t)}} [R(t)] = E_{s_t \sim p(s_t|s_{t-1}, a_{t-1})} [V(s_t)]$이므로 반복이 진행될수록 $V_\phi(s) \to V(s)$으로 접근하여 $J(\theta_{old}) \to 0$으로 접근하게 된다. 그러므로

$$J(\theta) \approx \nabla_\theta J(\theta_{old})(\theta - \theta_{old}) = g^T(\theta - \theta_{old}) \tag{10.5}$$

이 된다. 여기에서

$$g^T = \nabla_\theta J(\theta_{old}) = \sum_{t=0}^{T-1} E_{\substack{s_t \sim p(s_t|s_{t-1}, a_{t-1}) \\ a_t \sim \pi_\theta(a_t|s_t)}} [\nabla_\theta \log(\pi_\theta(a_t|s_t) A^{\pi_{\theta_{old}}}(a_t, s_t)] |_{\theta = \theta_{old}}$$

$$= \sum_{t=0}^{T-1} E_{\substack{s_t \sim p(s_t|s_{t-1}, a_{t-1}) \\ a_t \sim \pi_{\theta_{old}}(a_t|s_t)}} [\nabla_{\theta_{old}} \log(\pi_{\theta_{old}}(a_t|s_t) A^{\pi_{\theta_{old}}}(a_t, s_t)]$$

$$= E_{\pi_{\theta_{old}}(\tau)} [\sum_{t=0}^{T-1} \nabla_{\theta_{old}} \log(\pi_{\theta_{old}}(a_t|s_t) A^{\pi_{\theta_{old}}}(a_t, s_t)]$$

이다. 마지막 등식은 식 (10.3)을 보면 쉽게 이해될 것이다. 이 식이 의미하는 바는 behavior policy 역할을 하는 $\pi_{\theta_{old}}$로부터 관측된 state, action, 그리고 reward로 g가 추정된다는 것이다.

식 (10.4)의 $E_{s \sim p_{\pi_{old}}} [D_{KL}(\pi_{\theta_{old}}(\cdot|s) || \pi_\theta(\cdot|s))]$를 $D(\theta)$로 표기하고 이를 2차식까지 테일러전개하면

$$D(\theta)=D(\theta_{old})+\nabla_{\theta}^{T}D(\theta_{old})(\theta-\theta_{old})+\frac{1}{2}(\theta-\theta_{old})^{T}\nabla_{\theta}^{2}D(\theta_{old})(\theta-\theta_{old})$$

이 된다. 여기에서 $D(\theta_{old})=D_{KL}(\pi_{\theta_{old}}(\cdot\,|s)||\pi_{\theta_{old}}(\cdot\,|s))=0$이며

$$\begin{aligned}\nabla_{\theta}D(\theta_{old})&=\nabla_{\theta}\int\log\frac{\pi_{\theta_{old}}(a|s)}{\pi_{\theta}(a|s)}\pi_{\theta_{old}}(a|s)\,da\;|_{\theta=\theta_{old}}\\&=\int\frac{-\nabla_{\theta}\pi_{\theta}}{\pi_{\theta}}\pi_{\theta_{old}}da|_{\theta=\theta_{old}}\\&=\int-\nabla_{\theta}\pi_{\theta_{old}}(a|s)da=-\nabla_{\theta}\int\pi_{\theta_{old}}(a|s)\,da=0\end{aligned}$$

이 된다. 그러므로

$$D(\theta)=\frac{1}{2}(\theta-\theta_{old})^{T}H(\theta-\theta_{old}) \tag{10.6}$$

여기에서 $H=\nabla_{\theta}^{2}D(\theta_{old})$이다. 식 (10.5)와 (10.6)에 의해 TRPO의 최적화 문제는 $D(\theta)=\frac{1}{2}(\theta-\theta_{old})^{T}H(\theta-\theta_{old})\le\delta$ 조건 하에서 $g^{T}(\theta-\theta_{old})$를 최대로 하는 θ를 찾는 문제로 전환된다. 이를 Lagrange 승수법으로 해를 구하기 위해

$$L(\theta,\lambda)=g^{T}(\theta-\theta_{old})-\lambda\left(\frac{1}{2}(\theta-\theta_{old})^{T}H(\theta-\theta_{old})-\delta\right)$$

으로 놓고 θ와 λ에 대해 편미분을 취한 후, 해를 구하면

$$\frac{\partial L(\theta,\lambda)}{\partial\theta}=g-\lambda H(\theta-\theta_{old})=0$$

으로부터

$$\theta=\theta_{old}+\beta H^{-1}g \tag{10.7}$$

이 된다. 여기에서 $\beta=\frac{1}{\lambda}$이다. $L(\theta,\lambda)$를 λ에 대해 미분을 취한 후 0으로 놓으면

$$\frac{\partial L(\theta,\lambda)}{\partial \lambda}=\frac{1}{2}(\theta-\theta_{old})^T H(\theta-\theta_{old})-\delta=0 \tag{10.8}$$

이 된다. 식 (10.7)에 의해 $\theta-\theta_{old}=\beta H^{-1}g$이므로 이를 식 (10.8)에 대입하여 β를 구하면

$$\beta=\sqrt{\frac{2\delta}{g^T H^{-1} g}}$$

가 된다. 그러므로 (10.7)에 의해

$$\theta=\theta_{old}+\sqrt{\frac{2\delta}{g^T H^{-1} g}}H^{-1}g$$

으로 θ를 update하면 된다.

그러나 이 update가 $D(\theta)=\frac{1}{2}(\theta-\theta_{old})^T H(\theta-\theta_{old})\le\delta$를 만족해야 하므로

$$\theta=\theta_{old}+\alpha^j\sqrt{\frac{2\delta}{g^T H^{-1} g}}H^{-1}g$$

으로 수정해야 한다. 여기에서 $0<\alpha<1$이며 $j=1,2,\cdots,N$이다. 즉, $j=1,2,\cdots,N$를 차례로 대입하여 $D(\theta)=\frac{1}{2}(\theta-\theta_{old})^T H(\theta-\theta_{old})\le\delta$를 만족하는 최초의 j를 선택하여 θ를 update한다. 지금까지 논의한 TRPO 알고리즘을 정리하면 다음과 같다.

1. policy network $\pi_\theta(a|s)$의 모수 θ와 가치함수 $V_\phi(s)$의 모수 ϕ에 초기치를 부여한다.
2. policy $\pi_\theta(a|s)$로부터 M개의 episode를 생성한다.
   2.1 각 episode 내의 시간스텝 $t=0,1,\cdots,T-1$까지
      2.1.1 reward-to-go $R(t)$를 계산한다.
      2.1.2 advantage $A(a_t,s_t)$를 계산한다.
3. policy gradient g를 계산한다.

$$g = \frac{1}{M}\sum_{i=1}^{M}[\sum_{t=0}^{T-1} \nabla_{\theta}\log\pi_{\theta}(a_t | s_t)A(a_t | s_t)]$$

4. $s = H^{-1}g$를 계산한다.
5. $D(\theta) \leq \delta$를 만족하는 j를 결정하고 policy network 모수 θ를 update한다.

$$\theta = \theta + \alpha^{j}\sqrt{\frac{2\delta}{g^{T}H^{-1}g}} \cdot s$$

6. 가치 network $V_{\phi}(s)$의 손실함수로부터 ϕ를 update한다.

$$L(\phi) = \frac{1}{M}\sum_{i=1}^{M}\sum_{t=0}^{T-1}(R(t) - V_{\phi}(s_t))^2, \quad \phi = \phi - \alpha\nabla_{\phi}L(\phi)$$

7. 2~6을 반복한다.

10.2 PPO(Proximal Policy Optimization)

TRPO는 목적함수의 1차 미분뿐만 아니라 KL 함수의 2차 미분까지 구해야 하므로 실행하기가 매우 어렵다. PPO는 TRPO보다 계산이 매우 쉽고 trust region (π_{θ}와 $\pi_{\theta_{old}}$가 일정 구간 내에 있게 하는 제한요건)을 보장할 수 있는 강화학습이다. PPO는 PPO-clipped와 PPO-penalty가 있으며, TRPO와 다르게 제한 조건을 부여하지 않는다. PPO-clipped는 policy의 변동비에 직접 제한을 주고, PPO-penalty는 목적함수에 KL divergence를 직접 penalty로 부여하여 trust region 요건을 충족하도록 하고 있다.

10.2.1 PPO-clipped

TRPO 목적함수

$$E_{\pi_\theta}(A^{\pi_{\theta_{old}}}(a,s)) = E_{\pi_{\theta_{old}}}(\frac{\pi_\theta(a|s)}{\pi_{\theta_{old}}(a|s)} A^{\pi_{\theta_{old}}}(a,s))$$

를 PPO-clipped에서는, $r(\theta) = \frac{\pi_\theta(a|s)}{\pi_{\theta_{old}}(a|s)}$로 정의할 때,

$$E_{\pi_{\theta_{old}}} \min((r(\theta)A^{\pi_{\theta_{old}}}(a,s), clip(r(\theta), 1-\epsilon, 1+\epsilon)A^{\pi_{\theta_{old}}}(a,s)) \tag{10.9}$$

으로 수정하여 목적함수를 정의한다.

$clip(r, 1-\epsilon, 1+\epsilon)$은 $r \le 1-\epsilon$이면 $clip(r, 1-\epsilon, 1+\epsilon) = 1-\epsilon$이고 $r \ge 1+\epsilon$이면 $clip(r, 1-\epsilon, 1+\epsilon) = 1+\epsilon$으로 정의된다. 그러므로 $A^{\pi_{\theta_{old}}}(a,s) \ge 0$이면 식 (10.9)는

$$E_{\pi_{\theta_{old}}}[\min(r(\theta), 1+\epsilon)A^{\pi_{\theta_{old}}}(a,s)]$$

이 되고 $A^{\pi_{\theta_{old}}}(a,s) \le 0$이면 식 (10.9)는

$$E_{\pi_{\theta_{old}}}[\min(r(\theta), 1-\epsilon)A^{\pi_{\theta_{old}}}(a,s)]$$

가 된다. 식 (10.9)로 수정된 PPO-clipped의 목적함수 추정은

$$J(\theta) = \frac{1}{M}\sum_{i=1}^{M}\sum_{t=0}^{T-1}\min[\frac{\pi_\theta(a_t|s_t)}{\pi_{\theta_{old}}(a_t|s_t)}A^{\pi_{\theta_{old}}}(a_t,s_t), clip(\frac{\pi_\theta(a_t|s_t)}{\pi_{\theta_{old}}(a_t|s_t)}, 1-\epsilon, 1+\epsilon)A^{\pi_{\theta_{old}}}(a_t,s_t)] \tag{10.10}$$

으로 추정한다. 여기에서 M은 episode의 수이고, $A^{\pi_{\theta_{old}}}(a_t, s_t)$는 $\pi_{\theta_{old}}(a|s)$로부터 계산된다. 이 목적함수로부터 $\theta = \theta + \alpha \nabla_\theta J(\theta)$으로 θ를 update한다. 여기에서 $\epsilon = 0.1 \sim 0.3$ 값을 갖는다. 또한 $A^{\pi_{\theta_{old}}}(a_t, s_t)$ 내의 가치함수 $V_\phi(s_t)$의 손실함수

$$L(\phi)=\frac{1}{M}\sum_{i=1}^{M}\sum_{t=0}^{T-1}(R(t)-V_{\phi}(s_t))^2$$

의 최소화는 $\phi=\phi-\alpha\nabla_{\phi}L(\phi)$로 ϕ를 update하여 최소화한다. 여기에서 M은 episode 수이고 t는 각 episode 내의 시간스텝이다.

PPO-clipped 알고리즘은 아래와 같다.

1. policy network 모수 θ와 가치 network 모수 ϕ를 초기화한다.
2. policy $\pi_{\theta}(a|s)$로부터 M개의 episode를 생성한다.
   2.1 각 episode 내의 시간스텝 $t=0,1,\cdots,T-1$까지
      2.1.1 reward-to-go $R(t)$를 계산한다.
      2.1.2 advantage $A(a_t,s_t)$를 계산한다.
3. policy network 목적함수

$$J(\theta)=\frac{1}{M}\sum_{i=1}^{M}\sum_{t=0}^{T-1}\min\left[\frac{\pi_{\theta}(a_t|s_t)}{\pi_{\theta_{old}}(a_t|s_t)}A^{\pi_{\theta_{old}}}(a_t,s_t),clip\left(\frac{\pi_{\theta}(a_t|s_t)}{\pi_{\theta_{old}}(a_t|s_t)},1-\epsilon,1+\epsilon\right)A^{\pi_{\theta_{old}}}(a_t,s_t)\right]$$

   의 미분 $\nabla_{\theta}J(\theta)$를 계산한 후, $\theta=\theta+\alpha\nabla_{\theta}J(\theta)$으로 θ를 update한다.
4. 가치함수 $V_{\phi}(s_t)$의 손실함수 $L(\phi)=\frac{1}{M}\sum_{i=1}^{M}\sum_{t=0}^{T-1}(R(t)-V_{\phi}(s_t))^2$으로부터 $\phi=\phi-\alpha\nabla_{\phi}L(\phi)$으로 ϕ를 update한다.
5. 2~4를 반복한다.

10.2.2 PPO-penalty

PPO-penalty의 목적함수는 TRPO 목적함수 $E_{\pi_{\theta_{old}}}\left(\frac{\pi_{\theta}(a|s)}{\pi_{\theta_{old}}(a|s)}A^{\pi_{\theta_{old}}}(a,s)\right)$를

$$E_{\pi_{\theta_{old}}}\left[\frac{\pi_{\theta}(a|s)}{\pi_{\theta_{old}}(a|s)}A^{\pi_{\theta_{old}}}(a,s)-\beta D_{KL}(\pi_{\theta_{old}}(\cdot|s)||\pi_{\theta}(\cdot|s))\right] \qquad (10.11)$$

으로 수정하여 정의하고 있다. 그러므로 TRPO의 제한조건을 목적함수 내의

penalty로 도입한 것이다. 식 (10.11)에서 β는 penalty를 조정하는 변수로 D_{KL}값에 따라 변화한다. 즉, 주어진 초모수 δ에 대해 $D_{KL} \geq 1.5\delta$이면 $\beta_{i+1} = 2\beta_i$로, $D_{KL} < 1.5\delta$이면 $\beta_{i+1} = \beta_i/2$로 조절된다. 여기에서 i는 i번째 반복 episode이다. KL divergence 기준으로 KL값이 1.5δ 이상이면 π_θ와 $\pi_{\theta_{old}}$ 간의 거리가 일정 수준 이상이 되었다는 의미이므로 penalty를 2배로 강화하고, 반대의 경우 penalty를 $\frac{1}{2}$로 줄여서 penalty를 탄력적으로 조절한다. PPO-penalty 알고리즘을 정리하면 아래와 같다.

1. policy network 모수 θ와 가치 network 모수 ϕ를 초기화한다.
2. penalty 계수 β_1과 초모수 δ값을 부여한다.
3. policy $\pi_\theta(a|s)$로부터 M개의 episode를 생성한다.
   3.1 각 episode 내의 시간스텝 $t = 0, 1, \cdots, T-1$까지
      3.1.1 reward-to-go $R(t)$를 계산한다.
      3.1.2 advantage $A(a_t, s_t)$를 계산한다.
4. policy network 목적함수

$$J(\theta) = \frac{1}{M}\sum_{i=1}^{M}\sum_{t=0}^{T-1}\left[\frac{\pi_\theta(a_t|s_t)}{\pi_{\theta_{old}}(a_t|s_t)}A^{\pi_{\theta_{old}}}(a_t, s_t) - \beta_i D_{KL}(\pi_{\theta_{old}}(\cdot|s_t)||\pi_\theta(\cdot|s_t))\right]$$

   으로부터 $\theta = \theta + \alpha\nabla_\theta J(\theta)$으로 θ를 update한다.
5. $D_{KL} \geq 1.5\delta$이면 $\beta_{i+1} = 2\beta_i$로, $D_{KL} < 1.5\delta$이면 $\beta_{i+1} = \beta_i/2$로 조절한다.
6. 가치함수 $V_\phi(s_t)$의 손실함수 $L(\phi) = \frac{1}{M}\sum_{i=1}^{M}\sum_{t=0}^{T-1}(R(t) - V_\phi(s_t))^2$으로부터 $\phi = \phi - \alpha\nabla_\phi L(\phi)$으로 ϕ를 update한다.
7. 3~6를 반복한다.

10.3 ACKTR(Actor-Critic using Kronecker-factored Trust Region)

ACKTR은 8장에서 논의한 actor-critic 알고리즘에 해당된다. Reinforce with baselines의 목적함수 미분은

$$E_{\pi_\theta(\tau)}[\sum_{t=0}^{T-1} \nabla_\theta \log\pi_\theta(a_t|s_t)(R(t) - V_\phi(s_t))]$$

이기 때문에 이 미분값을 계산하기 위해 최소한 하나의 episode를 기다려야 한다. 그러나 8장에서 논의했듯이 actor-critic에서는 $R(t)$를 $r(s_t, a_t, s_{t+1}) + \gamma V_\phi(s_{t+1})$으로 교체하여 목적함수를

$$J(\theta) = E_{\substack{a_t \sim \pi_\theta(a_t|s_t) \\ s_{t+1} \sim p(s_{t+1}|s_t, a_t)}}[r(s_t, a_t, s_{t+1}) + \gamma V_\phi(s_{t+1}) - V_\phi(s_t)]$$

으로 정의하였다. 그러므로

$$\nabla_\theta J(\theta) = E_{\substack{a_t \sim \pi_\theta(a_t|s_t) \\ s_{t+1} \sim p(s_{t+1}|s_t, a_t)}}[\nabla_\theta \log\pi_\theta(a_t|s_t)(r(s_t, a_t, s_{t+1}) + \gamma V_\phi(s_{t+1}) - V_\phi(s_t))] \tag{10.12}$$

이 된다. ACKTR도 이와 동일한 $\nabla_\theta J(\theta)$를 사용하여 θ를 update하지만, 기존의 $\theta = \theta + \alpha \nabla_\theta J(\theta)$ 형태가 아닌 소위 natural gradient를 사용하여 모수 θ를 update 한다. Natural gradient를 설명하기 위해 $\Delta\theta = \theta - \theta_{old}$라고 하고 B를 양정치 행렬이라고 하자. 그러면 $\sqrt{\Delta\theta^T B \Delta\theta} < 1$의 조건 하에서 어떤 손실함수 $L(\theta + \Delta\theta)$를 최소화하는 $\Delta\theta$는

$$\Delta\theta \propto -B^{-1} \Delta_\theta L(\theta) \text{ 즉, } \theta = \theta_{old} - \alpha B^{-1} \Delta_\theta L(\theta)$$

임을 증명하였다. 그러므로 지금까지 사용해온 목적함수 $L(\theta)$를 최소화하기 위한 gradient descent $\theta = \theta_{old} - \alpha \nabla_\theta L(\theta)$는 $B = I$인 특수한 경우가 된다. ACKTR을 이해하기 위해 간단한 예제를 고려해 보자. θ는 scalar이고 이 θ는 확률밀도함수 $p_\theta(x)$의 모수(예를 들어, $p_\theta(x)$는 정규분포이고 θ는 평균)라고 가정하자. 그러면 $\log p_\theta(x)$는 로그우도함수이며 Fisher information은

$$E_{p_\theta(x)}[(\nabla_\theta \log p_\theta(X))^2]$$

으로 정의된다. $\hat{\theta}$을 최우추정량(maximum likelihood estimator)이라고 하면 $\hat{\theta}$의 분산은 Fisher information의 역수이고 모든 θ의 불편추정량(unbiased estimator)의 분산(σ^2)은 Fisher information의 역수보다 크다는 것은 잘 알려진 사실이다. B를 Fisher information F로 놓으면

$$\sqrt{\Delta\theta^T F \Delta\theta} = \sqrt{(\theta - \theta_{old})^2 F} = \left| \frac{\theta - \theta_{old}}{\sigma} \right| < 1$$

가 된다. 그러므로 $\sqrt{\Delta\theta^T F \Delta\theta} < 1$는 θ와 θ_{old}를 표준화한 후, 이 값이 1보다 작아야 한다는 조건이라고 해석할 수 있다. $\pi_\theta(a|s)$에서 θ는 network 모수이므로 벡터이다. 그러므로 ACKTR에서

$$F = E_{\pi_\theta(a|s)}[\nabla_\theta \log \pi_\theta(a|s)(\nabla_\theta \log \pi_\theta(a|s))^T]$$

으로 정의한 후,

$$\theta = \theta_{old} + \alpha F^{-1} \nabla_\theta J(\theta)$$

으로 $\pi_\theta(a|s)$의 모수 θ를 update한다. 여기에서 $\nabla_\theta J(\theta)$는 식 (10.12)에 정의되어 있다. 그러나 F^{-1}를 구하는 것은 계산이 오래 걸리므로 F를 K-FAC(Kronecker-Factored Approximate Curvature)으로 구한다. 관심있는 독자는 Ravichandiran (2020)을 참고하길 바란다.

ACKTR에서 사용하는 가치 network $V_\phi(s)$의 모수 ϕ도 2차 미분을 통해 update한다. convex 함수 $f(x)$를 최소로 하는 x는 $f'(x)=0$을 만족하는 x이다. 그러나 가치 network과 같은 딥러닝 모형에서 일차 미분 값이 0인 모수를 직접 구하기는 쉽지 않다. 그러므로 테일러전개에 의해

$$f'(x)=f'(x_0)+f''(x_0)(x-x_0)$$

$f'(x)=0$을 만족하는 x는 위 식으로부터

$$x=x_0-\frac{f'(x_0)}{f''(x_0)} \tag{10.13}$$

이 된다. 이제 update 식 (10.13)을 이용하여 ACKTR에서의 $V_\phi(s)$ 추정에 대해 논의해 보자. 손실함수는

$$L(\phi)=E_{\substack{a_t\sim\pi_\theta(a_t|s_t)\\ s_{t+1}\sim p(s_{t+1}|s_t,a_t)}}[r(s_t,a_t,s_{t+1})+\gamma V_{\phi_{old}}(s_{t+1})-V_\phi(s_t)]^2$$

이므로

$$\frac{\partial L(\phi)}{\partial\phi}=E_{\substack{a_t\sim\pi_\theta(a_t|s_t)\\ s_{t+1}\sim p(s_{t+1}|s_t,a_t)}}[\ell_t\cdot -(r+\gamma V_{\phi_{old}}(s_{t+1})-V_\phi(s_t))]$$

이다. 여기에서 $\ell_t=\dfrac{\partial V_\phi(s_t)}{\partial\phi}$이다. $\dfrac{\partial L(\phi)}{\partial\phi}$를 한 번 더 미분하면

$$\frac{\partial^2 L(\phi)}{\partial\phi(\partial\phi)^T}=E_{\substack{a_t\sim\pi_\theta\\ s_{t+1}\sim p}}(\ell_t\ell_t^T)-E_{\substack{a_t\sim\pi_\theta\\ s_{t+1}\sim p}}[(r+\gamma V_{\phi_{old}}(s_{t+1})-V_\phi(s_t))\frac{\partial^2 V_\phi(s_t)}{\partial\phi(\partial\phi)^T}]$$

이 된다. 여기에서 두 번째 항은 이차 미분 값이므로 무시하면

$$\frac{\partial^2 L(\phi)}{\partial\phi(\partial\phi)^T}\approx E_{\substack{a_t\sim\pi_\theta(a_t|s_t)\\ s_{t+1}\sim p(s_{t+1}|s_t,a_t)}}(\ell_t\ell_t^T)$$

가 된다. 그러므로 식 (10.13)에 의해

$$\phi = \phi - \alpha [\frac{\partial^2 L(\phi)}{\partial \phi (\partial \phi)^T}]^{-1} \frac{\partial L(\phi)}{\partial \phi}$$

으로 ϕ를 update한다. 실제 sample에 의한 ϕ의 update는 각 episode의 매 시간스텝마다

$$\phi = \phi - \alpha [\ell_t \ell_t^T]^{-1} \ell_t [-(r + \gamma V_{\phi_{old}}(s_{t+1}) - V_\phi(s_t))]$$

으로 ϕ를 update한다.

비록 $\sqrt{\Delta \theta^T F \Delta \theta} < 1$ 조건 하에서 $\pi_\theta(a|s)$의 모수 $\theta = \theta_{old} + \alpha F^{-1} \nabla_\theta J(\theta)$로 update했지만 이러한 update는 큰 폭의 update가 발생하여 과대적합되는 경향이 있다는 것을 알게 되었다(Schulman 외, 2017). 이러한 이유로 ACKTR에서는 update 크기 α를 조절하여 trust region을 확보하도록 하고 있다. 즉,

$$\alpha = \min(\alpha_{\max}\ ,\ \sqrt{\frac{2\delta}{\Delta \theta^T F \Delta \theta}})$$

으로 정의하여 α가 적응적(adaptive)으로 변하도록 하였다. 여기에서 $\alpha_{\max}$와 δ는 초모수이다.

10.4 Stable Baselines의 적용

다음 프로그램은 TRPO를 적용한 사례이다. TRPO는 state와 action(즉, observation space와 action space)이 이산형과 연속형 모두에 적용 가능하고 multiprocessing도 적용할 수 있다. TRPO option 중에 max_kl=0.01은 KL divergence의 허용치(즉, 식

(10.4)의 δ)를 지정한 것이며 default는 0.01이다.

```
import gym

from stable_baselines.common.policies import MlpPolicy
from stable_baselines import TRPO

env=gym.make('CartPole-v1')
#print(env.observation_space)
model=TRPO(MlpPolicy,env,verbose=1)
model.learn(total_timesteps=50000)
model.save('./temp/trpo_cartpole-v1')
```

```
********** Iteration 48 ************
Optimizing Policy...
sampling
done in 0.574 seconds
computegrad
done in 0.016 seconds
conjugate_gradient
      iter residual norm  soln norm
         0       0.0158          0
         1       0.0177      0.021
         2      0.00482     0.0287
         3      0.00858      0.159
         4      0.00253      0.199
         5     0.000961      0.283
         6     0.000378      0.437
         7      0.00559      0.444
         8     7.67e-05      0.656
         9     7.93e-05      0.693
        10     0.000632      0.703
done in 0.016 seconds
Expected: 0.023 Actual: 0.016
Stepsize OK!
vf
done in 0.043 seconds
```

```
| EpLenMean                | 327          |
| EpRewMean                | 327          |
| EpThisIter               | 3            |
| EpisodesSoFar            | 279          |
| TimeElapsed              | 32.1         |
| TimestepsSoFar           | 50176        |
| entloss                  | 0.0          |
| entropy                  | 0.5593283    |
| explained_variance_t..   | -0.00585     |
| meankl                   | 0.0063870233 |
| optimgain                | 0.015768293  |
| surrgain                 | 0.015768293  |
```

위 프로그램의 출력 결과는 마지막 iteration만 보여준 것이다. conjugate gradient가 10번 반복된 것을 볼 수 있는데, TRPO option에서 cg_iters=10(default)을 주었기 때문이며 이 과정은 식 (10.7)의 H^{-1}를 10번 반복하여 conjugate gradient로 구한 것임을 말해 주고 있다. mean_kl은 KL divergence의 평균값으로 trust region을 충족(max_kl=0.01로 주었으므로 meankl은 0.01보다 작아야 함)하는지를 점검할 수 있다. surgain는

$$advantage \times \frac{\pi_\theta}{\pi_{\theta_{old}}}$$

를 나타내며 크면 클수록 좋다. optimgain=surrgain+entross로 정의되고 $entross = meankl \times entcoeff$로 정의된다. default로 entcoeff=0이므로 optimgain과 surrgain이 같게 된다. explained_variance가 음의 값을 가지고 있으므로 좀 더 많은 학습이 필요한 것으로 판단된다.

```
import gym
from stable_baselines import TRPO
model=TRPO.load('./temp/trpo_cartpole-v1')
```

```
env=gym.make('CartPole-v1')

obs=env.reset()
for i in range(1000):
    action,_state=model.predict(obs, deterministic=True)
    obs,rewards,dones,info=env.step(action)
    env.render()
```

다음은 PPO2를 적용한 프로그램으로, multiprocessing 또는 GPU를 적용할 때 사용하는 PPO이다. PPO1은 1개의 환경에서 적용되는(multiprocessing을 사용할 때는 DummyVecEnv 클래스를 적용해야 함) PPO이다. PPO도 TRPO와 동일하게 이산형과 연속형 state와 action(즉, observation space와 action space)에 모두 적용 가능하다.

PPO1에서는 option으로 clip_param=0.2(default)를 주어서 PPO-clipped의 ϵ을 지정할 수 있다. 한편, PPO2에서는 gradient의 norm(L_2 norm)을 max_grad_norm =0.5(default)로 조절할 수 있으며, cliprange=0.2(default)로 PPO_clipped의 ϵ을 조절할 수 있다.

```
import gym

from stable_baselines.common.policies import MlpPolicy
from stable_baselines.common import make_vec_env
from stable_baselines import PPO2

env=make_vec_env('CartPole-v1',n_envs=4)

model=PPO2(MlpPolicy,env,verbose=1)
model.learn(total_timesteps=50000)
model.save('./temp/ppo2_cartpole-v1')
```

```
---------------------------------------
| approxkl           | 1.17859145e-05 |
| clipfrac           | 0.0            |
```

```
| ep_len_mean         | 220            |
| ep_reward_mean      | 220            |
| explained_variance  | 0.261          |
| fps                 | 3802           |
| n_update s          | 97             |
| policy_entropy      | 0.53829414     |
| policy_loss         | -2.647203e-05  |
| serial_timesteps    | 12416          |
| time_elapsed        | 12.4           |
| total_timesteps     | 49664          |
| value_loss          | 48.438244      |
```

위 프로그램에서 make_vec_env를 이용하여 4개의 독립적인 환경으로 PPO2를 학습시키고 있으며 policy_loss는 클수록 좋고, value_loss는 작을수록 좋다. explained_variance가 1에 미치지 못하므로 PPO2는 학습이 더 필요해 보인다.

```
import gym
from stable_baselines import PPO2
model=PPO2.load('./temp/ppo2_cartpole-v1')

env=gym.make('CartPole-v1')

obs=env.reset()
for i in range(1000):
    action,_state=model.predict(obs, deterministic=True)
    obs,rewards,dones,info=env.step(action)
    env.render()
```

다음 프로그램은 ACKTR을 적용한 프로그램이다. ACKTR도 action space와 observation space가 이산형과 연속형 모두에 적용 가능하다. Stable Baselines에서는 trust region을 확보하기 위해 학습률 α를 조절하는 대신, max_grad_norm=0.5 (default)를 부여하여 조절하고 있다.

```
import gym

from stable_baselines.common.policies import MlpPolicy
from stable_baselines.common import make_vec_env
from stable_baselines import ACKTR

env=make_vec_env('CartPole-v1',n_envs=4)

model=ACKTR(MlpPolicy,env,verbose=1)
model.learn(total_timesteps=200000)
model.save('./temp/acktr_cartpole-v1')
```

```
---------------------------------------
| ep_len_mean          | 311          |
| ep_reward_mean       | 311          |
| explained_variance   | -0.00461     |
| fps                  | 3486         |
| nupdate s            | 2500         |
| policy_entropy       | 0.531        |
| policy_loss          | 1.18         |
| total_timesteps      | 200000       |
| value_loss           | 5.84         |
---------------------------------------
```

```
import gym
from stable_baselines import ACKTR
model=ACKTR.load('./temp/acktr_cartpole-v1')

env=gym.make('CartPole-v1')

obs=env.reset()
for i in range(1000):
    action,_state=model.predict(obs, deterministic=True)
    obs,rewards,dones,info=env.step(action)
    env.render()
```

11장

DDPG, TD3, SAC

이번 장에서 다루는 강화학습은 actor-critic 알고리즘이지만 experience replay를 사용한다는 점에서 8장에서 논의한 actor-critic 알고리즘인 A2C, A3C와 다르다. 한편, 6장에서 다룬 DQN과 같이 experience replay를 이용한다는 점에서 공통점을 가지고 있지만, DDPG, TD3, SAC는 actor-critic 알고리즘이라는 점에서 DQN과 차별화된다. experience replay를 이용하므로 이번 장에서 다루는 강화학습은 off-policy이며 actor-critic과 DQN의 장점을 반영한 강화학습이다.

11.1 DDPG(Deep Deterministic Policy Gradient)

DDPG는 연속형 action에만 사용할 수 있으며 이름에서 의미하듯이 결정적(deterministic) policy network $\mu_\phi(s)$를 딥러닝 모형으로 추정한다. 확률적 policy $\pi(a|s)$는 state s가 입력되면 a의 확률분포를 출력하지만, 결정적 policy $\mu_\phi(s)$는 state s가 입력되면 오직 하나의 action a만 출력한다.

$R(\tau)=\sum_{t=0}^{T-1}\gamma^t r_t$로 정의할 때 DDPG의 목적은

$$Q(s,a)=E_{\pi(\tau)}(R(\tau)|s_0=s,a_0=a)$$

를 최대로 하는 actor network $\mu_\phi(s)$를 추정하는 것이다. $\mu_\phi(s)$의 추정은 $Q(s,a)$를 먼저 추정해야만 가능하므로 Bellman 방정식

$$Q(s,a)=E_{s'\sim p}(r+\gamma\max_{a'}Q(s',a'))$$

을 이용하여 critic network $Q_\theta(s,a)$를 추정한다. 즉, Bellman 방정식으로부터 추정에 필요한 목적변수를 $y_i=r_i+\gamma\max_{a'}Q_\theta(s_i',a')$으로 정의하여 $Q_\theta(s,a)$을 추정할 수 있다. 그러나 이처럼 목적변수 y_i를 정의하면 두 가지 문제점이 발생한다.

첫 번째는 DDPG의 action은 연속형이므로 $\max_{a'} Q_\theta(s',a')$을 계산할 수 없다. 그러므로 $y_i = r_i + \gamma\, Q_\theta(s_i', a')$으로 수정한다. 두 번째 문제는 critic network $Q_\theta(s,a)$의 모수 θ와 y_i의 target network $Q_\theta(s',a')$의 모수 θ가 같게 되면 y_i와 $Q_\theta(s,a)$의 동반변동 현상 때문에 main critic network $Q_\theta(s,a)$을 추정하는 데 어려움이 따르게 된다. 그러므로 목적변수 y_i의 Q 함수(이를 target critic nework이라고 함)를 $Q_{\theta'}(s',a')$으로 수정하여 동반변동을 방지한다. 여기에서

$$\theta' = \tau\theta + (1-\tau)\theta'$$

으로 θ의 copy이지만 θ의 update 속도보다는 훨씬 느리게 update된다. 그러므로 τ는 매우 작은 값이며 일반적으로 $\tau = 0.001$으로 놓는다.

target critic network $Q_{\theta'}(s',a')$에서 $a' = \mu_{\phi'}(s')$이다. actor network $\mu_\phi(s)$의 모수 ϕ로부터, ϕ'은 θ'과 같은 방법으로 $\phi' = \tau\phi + (1-\tau)\phi'$으로 계산된다. actor network $\mu_\phi(s)$가 결정적이기 때문에 탐색적 기능을 부여하기 위해 주어진 state s에 대해

$$\mu_\phi(s) + N$$

으로 action을 선택한다. 여기에서 N은 평균이 0이고 분산이 시간스텝이 증가하면서 점차적으로 감소하는 정규분포를 가정한다. 이러한 특성을 가진 정규분포를 Ornstein-Uhlenbeck 확률과정이라고 한다. 이렇게 결정된 action을 이용하여 transition (s,a,r,s')들을 experience replay에 저장한 후, replay로부터 임의로 k개의 transition들을 추출하여

$$L(\theta) = \frac{1}{k}\sum_{i=1}^{k}(y_i - Q_\theta(s_i, a_i))^2$$

를 최소화하는 θ를 추정하게 된다. 여기에서 $y_i = r_i + \gamma\, Q_{\theta'}(s_i', \mu_{\phi'}(s_i'))$이다. θ는 $\theta = \theta - \alpha\nabla_\theta L(\theta)$로 update한다. 표본추출된 k개의 transition을 이용하여 actor network $\mu_\phi(s)$의 모수 ϕ의 추정을 위한 목적함수는

$$J(\phi) = \frac{1}{k}\sum_{i=1}^{k} Q_\theta(s_i, \mu_\phi(s_i))$$

으로 정의되고 이를 최대로 하는 ϕ를 추정하게 된다. $Q_\theta(s,a)$는 state s와 action $a=\mu_\phi(s)$를 입력받아 딥러닝 모형을 설계한다. 일반적으로 state로만 은닉층을 구성한 후, 최종 은닉층에 action a를 하나의 노드로 할당하여 action a의 특성을 딥러닝 모형에 반영한다. 그러므로

$$\nabla_\phi J(\phi) = \frac{1}{k}\sum_{i=1}^{k} \nabla_{a_i} Q_\theta(s_i, a_i) \nabla_\phi \mu_\phi(s_i)$$

이 된다. 여기에서 $a_i = \mu_\phi(s_i)$이며 $\phi = \phi + \alpha \nabla_\phi J(\phi)$로 ϕ를 update한다.

actor network의 목적함수 $J(\phi)$와 critic network 손실함수 $L(\theta)$는 모두 ϕ와 θ의 함수이다. 그러므로 $J(\phi)$로 ϕ를 update할 때는 θ를 고정(freeze)하고 $L(\theta)$로 θ를 update할 때는 ϕ를 고정해야 한다.

DDPG 알고리즘을 정리하면 다음과 같다.

1. critic network 모수 θ와 actor network 모수 ϕ에 초기치를 부여한다.
2. $\theta' = \theta$ 그리고 $\phi' = \phi$로 놓는다.
3. replay buffer D를 초기화한다.
4. t=0부터 T-1까지:
   4.1 $\mu_\phi(s_t) + N$으로부터 a_t를 추출하고
   4.2 transition (s_t, a_t, r_t, s_{t+1})를 D를 저장한다.
   D가 일정 수준에 도달하지 않으면: continue
   4.3 D로부터 k개의 transition들을 임의로 추출한다.
   4.4 $y_i = r_i + \gamma Q_{\theta'}(s_i', \mu_{\phi'}(s_i'))$를 계산한다.
   4.5 $L(\theta) = \frac{1}{k}\sum_{i=1}^{k}(y_i - Q_\theta(s_i, a_i))^2$으로부터 $\theta = \theta - \alpha \nabla_\theta L(\theta)$으로 θ를 update

한다.

4.6 $J(\phi)=\frac{1}{k}\sum_{i=1}^{k}Q_{\theta}(s_i,\mu_{\phi}(s_i))$으로부터 $\phi=\phi+\alpha\nabla_{\phi}J(\phi)$으로 ϕ를 update 한다.

4.7 $\theta'=\tau\theta+(1-\tau)\theta'$, $\phi'=\tau\phi+(1-\tau)\phi'$으로 θ'과 ϕ'을 update한다.

5. 단계 4를 반복한다.

11.2 TD3(Twin Delayed DDPG)

TD3는 DDPG를 개선한 강화학습으로, DDPG의 목적변수 y_i에서 사용한 $Q_{\theta'}(s_i', \mu_{\phi'}(s_i'))$가 Q 함수를 과대추정하는 문제를 완화하고, actor network 목적함수 $J(\phi)=\frac{1}{k}\sum_{i=1}^{k}Q_{\theta}(s_i,a_i)$에서 critic network $Q_{\theta}(s_i,a_i)$가 잘못 추정되면 actor network $\mu_{\phi}(s)$가 잘못 추정될 수밖에 없으므로 이를 보완하는 기능을 추가하였다. 이를 위해 TD3에 추가된 주요 기능은 다음과 같이 3가지로 요약할 수 있다. (1) clipped double Q learning, (2) delayed policy update, (3) target policy smoothing이다. 이 세 가지 기능을 하나씩 살펴보기로 하자.

Clipped double Q learning

DDPG에서 정의한 목적변수 $y=r+Q_{\theta'}(s',\mu_{\phi'}(s'))$에서 $Q_{\theta'}(s',\mu_{\phi'}(s'))$이 Q 함수를 과대추정하는 경향이 있기 때문에, 두 개의 main critic network $Q_{\theta_1}(s,a)$와 $Q_{\theta_2}(s,a)$를 설정하고 이에 대응하는 target critic network $Q_{\theta_1'}(s',\mu_{\phi'}(s'))$과 $Q_{\theta_2'}(s',\mu_{\phi'}(s'))$을 이용하여 다음과 같이 목적변수

$$y=r+\gamma\min\left(Q_{\theta_1'}(s',\mu_{\phi'}(s')),Q_{\theta_2'}(s',\mu_{\phi'}(s'))\right)$$

으로 설정한다. 여기에서 $\theta_j' = \tau\theta_j + (1-\tau)\theta_j'$, $j = 1,2$이며 $\phi' = \tau\phi + (1-\tau)\phi'$ 이다.

Delayed policy update

DDPG에서는 actor network 모수 ϕ와 critic network 모수 θ를 교대로 update 한 바 있다. 이는 critic network 모수 θ가 잘못 추정되면 $Q_\theta(s,a)$가 잘못 추정되고 이에 따라 $Q_\theta(s,a)$를 최대로 하는 actor network $a = \mu_\phi(s)$도 잘못 추정되는 연쇄 현상을 일으키게 된다. 이를 방지하기 위해 일정 시간스텝 동안 critic network을 연속으로 update시켜 $Q_\theta(s,a)$의 정밀도를 어느 정도 확보한 후, actor network을 update하는 것이 delayed policy update이다. 즉, 매 시간스텝마다 critic network 모수 θ를 update시키는 반면, actor network 모수 ϕ는 매 d 시간스텝마다 update시켜 잘못 추정된 Q 함수로부터의 영향을 최소화하는 모수 update 방법이다.

Target policy smoothing

clipped double Q learning에서 목적변수를 $y = r + \gamma \min_{j=1,2} Q_{\theta_j'}(s', \mu_{\phi'}(s'))$으로 수정한 바 있다. 그러나 $Q_{\theta'}(s', \mu_{\phi'}(s'))$가 딥러닝 모형으로 추정되기 때문에 동일한 $\mu_{\phi'}(s')$에 대해서 다른 값을 가진 $Q_{\theta'}(s', \mu_{\phi'}(s'))$를 출력할 수 있다. 특히, 초기 추정과정에서는 이러한 현상이 두드러지게 나타난다. 이는 불안정한 critic network $Q_\theta(s,a)$를 추정하게 되는 원인이 된다(Fujimoto 외, 2018). 이러한 목적변수 y의 변동에 network이 적응할 수 있도록 결정적 action $\mu_{\phi'}(s')$에 변동을 부여하여, 즉, $\mu_{\phi'}(s') + \epsilon$으로 변동을 부여하여 목적변수 y를 재수정한다. 여기에서 ϵ은 평균이 0이고 분산이 σ^2인 정규분포이지만 $|\epsilon| < c$가 되도록 절단된(truncated) 정규분포이다.

actor network $\mu_\phi(s)$는 DDPG와 동일하게 experience replay로부터 추출한 k개의 transition으로 $J(\phi) = \frac{1}{k}\sum_{i=1}^{k} Q_{\theta_1}(s_i, a_i)$를 계산하여 추정한다. $Q_{\theta_1}(s_i, a_i)$ 대신

$Q_{\theta_2}(s_i, a_i)$를 사용해도 된다. 지금까지 논의한 TD3 알고리즘을 정리하면 다음과 같다.

1. critic network 모수 θ_1과 θ_2, actor network 모수 ϕ에 초기치를 부여한다.
2. $\theta_1' = \theta_1$, $\theta_2' = \theta_2$, 그리고 $\phi' = \phi$으로 놓는다.
3. replay buffer D를 초기화한다.
4. t=0부터 T-1까지:

   4.1 $\mu_\phi(s_t) + N$으로부터 a_t를 추출하고

   4.2 transition (s_t, a_t, r_t, s_{t+1})를 D를 저장한다.

   D가 일정수준에 도달하지 않으면: continue

   4.3 D로부터 k개의 transition들을 임의로 추출한다.

   4.4 목표변수 y를 계산하기 위해 $\mu_{\phi'}(s') + \epsilon$으로부터 action $\tilde{a}_i'$를 추출한다.

   4.5 $y_i = r_i + \gamma \min_{j=1,2} Q_{\theta_j'}(s_i', \tilde{a}_i')$를 계산한다.

   4.6 critic network의 손실함수 $L(\theta_j) = \frac{1}{k}\sum_{i=1}^{k}(y_i - Q_{\theta_j}(s_i, a_i))^2$, $j = 1,2$를 정의한다.

   4.7 $\theta_j = \theta_j - \alpha \nabla_{\theta_j} L(\theta_j)$으로 θ_j를 update한다.

   4.8 만약 $t \bmod d = 0$이면:

   (1) $J(\phi) = \frac{1}{k}\sum_{i=1}^{k} Q_{\theta_1}(s_i, \mu_\phi(s_i))$으로부터 $\phi = \phi + \alpha \nabla_\phi J(\phi)$으로 ϕ를 update한다.

   (2) $\theta_j' = \tau\theta_j + (1-\tau)\theta_j'$, $j = 1,2$ 그리고 $\phi' = \tau\phi + (1-\tau)\phi'$으로 θ_j'과 ϕ'을 update한다.
5. 단계 4를 반복한다.

11.3 SAC(Soft Actor Critic)

TD3와 비교해서 SAC의 가장 큰 특징은 결정적(deterministic) policy 대신 확률적(stochastic) policy $\pi(a|s)$를 사용한다는 것과 $\pi(a|s)$의 entropy를 목적함수에 포함시켜 policy의 탐색 기능을 강화했다는 것이다. entropy는

$$H(\pi(\cdot|s)) = \int -\pi(a|s)\log\pi(a|s)\,da$$

로 정의된다. $\pi(a|s)$가 uniform 분포일 때 최댓값을 갖게 되고 $\pi(a|s)$가 한 값에서 확률 1을 갖고 나머지 모든 값에 확률 0을 가진 분포일 때 최솟값을 갖게 된다. 그러므로 SAC는 $E_{\tau\sim\pi}(R(\tau)|s)$ 대신에

$$V(s) = E_{\tau\sim\pi}(R(\tau)H(\pi(\cdot|\tau))|s)$$

으로 목적함수를 변경하여 이를 최대로 하는 $\pi(a|s)$를 구하는 것을 목적으로 한다. 위 식을 좀 더 자세하게 정의하면

$$E_{\tau\sim\pi}(R(\tau)H(\pi(\cdot|\tau))|s) = E_{\tau\sim\pi}[\sum_{t=0}^{T-1}\gamma^t[r_t + \alpha H(\pi(\cdot|s_t))]|s_0 = s] \quad (11.1)$$

으로 표현된다. 여기에서 α는 temperature라고 하며 entropy 반영 비율을 조절하는 초모수이다. 식 (11.1)을 살펴보면 SAC의 목적함수는 return을 최대화할 뿐만 아니라 entropy를 최대로 하여 주어진 state s_t에서 action에 대한 탐색을 최대화하는 policy $\pi(a|s)$를 찾고자 한다. 이에 따라 SAC에서는 식 (11.1)을 state 가치함수 $V(s)$라고 정의한다. 즉,

$$V(s) = E_{\tau\sim\pi}[\sum_{t=0}^{T-1}\gamma^t r_t + \alpha\sum_{t=0}^{T-1}\gamma^t H(\pi(\cdot|s_t))|s_0 = s] \quad (11.2)$$

이에 따라 Q 함수는 다음과 같이 정의된다.

$$Q(s,a) = E_{\tau \sim \pi}[\sum_{t=0}^{T-1} \gamma^t r_t + \alpha \sum_{t=1}^{T-1} \gamma^t H(\pi(\cdot \mid s_t)) \mid s_0 = s, a_0 = a] \tag{11.3}$$

여기에서 $H(\pi(\cdot \mid s_t))$의 합이 $t=1$부터 시작한다는 것을 유의하도록 하자. $a_0 = a$로 state s_0에서의 action a_0가 주어졌기 때문이다. 식 (11.2)와 (11.3)에 의해 $V(s)$와 $Q(s,a)$는 다음과 같은 관계를 가지고 있다.

$$\begin{aligned} V(s) &= E_{a \sim \pi(a|s)}[Q(s,a)] + \alpha H(\pi(\cdot \mid s)) \\ &= E_{a \sim \pi(a|s)}[Q(s,a) - \alpha \log\pi(a \mid s)] \end{aligned} \tag{11.4}$$

식 (11.4)의 두 번째 등식은 $H(\pi(\cdot \mid s)) = -\int \pi(a \mid s)\log\pi(a \mid s)\,da$이기 때문에 성립된다. 또 하나의 흥미로운 사실은 식 (11.2)와 (11.3)의 $V(s)$와 $Q(s,a)$가 Bellman 방정식을 만족한다는 것이다. 식 (11.3)을 재표현하면

$$\begin{aligned} Q(s,a) &= E_{\substack{s' \sim p(s'|s,a) \\ a' \sim \pi(a'|s')}}[r(s,a,s') + \gamma(Q(s',a') + \alpha H(\pi(\cdot \mid s')))] \\ &= E_{s' \sim p(s'|s,a)}[r(s,a,s') + \gamma[E_{a' \sim \pi(a'|s')}(Q(s',a') + \alpha H(\pi(\cdot \mid ts')))]] \end{aligned}$$

이 된다. 그런데 식 (11.4)에 의해 $V(s) = E_{a \sim \pi(a|s)}[Q(s,a)] + \alpha H(\pi(\cdot \mid s))$이므로

$$Q(s,a) = E_{s' \sim p(s'|s,a)}[r(s,a,s') + \gamma V(s')] \tag{11.5}$$

이 성립하여 Bellman 방정식을 만족한다. 즉, 수정된 가치함수 (11.2)의 $V(s)$와 (11.3)의 $Q(s,a)$ 역시 Bellman 방정식을 만족한다는 것을 알 수 있다.

이제 지금까지 논의한 내용을 바탕으로 network을 구성하여 보자. 논의의 편의를 위해 actor network $\pi_\phi(a \mid s)$로부터 생성된 transition(s,a,r,s')들이 experience replay에 저장되어 있고 이 replay buffer로부터 k개의 transition을 임의 추출했다고 가정하자. 그리고 (s_i, a_i, r_i, s_i')를 i번째 표본이라고 하자. 식 (11.4)로부터 state 가

치 network $V_\psi(s)$의 목적변수

$$y_{v_i} = \min_{j=1,2} Q_{\theta_j}(s_i, a_i) - \alpha \pi_\phi(a_i | s_i)$$

으로 정의한다. 즉, TD3에서 사용한 것처럼 Q 함수의 과대추정을 방지하기 위해 double Q learning으로 y_{v_i}를 정의하고 있다. $V_\psi(s)$의 손실함수

$$L_v(\psi) = \frac{1}{k}\sum_{i=1}^{k}(y_{v_i} - V_\psi(s_i))^2$$

으로 정의하고 이를 최소화하는 network $V_\psi(s)$의 모수 ψ를 $\psi = \psi - \lambda \nabla_\psi L_v(\psi)$ 으로 update하여 추정한다. $V_\psi(s)$를 추정하기 위해서는 y_{v_i}를 계산해야 하기 때문에 $Q_{\theta_j}(s, a)$의 추정이 전제되어야 한다. 식 (11.5)에 의해 $Q_{\theta_j}(s_i, a_i)$의 목적변수를

$$y_{q_i} = r_i + V_{\psi'}(s_i')$$

으로 정의한다. 여기에서 $\psi' = \tau\psi + (1-\tau)\psi'$이며 y_{q_i}를 이용한 손실함수는 다음과 같이 정의한다.

$$L_q(\theta_j) = \frac{1}{k}\sum_{i=1}^{k}(y_{q_i} - Q_{\theta_j}(s_i, a_i))^2, \ j = 1, 2.$$

이 손실함수를 최소화하는 θ_j를 $\theta_j = \theta_j - \lambda \nabla_{\theta_j} L_q(\theta_j)$로 update한다. 끝으로 actor network $\pi_\phi(a|s)$의 추정은 식 (11.4)에 의해

$$J_\pi(\phi) = \frac{1}{k}\sum_{i=0}^{k}[Q_{\theta_1}(s_i, \pi_\phi(a|s_i)) - \alpha \log \pi_\phi(a|s_i)]$$

를 최대로 하는 ϕ를 $\phi = \phi + \lambda \nabla_\phi J_\pi(\phi)$로 update한다. 정리하면 SAC에는 4개의 network이 있고, 4개 중 3개는 가치 network이고 1개는 actor network이다.

SAC 알고리즘은 다음과 같다.

1. $V_\psi(s)$ network 모수 ψ, Q network 모수 θ_1과 θ_2, 그리고 actor network 모수 ϕ에 초기치를 부여한다.
2. $\psi' = \psi$으로 놓는다.
3. replay buffer D를 초기화한다.
4. t=0부터 T-1까지:
   4.1 $\pi_\phi(s_t)$로부터 a_t를 추출하고
   4.2 transition (s_t, a_t, r_t, s_{t+1})를 D를 저장한다.
      D가 일정수준에 도달하지 않으면: continue
   4.3 D로부터 k개의 transition들을 임의로 추출한다.
   4.4 $y_{v_i} = \min_{j=1,2} Q_{\theta_j}(s_i, a_i) - \alpha \log \pi_\phi(a_i | s_i)$를 계산한다.
   4.5 $L_v(\psi) = \frac{1}{k}\sum_{i=1}^{k}(y_{v_i} - V_\psi(s_i))^2$으로부터 $\psi = \psi - \lambda \nabla_\psi L_v(\psi)$으로 ψ를 update한다.
   4.6 $y_{q_i} = r_i + V_{\psi'}(s_i')$을 계산하고 $L_q(\theta_j) = \frac{1}{k}\sum_{i=1}^{k}(y_{q_i} - Q_{\theta_j}(s_i, a_i))^2$, $j = 1,2$으로 부터 $\theta_j = \theta_j - \lambda \nabla_{\theta_j} L_q(\theta_j)$으로 θ_j를 update한다.
   4.7 $J_\pi(\phi) = \frac{1}{k}\sum_{i=0}^{k}[Q_{\theta_1}(s_i, \pi_\phi(a|s_i)) - \alpha \log \pi_\phi(a|s_i)]$으로부터 $\phi = \phi + \lambda \nabla_\phi J_\pi(\phi)$으로 ϕ를 update한다.
   4.8 $\psi' = \tau\psi + (1-\tau)\psi'$으로 ψ'을 update한다.
5. 단계 4를 반복한다.

11.4 DDPG, TD3, SAC의 응용

이 절에서는 Stable Baselines를 이용하여 DDPG, TD3, 그리고 SAC를 적용하고

자 한다. DDPG, TD3, SAC는 action space가 연속형일 때만 적용 가능하지만 observation space는 이산형과 연속형 모두 적용 가능하다. DDPG는 multiprocessing이 가능하지만 TD3와 SAC는 multiprocessing을 사용할 수 없다. Stable Baselines가 제공하는 DDPG, TD3, SAC의 policy는 MlpPolicy, LnMlpPolicy, CnnPolicy, LnCnnPolicy만 가능하다. 이러한 policy network은 DDPG, TD3, SAC 자체 라이브러리에서 호출하여 사용할 수 있다. 예를 들어,

```
from stable_baselines.ddpg import MlpPolicy
```

을 호출하여

```
model.DDPG(MlpPolicy, env)
```

으로 사용할 수 있다. 물론 policy network의 호출없이

```
model.DDPG('MlpPolicy', env)
```

로 직접 불러내어 사용할 수도 있다. DQN도 이와 같이 자체 policy network을 호출할 수 있는 강화학습이다. 나머지 모든 강화학습은

```
from stable_baselines.common.policies import MlpPolicy
```

으로 policy network을 호출하여 사용한다. 이처럼 stable_baselines에서 자체 policy network을 가지고 있는 강화학습의 알고리즘은 Q 함수($Q(s,a)$)의 추정을 기반으로 한다는 공통점을 가지고 있다.

다음 프로그램은 DDPG를 적용한 사례이다. DDPG의 policy는 결정적이므로 $\mu_\phi(s)$에 noise를 추가하여 탐색 기능을 부여한다. action_noise에 필요한 noise를 지정할 수 있다. DDPG 알고리즘을 제공한 원래의 논문(Lillicrap 외, 2015)에서는

표준편차가 상관관계를 갖는 Ornstein-Uhlenbeck 확률과정(OrnsteinUhlenbeck Action Noise)을 사용하였으나, 서로 간에 독립인 정규분포가 더 좋은 결과를 보여주어 정규분포(NormalActionNoise)를 권장하고 있다. 추가적으로 평균이 0인 정규분포로 noise를 정의하는데 목표 표준편차를 정해 놓고 이를 초과하지 않도록 조정하는 AdaptiveParamNoiseSpec 클래스도 사용할 수 있다.

```
import gym
import numpy as np

from stable_baselines.ddpg import MlpPolicy
from stable_baselines.common.noise import NormalActionNoise,
                    OrnsteinUhlenbeckActionNoise, AdaptiveParamNoiseSpec
from stable_baselines import DDPG

env=gym.make('MountainCarContinuous-v0')
n_actions=env.action_space.shape[-1]
action_noise=NormalActionNoise(0,0.5)
#action_noise=OrnsteinUhlenbeckActionNoise(mean=np.zeros(n_actions),
                                    sigma=float(0.5)*np.ones(n_actions))
model=DDPG(MlpPolicy,env,verbose=1,action_noise=action_noise)
model.learn(400000)
model.save('./temp/ddpg_mountaincar_continuous-v0')
```

```
-------------------------------------------
| reference_Q_mean           | -0.0255    |
| reference_Q_std            | 0.0254     |
| reference_action_mean      | -0.00407   |
| reference_action_std       | 0.00142    |
| reference_actor_Q_mean     | -0.00264   |
| reference_actor_Q_std      | 4.66e-10   |
| rollout/Q_mean             | -0.000401  |
| rollout/actions_mean       | -0.00176   |
| rollout/actions_std        | 0.48       |
| rollout/episode_steps      | 999        |
| rollout/episodes           | 400        |
| rollout/return             | -23        |
| rollout/return_history     | -23        |
| total/duration             | 1.25e+03   |
| total/episodes             | 400        |
```

```
| total/epochs              | 1          |
| total/steps               | 399998     |
| total/steps_per_second    | 320        |
| train/loss_actor          | 0.00267    |
| train/loss_critic         | 1.22e-08   |
| train/param_noise_di..    | 0          |
```

위 프로그램은 프로그램의 마지막 결과만 출력하고 있다. 출력에서 rollout이라는 단어가 나타나는데(이는 TD3와 SAC에도 나타남), rollout의 의미는 actor와 critic network 모수들의 update 사이의 시간스텝 수를 의미한다. 프로그램 결과에서 가장 중요하고 핵심적인 것은 train/loss_actor와 train/loss_critic이다. train/loss_actor는 크면 클수록 학습이 잘된 것이며 train/loss_critic은 작을수록 학습이 잘된 것으로 해석할 수 있다. 아래 프로그램은 학습된 DDPG 모형을 호출하여 학습결과를 보여주고 있다.

```
env=gym.make('MountainCarContinuous-v0')

model=DDPG.load('./temp/ddpg_mountaincar_continuous-v0')


obs=env.reset()
for i in range(1000):
    action, _states=model.predict(obs, deterministic=True)
    obs,rewards,dones,_=env.step(action)
    env.render()
```

다음 프로그램은 TD3를 적용한 사례로

```
model=TD3(MlpPolicy,env,verbose=1,action_noise=action_noise)
```

이외에도 tau=0.005(default)를 지정하여 clipped double Q learning의 $\theta_j' = \tau\theta_j +$

$(1-\tau)\theta_j{}'$를 조절하고, policy_delay=2(default)로 policy network 모수 ϕ의 update 대기시간을 조절한다. Target policy smoothing을 위해 target_policy_noise=0.2(default)로 $\mu_{\phi'}(s')+\epsilon$의 ϵ의 표준편차를 지정하고 target_noise_clip=0.5(default)로 $|\epsilon|<c$의 c 값을 지정할 수 있다.

```
import gym
import numpy as np

from stable_baselines.td3 import MlpPolicy
from stable_baselines.common.noise import NormalActionNoise,
                              OrnsteinUhlenbeckActionNoise, AdaptiveParamNoiseSpec
from stable_baselines import TD3

env=gym.make('Pendulum-v0')
n_actions=env.action_space.shape[-1]
#action_noise=NormalActionNoise(0,0.5)
action_noise=OrnsteinUhlenbeckActionNoise(mean=np.zeros(n_actions),
                                          sigma=float(0.5)*np.ones(n_actions))
model=TD3(MlpPolicy,env,verbose=1,action_noise=action_noise)
model.learn(50000)
model.save('./temp/td3_pendulum-v0')

obs=env.reset()
for i in range(5000):
    action, _states=model.predict(obs, deterministic=True)
    obs,rewards,dones,_=env.step(action)
    env.render()
```

```
-----------------------------------------
| current_lr              | 0.0003      |
| episodes                | 244         |
| fps                     | 326         |
| mean 100 episode reward | -415        |
| n_updates               | 48700       |
| qf1_loss                | 38.042923   |
| qf2_loss                | 36.902798   |
| time_elapsed            | 149         |
| total timesteps         | 48800       |
-----------------------------------------
```

```
-----------------------------------------------
| current_lr              | 0.0003    |
| episodes                | 248       |
| fps                     | 327       |
| mean 100 episode reward | -428      |
| n_updates               | 49500     |
| qf1_loss                | 44.096123 |
| qf2_loss                | 43.606556 |
| time_elapsed            | 151       |
| total timesteps         | 49600     |
-----------------------------------------------
```

위 프로그램 결과는 마지막 두 개의 반복 결과를 보여주고 있으며 Ornstein-Uhlenbeck 확률과정으로 action_noise를 지정한 경우를 보여주고 있다. 출력 결과에서 qf1_loss와 qf2_loss는 손실함수 $L(\theta_j)$를 말하며 작을수록 학습이 잘 된 것으로 해석할 수 있다. 다음 프로그램은 TD3의 3개 network(1개의 actor network과 2개의 critic networks)에 대한 MLP 아키텍처를 출력하고, 학습된 TD3의 시각화를 위한 프로그램을 제공하고 있다.

```
import gym
from stable_baselines import TD3
env=gym.make('Pendulum-v0')

model=TD3.load('./temp/td3_pendulum-v0')

parms=model.get_parameter_list()
print(parms)

obs=env.reset()
for i in range(1000):
    action, _states=model.predict(obs, deterministic=True)
    obs,rewards,dones,_=env.step(action)
    env.render()
```

```
[<tf.Variable 'model/pi/fc0/kernel:0' shape=(3, 64) dtype=float32_ref>, <tf.Variable
'model/pi/fc0/bias:0' shape=(64,) dtype=float32_ref>, <tf.Variable 'model/pi/fc1/kernel:0'
```

```
shape=(64, 64) dtype=float32_ref〉, 〈tf.Variable 'model/pi/fc1/bias:0' shape=(64,)
dtype=float32_ref〉, 〈tf.Variable 'model/pi/dense/kernel:0' shape=(64, 1)
dtype=float32_ref〉, 〈tf.Variable 'model/pi/dense/bias:0' shape=(1,) dtype=float32_ref〉,
〈tf.Variable 'model/values_fn/qf1/fc0/kernel:0' shape=(4, 64) dtype=float32_ref〉,
〈tf.Variable 'model/values_fn/qf1/fc0/bias:0' shape=(64,) dtype=float32_ref〉, 〈tf.Variable
'model/values_fn/qf1/fc1/kernel:0' shape=(64, 64) dtype=float32_ref〉, 〈tf.Variable
'model/values_fn/qf1/fc1/bias:0' shape=(64,) dtype=float32_ref〉, 〈tf.Variable
'model/values_fn/qf1/qf1/kernel:0' shape=(64, 1) dtype=float32_ref〉, 〈tf.Variable
'model/values_fn/qf1/qf1/bias:0' shape=(1,) dtype=float32_ref〉, 〈tf.Variable
'model/values_fn/qf2/fc0/kernel:0' shape=(4, 64) dtype=float32_ref〉, 〈tf.Variable
'model/values_fn/qf2/fc0/bias:0' shape=(64,) dtype=float32_ref〉, 〈tf.Variable
'model/values_fn/qf2/fc1/kernel:0' shape=(64, 64) dtype=float32_ref〉, 〈tf.Variable
'model/values_fn/qf2/fc1/bias:0' shape=(64,) dtype=float32_ref〉, 〈tf.Variable
'model/values_fn/qf2/qf2/kernel:0' shape=(64, 1) dtype=float32_ref〉, 〈tf.Variable
'model/values_fn/qf2/qf2/bias:0' shape=(1,) dtype=float32_ref〉, 〈tf.Variable
'target/pi/fc0/kernel:0' shape=(3, 64) dtype=float32_ref〉, 〈tf.Variable 'target/pi/fc0/bias:0'
shape=(64,) dtype=float32_ref〉, 〈tf.Variable 'target/pi/fc1/kernel:0' shape=(64, 64)
dtype=float32_ref〉, 〈tf.Variable 'target/pi/fc1/bias:0' shape=(64,) dtype=float32_ref〉,
〈tf.Variable 'target/pi/dense/kernel:0' shape=(64, 1) dtype=float32_ref〉, 〈tf.Variable
'target/pi/dense/bias:0' shape=(1,) dtype=float32_ref〉, 〈tf.Variable
'target/values_fn/qf1/fc0/kernel:0' shape=(4, 64) dtype=float32_ref〉, 〈tf.Variable
'target/values_fn/qf1/fc0/bias:0' shape=(64,) dtype=float32_ref〉, 〈tf.Variable
'target/values_fn/qf1/fc1/kernel:0' shape=(64, 64) dtype=float32_ref〉, 〈tf.Variable
'target/values_fn/qf1/fc1/bias:0' shape=(64,) dtype=float32_ref〉, 〈tf.Variable
'target/values_fn/qf1/qf1/kernel:0' shape=(64, 1) dtype=float32_ref〉, 〈tf.Variable
'target/values_fn/qf1/qf1/bias:0' shape=(1,) dtype=float32_ref〉, 〈tf.Variable
'target/values_fn/qf2/fc0/kernel:0' shape=(4, 64) dtype=float32_ref〉, 〈tf.Variable
'target/values_fn/qf2/fc0/bias:0' shape=(64,) dtype=float32_ref〉, 〈tf.Variable
'target/values_fn/qf2/fc1/kernel:0' shape=(64, 64) dtype=float32_ref〉, 〈tf.Variable
'target/values_fn/qf2/fc1/bias:0' shape=(64,) dtype=float32_ref〉, 〈tf.Variable
'target/values_fn/qf2/qf2/kernel:0' shape=(64, 1) dtype=float32_ref〉, 〈tf.Variable
'target/values_fn/qf2/qf2/bias:0' shape=(1,) dtype=float32_ref〉]
```

아래 프로그램은 SAC를 적용한 사례이다. 출력으로 마지막 두 개의 반복 결과를 보여주고 있다. 프로그램 결과를 살펴보면 SAC에서 사용하는 3개의 가치함수 손실함수($L_q(\theta_1)$=qf1_loss, $L_q(\theta_2)$=qf2_loss, 그리고 $L_v(\psi)$=value_loss)를 보여주고 있으며 값이 작을수록 학습이 잘 된 것이며, policy_loss는 $J_\pi(\phi)$로 값이 클수록 학습이 잘 된 것으로 해석할 수 있다.

```
import gym
import numpy as np

from stable_baselines.sac import MlpPolicy
from stable_baselines import SAC

env=gym.make('Pendulum-v0')
model=SAC(MlpPolicy,env,verbose=1)
model.learn(50000)
model.save('./temp/sac_pendulum-v0')
```

```
---------------------------------------------
| current_lr              | 0.0003          |
| ent_coef                | 0.493447        |
| ent_coef_loss           | -0.067410156    |
| entropy                 | 0.12270738      |
| episodes                | 244             |
| fps                     | 222             |
| mean 100 episode reward | -243            |
| n_updates               | 48701           |
| policy_loss             | 231.58237       |
| qf1_loss                | 5.8479614       |
| qf2_loss                | 9.809301        |
| time_elapsed            | 218             |
| total timesteps         | 48800           |
| value_loss              | 1.7753111       |
---------------------------------------------
---------------------------------------------
| current_lr              | 0.0003          |
| ent_coef                | 0.5187388       |
| ent_coef_loss           | 0.20619348      |
| entropy                 | 0.17466351      |
| episodes                | 248             |
| fps                     | 223             |
| mean 100 episode reward | -226            |
| n_updates               | 49501           |
| policy_loss             | 230.49603       |
| qf1_loss                | 5.310126        |
| qf2_loss                | 8.122204        |
| time_elapsed            | 222             |
| total timesteps         | 49600           |
| value_loss              | 1.5058446       |
---------------------------------------------
```

11.5 HER(Hindsight Experience Replay)

HER은 강화학습 알고리즘이 아니다. Experience replay에 있는 표본을 좀 더 효율적으로 이용하기 위한 매우 영리한 표본 사용법이라고 할 수 있다. 원래의 논문(Andrychowicz 외, 2018)에서는 목표에 도달하면 reward가 1, 그렇지 않으면 0(binary reward)인 경우에 응용할 수 있도록 하였으나, atari 환경과 같이 목표가 동적으로(dynamic) 움직이더라도 응용이 가능한 DHER(dynamic HER)로 확장되었다(Fang 외, 2018). 로봇학습과 같이 목표에 도달하기까지 reward는 거의 없고 목표에 도달할 때만 reward가 주어지는 reward를 sparse reward라고 하며 HER의 대상이다. 즉, 밀어서 목표에 도달하거나, 툭 쳐서 목표에 도달하거나, 혹은 물건을 집어서 목표 지점에 놓는 작업을 하는 다목적 로봇을 고려할 때, 3가지 목표가 있으며 목표에 도달하면 1, 그렇지 못하면 0의 reward를 부여하는 reward 구조가 HER가 적용되는 분야이다. HER의 기본 아이디어는 매우 간단하다. 예를 들어, 사격 로봇이 있는데 과녁의 정중앙에 적중하면 reward를 주고 그렇지 않으면 0의 reward를 준다고 하자. 사격 로봇을 강화학습으로 학습시킬 때, 과녁의 정중앙 근처를 맞추거나 완전히 과녁을 벗어나더라도 reward가 0이므로 강화학습에 도움이 되질 않는다. 그러나 사람의 경우, 과녁의 정중앙이 아니더라도 정중앙의 오른쪽을 맞추면 다음에는 약간 왼쪽으로 사격을 하여 정중앙에 맞추는 시도를 하게 될 것이다. HER은 이러한 사람의 학습 방법을 모방한 것이다.

Replay buffer는 $\{(s_0,a_0,r_0,s_1),(s_1,a_1,r_1,s_2),\cdots,(s_{T-1},a_{T-1},r_{T-1},s_T)\}$으로 구성된 episode의 N개 셋으로 구성되어 있다. 즉, N개의 episode에서 관측된 transition들의 모임이며 이로부터 k개의 transition을 표본으로 추출하여 가치함수와 policy를 추정하고 있다. 여기에서 s_T가 목표이면 reward를 받고 그렇지 않으면 새로운 episode를 시작한다. 물론 $r_0=r_1=r_2=\cdots=r_{T-1}=0$이다. 그런데 s_T가 목표이면, s_{T-1}에 도달할 때도 reward를 주면 목표 s_T에 도달하는 데 유익한 정보를

agent에 제공하게 된다. HER은 이처럼 추가적인 목표(additional goal)를 주고 이에 도달하면 reward를 주어서, 마치 사격에서 과녁(real goal)을 맞추기 위한 영점조정(additional goal)을 하는 것으로 이해하면 될 것이다.

추가적인 목표를 부여하는 방법은 각 episode의 s_{T-1}로 정하는 방법(이를 final이라고 함), 각 episode 내의 transition $\{(s_t, a_t, r_t, s_{t+1}), t=0,1,\cdots,T-1\}$ 중 임의로 뽑은 m개의 s_{t+1}로 추가적인 목표로 하는 방법(이를 future라고 함), 각 episode 내의 transition $\{(s_t, a_t, r_t, s_{t+1}), t=0,1,\cdots,T-1\}$ 중 임의로 뽑은 m개의 s_t로 추가적인 목표로 하는 방법(이를 episode라고 함), 그리고 episode에 관계없이 임의로 뽑은 m개의 state로 추가적인 목표로 하는 방법(이를 random이라고 함) 등이 있다. 그러므로 추가적인 목표가 final이면 추가적인 목표는 episode당 1개가 존재하게 된다.

stable_baselines에서는 DQN, DDPG, 그리고 SAC에 HER 기능을 지원하고 있다. 다음 프로그램은 SAC에 HER을 적용한 사례이다.

```
import gym
import highway_env
import numpy as np

from stable_baselines import HER,SAC,DDPG,TD3,DQN

env=gym.make('parking-v0')
n_sample_goal=4

model=HER('MlpPolicy',env,SAC,n_sampled_goal=n_sample_goal,
            policy_kwargs=dict(layers=[256,256,256]))
            model.learn(100000)
            model.save('./temp/her_parking-v0')
```

위 프로그램에서 HER을 적용할 알고리즘은 HER 옵션에서 env 다음에 SAC, DQN, DDPG 중 하나를 지정하면 되고, n_sample_goal은 추가적인 목표 수인 m 값을 부여하고 추가적인 목표 방법은 future가 default이다. HER 옵션에 goal_ selection_strategy='future'로 지정하면 된다. 다음은 HER에 의한 학습결과를 보여주고 있다.

```
import gym
import highway_env
from stable_baselines import HER, SAC

env=gym.make('parking-v0')

model=HER.load('./temp/her_parking-v0',env=env)

obs=env.reset()

for i in range(1000):
    action, states=model.predict(obs)
    obs,rewards,dones,_=env.step(action)
    env.render()
```

12장

모방학습과 역강화학습

모방학습의 목적은 전문가의 시연(expert demonstrations)을 모방하도록 강화학습의 agent를 학습시키는 데 있다. 예를 들어, 자율자동차를 학습시킬 때 운전 전문가의 운전법을 모방하도록 하는 학습법을 말한다. 여기에서 전문가의 시연은 state-action 쌍으로 구성된 경로들(trajectories)을 말한다. 즉, $\pi_E(a|s)$를 전문가의 policy라고 표기할 때(실제로는 전문가의 시연을 관측할 뿐, π_E를 구체적으로 알 수 없음), $a_t \sim \pi_E(a_t|s_t)$으로부터

$$\tau_i = (s_0, a_0, s_1, a_1, \cdots, s_{T-1}, a_{T-1}, s_T)_i, \ i = 1, 2, \cdots, M$$

으로 표기된 전문가 시연이다. 모방학습 중 고려할 수 있는 가장 쉬운 방법은 지도모방학습(supervised imitation learning)이다. 모수 θ를 가진 딥러닝 모형 $\pi_\theta(a|s)$, 즉 state s를 입력하면 action a를 출력하는 딥러닝 모형으로 a가 이산형이면 $\pi_\theta(a|s)$은 classifier이고, a가 연속형이면 $\pi_\theta(a|s)$은 regressor가 된다. a^*를 전문가가 state s에서 선택한 action이라고 하면 적절한 손실함수(이산형이면 crossentropy, 연속형이면 mean squared error) $L(a^*, \pi_\theta(s))$를 정의하고 이를 최소화하는 $\pi_\theta(s)$ (즉, $\pi_\theta(a|s)$)를 추정하면 된다. 이는 전형적인 딥러닝 모형 추정 방법이다. 그러나 지도모방학습은 두 가지 조건이 충족되어야 사용할 수 있다. 첫 번째로는 전문가의 경로에 모든 가능한 state가 포함되어야 하며 두 번째로는 전문가의 경로(각 state에 대한 action)가 최적이어야 한다는 조건이다. 그러나 일반적으로 이러한 두 조건은 충족되지 않는다.

12.1 DAgger(Dataset Aggregation)

지도모방학습의 단점을 보완하기 위한 policy 학습 방법으로, 전문가의 경로에 모든 가능한 state를 포함할 수 있도록 하는 방법이다. DAgger의 기본적인 구조를

설명하면 다음과 같다. 먼저, 전문가 policy $\pi_E(a|s)$로부터 경로 하나를 생성시켜 이 경로의 state-action 쌍으로 policy network $\pi_\theta(a|s)$를 지도학습한다. 학습된 $\pi_\theta(a|s)$와 전문가 policy $\pi_E(a|s)$를 합성하여, 즉 $\beta\pi_E+(1-\beta)\pi_\theta$으로부터 경로 하나를 생성하고 생성된 state에 대해 전문가의 action을 요청하여 새로운 전문가 경로를 만들고 첫 번째 전문가 경로에 추가하여 전문가 경로 셋을 2개의 경로로 증가시킨다. 이렇게 증가된 전문가 경로셋에 $\pi_\theta(a|s)$를 지도학습시켜 $\pi_\theta(a|s)$를 update한다. 이러한 과정을 반복하면 전문가 경로 셋은 거의 모든 state를 포함하게 되고, 이 state에 대응하는 action은 전문가의 action이므로 학습된 π_θ는 π_E와 거의 같게 된다.

DAgger 알고리즘을 정리하면 다음과 같다.

1. dataset D에 전문가의 trajectory 하나를 초기화한다.
2. policy $\pi_\theta(a|s)$ 모수 θ에 초깃값을 부여하고 이를 $\hat{\pi}_1$로 표기한다.
3. $i=1$부터 N까지:
   - 3.1 $\pi_i=\beta_i\pi_E+(1-\beta_i)\hat{\pi}_i$으로 정의한다. 단, $\beta_i=p^{i-1}$이며 p는 $0<p<1$인 초모수이다.
   - 3.2 π_i로부터 경로 하나를 생성한다.
   - 3.3 경로에 나타난 state에 대응하는 action을 전문가에 요청하고 새로운 데이터셋 $D_i=\{(s_t,\pi_E(s_t)),t=0,1,\cdots,T-1\}$을 만든다.
   - 3.4 $D=D\cup D_i$으로 데이터셋을 증가시킨다.
   - 3.5 $\hat{\pi}_i$를 D에 학습시킨 후, 이를 $\hat{\pi}_{i+1}$로 놓는다.

위 알고리즘에서 $\pi_i=\beta_i\pi_E+(1-\beta_i)\hat{\pi}_i$은 확률 $\beta_i=p^{i-1}$으로 policy π_E를 사용하고 $(1-\beta_i)$ 확률로 $\hat{\pi}_i$을 사용하여 π_i를 정의한다. 즉, state s가 주어졌을 때 uniform(0,1) 분포로부터 추출된 값이 β_i보다 작으면 π_E에 의해 action을 선택하고 β_i보다 크면 $\hat{\pi}_i$에 의해 action을 선택하는 policy를 의미한다. i가 증가하면서 π_E의

비중이 점차적으로 작아지므로 최종적으로 update된 $\hat{\pi}_N$은 π_E에 거의 의존하지 않은, 추정하고자 하는 policy가 된다.

12.2 DQfD(Deep Q learning from demonstrations)

DQfD는 DAgger의 구체적이 응용으로 해석할 수 있다. 체스나 바둑을 agent에게 학습시킬 때, 밑바닥부터(scratch) 강화학습 agent를 학습시키는 것보다, 전문가의 시연을 replay buffer에 저장한 후 강화학습 agent를 학습시키면 agent를 좀 더 빠르게, 효율적으로 학습시킬 수 있고 성능 또한 우수할 것이다. DQfD는 사전학습단계(pre-training phase)와 학습단계(training phase)로 구성되어 있다. 사전학습 단계에서 agent는 환경과 교류하지 않고 전문가의 시연을 통해 구현된 trainsition들을 replay buffer에 저장해 놓고 DQN을 학습시키는 과정이다. 여기에서 DQN은 double DQN, dueling DQN 등이 될 수 있다. 학습단계는 agent가 환경과 직접 교류하여 경험한(experienced) transition들을 전문가의 transition들이 저장된 replay buffer에 추가적으로 저장하여 DQN을 학습시키는 과정을 말한다. 학습단계의 replay buffer에 있는 전문가 transition들은 우선권(priority)이 부여된 prioritized replay buffer이며 이 repay buffer가 완전히 차더라도 전문가 transition은 replay buffer에 제거되지 않는다. 이와 같이 전문가 transition들이 계속 남아있게 하여, DQN의 agent가 전문가의 policy를 빠르게 학습할 수 있도록 한다. DQfD는 4개의 손실함수로 구성되어 있다(Hester 외, 2018).

1. DQN 손실함수($L_q(\theta)$)

$$L_q(\theta) = \frac{1}{k}\sum_{i=1}^{k}(r_i + \gamma \max_{a'} Q_{\theta'}(s_i', a') - Q_\theta(s_i, a_i))^2$$

여기에서 k는 replay buffer로부터 임의로 추출된 k개의 transition들이다.

2. n-step DQN 손실함수($L_{nq}(\theta)$)

   지금까지 논의된 표본 transition은 (s_t, a_t, r_t, s_{t+1})으로 구성되었으나 replay buffer로부터 추출한 i번째 표본 transition을

   $((s_t, a_t, r_t, s_{t+1}), (s_{t+1}, a_{t+1}, r_{t+1}, s_{t+2}), \cdots, (s_{t+n-1}, a_{t+n-1}, r_{t+n-1}, s_{t+n}))$

   으로 구성하면 아래와 같이 n-step DQN을 정의할 수 있으며 즉,

   $y_i = r_t + \gamma r_{t+1} + \gamma^2 r_{t+2} + \cdots + \gamma^{n-1} r_{t+n-1} + \gamma^n \max_{a_{t+n}} Q_{\theta'}(s_{t+n}, a_{t+n})$

   을 목적변수로 정의하고 다음의 n-step DQN 손실함수를 최소화하는 $Q_\theta(s_i, a_i)$추정할 수 있다. n-step DQN 손실함수($L_{nq}(\theta)$)

   $$L_{nq}(\theta) = \frac{1}{k}\sum_{i=1}^{k}(y_i - Q_\theta(s_i, a_i))^2$$

   으로 정의된다.

3. 지도학습분류 손실함수(supervised classification loss, $L_{sc}(\theta)$)는

   $$L_{sc}(\theta) = \frac{1}{k}\sum_{i=1}^{k}[\max_a(Q_\theta(s_i, a) + \ell(a_E, a)) - Q_\theta(s_i, a_E)]$$

   으로 정의된다. 여기에서 만약 $a = a_E$이면 $\ell(a_E, a) = 0$이고 $a \neq a_E$이면 $\ell(a_E, a) = c > 0$이다. 그러므로 $Q(s_i, a)$를 최대로 하는 a가 전문가 action a_E와 같으면 $L_{sc}(\theta) = 0$이 된다.

4. L2 손실함수($L_{l2}(\theta)$)

   $$L_{l2}(\theta) = ||\theta||_2^2 = \sum_{j=1}^{J}\theta_j^2$$

   으로 Q network $Q_\theta(s, a)$ 모수 θ에 L_2 규제화를 부여하여, $Q_\theta(s, a)$가 전문가의 transition에 과대 적합되는 것을 방지하는 역할을 하게 된다.

이렇게 정의된 4개의 손실함수 가중합으로 DQfD의 손실함수를

$$L(\theta) = L_q(\theta) + \lambda_1 L_{nq}(\theta) + \lambda_2 L_{sc}(\theta) + \lambda_3 L_{l2}(\theta)$$

으로 정의한다. 이 손실함수를 이용하여 DQfD 알고리즘을 정리하면 다음과 같다.

1. $Q_\theta(s,a)$의 모수 θ에 초깃값을 부여하고 $\theta' = \theta$로 놓는다.
2. replay buffer D에 전문가의 transition들을 저장한다.
3. 사전학습단계

   $i = 1$부터 N 까지:

   3.1 replay buffer D로부터 k개의 transtion들을 추출한다.

   3.2 $L(\theta)$를 계산하고 $\theta = \theta - \nabla_\theta L(\theta)$로 θ를 update한다.

   3.3 $i \bmod d = 0$이면 $\theta' = \theta$으로 θ'을 update한다.
4. 학습단계

   $i = 1$부터 N 까지:

   4.1 epsilon-greedy policy로 action을 선택한다.

   4.2 $((s_t, a_t, r_t, s_{t+1}), (s_{t+1}, a_{t+1}, r_{t+1}, s_{t+2}), \cdots, (s_{t+n-1}, a_{t+n-1}, r_{t+n-1}, s_{t+n}))$을 관측하고 D에 저장한다.

   4.3 prioritized replay buffer D로부터 k개의 transition들을 추출한다.

   4.5 $L(\theta)$를 계산하고 $\theta = \theta - \nabla_\theta L(\theta)$로 θ를 update한나.

   4.6 $i \bmod d = 0$이면 $\theta' = \theta$으로 θ'을 update한다.

12.3 IRL(Inverse Reinforcement Learning)

지금까지 전문가의 시연을 통해 agent를 학습시키는 방법을 논의했지만 중요한

선행조건을 간과했다. atari 게임과 같이 가상 시뮬레이션 환경이 아니라 실제 생활 공간에서, 전문가가 운전을 할 때 reward가 있는 것으로 가정한 것이 좋은 예이다. 전문가가 교통신호를 인식하거나, 보행자를 피한다거나, 속도를 높힌다거나, 좌회전 또는 우회전을 한다든가 등의 action에 대한 reward를 어떻게 정의 또는 부여하는지에 대한 고민없이 reward가 있는 것처럼 학습법을 논의해 왔다. reward가 없으면 가치함수를 계산할 수 없고 이에 따라 policy network을 학습시킬 수 없게 된다. 그러므로 reward가 없는 전문가 시연은 policy network을 학습시키는 데 무용지물이 될 수밖에 없게 된다. 강화학습에서는 reward가 주어졌다는 가정에서 최적 policy를 구한다. 한편, IRL에서는 전문가의 시연이 주어져 있다는 가정에서 reward를 추정하는 것이 목적이다. IRL에 의해 reward 모형을 추정하면 이 reward 모형을 이용하여 action에 대응한 reward를 추정하고 이 reward를 이용하여 강화학습 agent를 학습시키게 된다.

전문가 경로(expert trajectory: $\mathfrak{T}$)가 관측될 확률이 reward의 지수함수에 비례한다는 가정에서 출발한다. 즉

$$P(\mathfrak{T} = \tau) \propto \exp(R_\phi(\tau))$$

으로 가정하면

$$P(\mathfrak{T} = \tau) = \frac{\exp(R_\phi(\tau))}{\int \exp(R_\phi(\tau))d\tau} \tag{12.1}$$

이 된다. 비용함수 $C_\phi(\tau) = -R_\phi(\tau)$이므로 $P(\mathfrak{T} = \tau)$는 $\exp(-C_\phi(\tau))$에 비례한다. 그러므로, 식 (12.1)은 통계학의 지수분포, 정규분포, 이항분포, 다항분포 등이 포함된 지수분포계(family of exponential distributions)의 확률분포라고 할 수 있다. 독립적으로 관측된 전문가의 경로 $\tau_1, \tau_2, \cdots, \tau_M$이 있을 때, $\tau_1, \tau_2, \cdots, \tau_M$의 우도함수(likelihood function)는

$$J(\phi) = \prod_{i=1}^{M} \frac{\exp(R_\phi(\tau_i)}{\int \exp(R_\phi(\tau))d\tau}$$

이며 로그우도함수는

$$\ell(\phi) = \log J(\phi) = \log \prod_{i=1}^{M} \frac{\exp(R_\phi(\tau_i))}{\int \exp(R_\phi(\tau))d\tau}$$

$$= \sum_{i=1}^{M} R_\phi(\tau_i) - M\log \int \exp(R_\phi(\tau))d\tau$$

이 된다. 로그우도함수 $\ell(\phi)$를 최대로 하는 ϕ를 최대우도추정치(maximum likelihood estimate)라고 한다. 전문가의 경로 $\tau_1, \tau_2, \cdots, \tau_M$이 관측될 확률을 최대로 하는 ϕ를 구한다는 것은 전문가 경로를 가장 잘 대표하는 reward를 구한다는 의미를 가지게 된다. $\tau_i = (s_0, a_0, s_1, a_1, \cdots, s_{T_i-1}, a_{T_i-1}, s_{T_i})$라고 표현할 때(물론 T_i 이외 s_t와 a_t도 i에 의존하지만 수식의 간편함을 위해 생략함),

$$R_\phi(\tau_i) = \sum_{t=0}^{T_i-1} r_\phi(s_t, a_t)$$

이다. 여기에서 $r_\phi(s_t, a_t)$는 모수 ϕ를 가진 딥러닝 모형이며 입력은 s_t, 출력은 모든 가능한 action a의 $r_\phi(s_t, a)$이다. 그러므로 $r_\phi(s_t, a_t)$을 $r_\phi(s_t)$로 표현할 수 있다. 이제 ϕ를 update하기 위해 로그우도함수 $\ell(\phi)$의 미분을 구해보면

$$\nabla_\phi \ell(\phi) = \sum_{i=1}^{M} \frac{dR_\phi(\tau_i)}{d\phi} - M \frac{1}{\int \exp(R_\phi(\tau))d\tau} \int \exp(R_\phi(\tau)) \frac{dR_\phi(\tau)}{d\phi} d\tau$$

$$= \sum_{i=1}^{M} \frac{dR_\phi(\tau_i)}{d\phi} - M \int \frac{\exp(R_\phi(\tau))}{\int \exp(R_\phi(\tau))d\tau} \frac{dR_\phi(\tau)}{d\phi} d\tau$$

$$= \sum_{i=1}^{M} \frac{dR_\phi(\tau_i)}{d\phi} - M \int \frac{dR_\phi(\tau)}{d\phi} p(\tau) d\tau$$

$$= \sum_{i=1}^{M} \frac{dR_\phi(\tau_i)}{d\phi} - M E_{p(\tau)}[\frac{dR_\phi(\tau)}{d\phi}]$$

이 된다. 그런데 $E_{p(\tau)}[\frac{dR_\phi(\tau)}{d\phi}]$에서 τ는 전문가 τ 뿐만 아니라 모든 가능한 τ를 포함하므로 $E_{p(\tau)}[\frac{dR_\phi(\tau)}{d\phi}]$를 구하는 것은 어려움이 있다. 그러므로 $E_{p(\tau)}[\frac{dR_\phi(\tau)}{d\phi}]$를 $E_{p(s)}[\frac{dr_\phi(s)}{d\phi}]$로 근사하여 구하게 된다. 즉,

$$E_{p(s)}[\frac{dr_\phi(s)}{d\phi}] = \int_s \frac{dr_\phi(s)}{d\phi} p(s) ds \approx \sum_s \frac{dr_\phi(s)}{d\phi} p(s)$$

으로 모든 가능한 state s의 $\frac{dr_\phi(s)}{d\phi}$의 평균값으로 근사하게 된다. 그러므로

$$\nabla_\phi \ell(\phi) = \sum_{i=1}^{M} \frac{dR_\phi(\tau_i)}{d\phi} - M \sum_s \frac{dr_\phi(s)}{d\phi} p(s) \tag{12.2}$$

이 된다. 여기에서 $p(s)$를 state s의 방문 빈도(visitation frequency)라고 하며 $p(s)$의 추정은 다음의 두 단계로 구한다. $\mu_t(s)$를 시점 t에서 state s를 방문할 확률이라고 정의할 때, $\mu_0(s) = \Pr(S_0 = s)$는 첫 state로 고정되어 있거나 random이므로 1 또는 $\frac{1}{states\text{의 수}}$이며 transition probability $p(s|s',a)$는 안다고 가정한 상태에서

(1) $t = 0$부터 $T-1$까지:

$$\mu_{t+1}(s) = \sum_a \sum_{s'} \mu_t(s') \pi(a|s') p(s|s',a)$$

(2) $p(s) = \sum_{t=1}^{T} \mu_t(s)$ (12.3)

으로 구하게 된다. 식 (12.2)와 (12.3)을 살펴보면 $r_\phi(s,a)$를 구하기 위해 $p(s)$가

필요하고, $p(s)$를 구하기 위해 $\pi(a|s)$가 필요하며, 다시 $\pi(a|s)$를 구하기 위해 $r_\phi(s,a)$가 필요하다는 것을 알 수 있다. 그러므로 IRL 알고리즘은 다음과 같이 정리할 수 있다.

1. network $r_\phi(s,a)$의 모수 ϕ에 초기치를 부여하고
2. 전문가의 transition들을 D에 저장한다.
3. $r_\phi(s,a)$를 이용하여 policy network $\pi_\theta(a|s)$를 구한다.
4. $\pi_\theta(a|s)$를 이용하여 식 (12.3)으로 $p(s)$를 계산한다.
5. $p(s)$를 식 (12.2)에 대입하여 $\nabla_\phi \ell(\phi)$를 계산하고 $\phi = \phi + \alpha \nabla_\phi \ell(\phi)$로 ϕ를 update한다.
6. 3~5를 반복한다.

단계 3에서 policy network $\pi_\theta(a|s)$를 구한다는 것은 지금까지 배운 적절한 강화학습 알고리즘 중 하나를 이용하여 추정한다는 의미이다. transition 확률 $p(s|s',a)$를 알지 못할 경우, $p(s|s',a)$를 추정하는 방법 중의 하나는 GCL(Guided Cost Learning, Finn 외(2016))을 참고하길 바란다.

12.4 GAIL(Generative Adversarial Imitation Learning)

전문가의 시연으로부터 IRL을 이용하여 reward(혹은 cost) 함수를 도출한 후, 이 reward를 이용하여 최적 policy $\pi(a|s)$를 구하였다. 즉, $IRL(\pi_E)$를 전문가 policy π_E에서 산출한 reward라고 할 때, $IRL(\pi_E)$은 강화학습(RL)에 입력되어 policy $\pi_\theta(a|s)$를 출력한다. 그러므로 출력 $\pi_\theta(a|s)$은 $RL(IRL(\pi_E))$으로 표현된다. 그러나 이러한 방법은 매우 복잡하고 수렴 속도가 느리다는 단점을 가지고 있다. GAIL은 딥러닝에 사용하는 GAN(generative adversarial network)을 이용하여 IRL과

정을 거치지 않고 전문가의 행동(behavior)을 복제(clone)하는 모방학습이다. GAIL을 처음 제안한 논문(Ho and Ermon. 2016)에서는 복잡하고 긴 증명을 통해서 $RL(IRL(\pi_E))$의 목적함수를 도출하였지만, 이러한 과정을 논의하지 않더라도 GAN 모형의 특성을 통해서 목적함수를 어렵지 않게 도출할 수 있다.

GAIL의 목적함수를 설명하기 위해 우선 GAN 모형을 이해해야 한다. GAN 모형은 generator와 discriminator로 구성되어 있다. generator는 임의의 가짜 자료를 생성하여 discriminator에 전달하면 discriminator는 가짜 자료와 진짜 자료를 구별하여 어떻게 구별했는지를 generator에 전달한다. 그러면 generator는 discriminator가 전달한 정보로 좀 더 정교한 가짜 자료를 생성하고 궁극적으로 discriminator가 진짜 자료와 가짜 자료를 구별하지 못할 때까지 위 과정을 반복한다. 학습이 완료된 generator는 진짜 자료를 복제할 뿐만 아니라, 진짜 자료가 있는 특성을 모수화해서 진짜 자료와 구분하지 못하는 유사 진짜 자료도 만들어 내게 된다. 이제 우리의 문제를 여기에 대입시켜 보자. generator는 우리가 구하고자 하는 policy $\pi_\theta(a|s)$이고 진짜 자료는 전문가 policy π_E에서 생성된 transition이다. 그러므로 GAN 모형에 의해 학습된 $\pi_\theta(a|s)$는 전문가 시연과 거의 동일한 경로(trajectory)를 생성하고 새로운 전문가 경로를 생성하게 된다. 이러한 점이 앞에서 논의한 사전학습(pretraining)과 구별된다. 사전학습은 단지 전문가의 행동을 복제하지만, GAIL은 전문가의 행동을 복제하고 새로운 전문가 transition을 생성한다. 이는 매우 중요한 차이점으로 GAIL은 전문가가 경험하지 못하는 state에 대해서도 전문가적인 action을 선택할 수 있도록 agent를 학습시킬 수 있다는 의미를 가진다. $D_w(s,a)$를 discriminator라고 하자. 즉 state-action 쌍 (s,a)가 입력되면 (s,a)가 가짜 자료일 확률을 출력하는 딥러닝 모형이다. 그러므로 (s,a)가 π_E에서 생성된 자료이면 $D_w(s,a)$는 가능한 한 0에 가까운 값을 출력하고, π_θ(generator)에서 생성된 state-action 쌍이면 $D_w(s,a)$가 가능한 한 1에 가까운 값을 출력하면 이 $D_w(s,a)$는 성능이 우수한 discriminator라고 할 수 있다. 이를 반영한 목적함수는

$$J(w) = E_{(s,a)\sim\pi_\theta}(\log D_w(s,a)) + E_{(s,a)\sim\pi_E}(\log(1-D_w(s,a))) \qquad (12.4)$$

이며 이 $J(w)$를 최대로 하는 w를 추정하는 것이 목적이다. 식 (12.4)를 살펴보면 $(s,a) \sim \pi_\theta$이면 $D_w(s,a)$를 최대로(즉, 1) 하고, $(s,a) \sim \pi_E$이면 $D_w(s,a)$를 최소로(즉, 0) 하면 $J(w)$는 최대가 된다. 사실 식 (12.4)는 가짜 자료일 때 1 값을 갖고 진짜 자료일 때 0 값을 갖는 이진분류(binary classification)의 손실함수인 binary-cross entropy에 음의 값을 취한 것이며, 확률변수 X가 0 또는 1 값을 가지고 있고 $P(X=1) = D_w(s,a)$일 때의 로그우도함수와 동일하다.

$$\nabla_w J(w) = E_{(s,a) \sim \pi_\theta}(\nabla_w \log D_w(s,a)) + E_{(s,a) \sim \pi_E}(\nabla_w \log(1 - D_w(s,a))) \quad (12.5)$$

를 계산하여 $w = w + \alpha \nabla_w J(w)$로 w를 update한다. $E_{(s,a) \sim \pi_\theta}(\nabla_w \log D_w(s,a))$는 π_θ로부터 생성한 k개의 state-action 쌍 $(s_1,a_1), (s_2,a_2), \cdots, (s_k,a_k)$를 이용하여

$$\frac{1}{k}\sum_{i=1}^{k} \nabla_w \log D_w(s_i,a_i)$$

으로 추정되고, $E_{(s,a) \sim \pi_E}(\nabla_w \log(1 - D_w(s,a)))$는 전문가 policy π_E로부터 구한 k개의 state-action 쌍 $(s_1,a_{E_1}), (s_2,a_{E_2}), \cdots, (s_k,a_{E_k})$를 이용하여

$$\frac{1}{k}\sum_{i=1}^{k} \nabla_w \log(1 - D_w(s_i,a_i))$$

으로 추정한다.

이제 generator의 학습에 대해 논의해 보자. generator(즉, π_θ)의 학습은 discriminator 모수 w가 고정된 상태에서 실행된다(generator는 discriminator로부터 배운다는 개념임). generator의 목적함수는

$$L(\theta) = E_{(s,a) \sim \pi_\theta}(\log D_w(s,a)) \quad (12.6)$$

이며 $L(\theta)$를 최소로 하는 θ를 추정하는 것이 목적이다. 식 (12.6)의 의미를 살펴보자. 고정된 모수 w를 가진 discriminator D_w에 π_θ로부터 생성된 가짜 자료 (s,a)를 입력했을 때, $D_w(s,a)$가 0에 가까운 값을 출력하면 discriminator D_w가 가짜 자료를

진짜 자료(전문가 state-action 쌍)로 인식했다는 의미이므로 π_θ에서 생성된 transition이 전문가 transition과 구분하지 못할 정도로 π_θ가 잘 학습되었다고 할 수 있다. 과대 적합을 방지하고 π_θ의 탐색 기능을 확보하기 위해 식 (12.6)에 entropy $H(\pi_\theta)$를 추가하여 $\pi_\theta(a|s)$의 목적함수를

$$L(\theta) = E_{(s,a) \sim \pi_\theta}[(\log D_w(s,a)) - \lambda H(\pi_\theta)]$$

으로 정의하고

$$\nabla_\theta E_{\pi_\theta}(\log D_w(s,a)) = \int \log D_w(s,a) \nabla_\theta \pi_\theta \, da\, ds = E_{\pi_\theta}[\nabla_\theta \log \pi_\theta \cdot \log D_w(s,a)]$$

이므로

$$\nabla_\theta L(\theta) = \frac{1}{k}\sum_{i=1}^{k}[\nabla_\theta \log \pi_\theta(a_i|s_i) \log D_w(s_i,a_i)] - \lambda \nabla_\theta H(\pi_\theta)$$

으로 $\nabla_\theta L(\theta)$를 추정한 후, $\theta = \theta - \alpha \nabla_\theta L(\theta)$로 update한다. 여기에서 (s_i, a_i)는 π_θ에서 생성된 transition이다.

12.5 사전학습과 GAIL의 적용

Stable Baselines는 전문가의 state-action 쌍이 주어졌을 때 이를 그대로 모방하는 사전학습 기능을 제공하고 있다. 다음 프로그램은 CartPole 환경에서 state가 주어졌을 때 전문가 action을 dummy_expert( ) 함수로 정의하고 있다. 현재의 state(_obs)가 주어졌을 때 env.action_space.sample( )을 전문가의 action이라고 가정한 것이다. 물론 주어진 state에 임의로 action을 선택하므로 전문가의 action이라고 할 수는 없지만, 정교한 전문가의 action을 정의하려면 별도의 코딩이 필요하고 사실 전문가의

action에 대한 데이터가 없기 때문에 논의의 간편함을 위해 env.action_space.sample( )을 전문가가 선택한 action으로 가정한 것이다.

```
import gym
from stable_baselines.gail import generate_expert_traj

env=gym.make('CartPole-v1')
def dummy_expert(_obs):
    return env.action_space.sample()

generate_expert_traj(dummy_expert, 'dummy_expert_cartpole',env,n_episodes=1)
```

```
actions (16, 1)
obs (16, 4)
rewards (16,)
episode_returns (1,)
episode_starts (16,)
{'actions': array([[0],[0],[1],[0],[0],[0],[0],[0],[1],[1],[1],[1],[1],[1],[0],[0]]),
 'obs': array([[ 9.44580900e-03, 3.73821554e-02, -3.54165597e-02,
-3.15300118e-03],
       [ 1.01934521e-02, -1.57214443e-01, -3.54796198e-02, 2.78148557e-01],
       [ 7.04916325e-03, -3.51812752e-01, -2.99166486e-02, 5.59433499e-01],
       [ 1.29082081e-05, -1.56283943e-01, -1.87279786e-02, 2.57477342e-01],
       [-3.11277064e-03, -3.51133581e-01, -1.35784318e-02, 5.44194842e-01],
       [-1.01354423e-02, -5.46062115e-01, -2.69453496e-03, 8.32568752e-01],
       [-2.10566846e-02, -7.41147142e-01, 1.39568401e-02, 1.12440304e+00],
       [-3.58796274e-02, -9.36449230e-01, 3.64449008e-02, 1.42143082e+00],
       [-5.46086120e-02, -1.13200257e+00, 6.48735172e-02, 1.72527847e+00],
       [-7.72486634e-02, -9.37679890e-01, 9.93790866e-02, 1.45346704e+00],
       [-9.60022613e-02, -7.43908896e-01, 1.28448427e-01, 1.19341404e+00],
       [-1.10880439e-01, -5.50662914e-01, 1.52316708e-01, 9.43593135e-01],
       [-1.21893697e-01, -3.57884713e-01, 1.71188571e-01, 7.02381906e-01],
       [-1.29051392e-01, -1.65496703e-01, 1.85236209e-01, 4.68102077e-01],
       [-1.32361326e-01, 2.65916363e-02, 1.94598251e-01, 2.39047256e-01],
       [-1.31829493e-01, -1.70700629e-01, 1.99379196e-01,
5.86251427e-01]]),
 'rewards': array([1., 1., 1., 1., 1., 1., 1., 1., 1., 1., 1., 1., 1., 1., 1., 1.]),
 'episode_returns': array([16.]),
 'episode_starts': array([ True, False, False, False, False, False, False, False, False,
       False, False, False, False, False, False, False])}
```

위 프로그램에서 generate_expert_traj는 dummy_expert( ) 함수로부터 1개 episode의 전문가 trajectory를 생성하여 "dummy_export_cartpole.npz"로 저장하도록 한다. 출력을 통해 generate_expert_traj의 자료구조를 살펴보면, dictionary 자료 형태로 key는 'actions', 'obs', 'reward', 'episode_returns', 그리고 'episode_starts'이며 각각의 shape은 (16,1), (16,4), (16,), (1,), (16,)임을 알 수 있다. 1개의 episode가 16 시간스텝 동안 유지되었으므로 16개의 action과, 16개의 (4,) 1D 연속형 state, 매 state-action 쌍에 대한 reward(쓰러지지 않으면 1, 쓰러지면 0), 그리고 이 reward의 합인 return, 그리고 episode의 출발여부를 알려주는 episode_starts가 있다. 만약 n_episodes =2로 지정하면 제 0축의 크기는 2개 episode의 총 시간스텝의 합이 된다. 예를 들어, 첫 번째 episode의 시간스텝이 12개, 두 번째 episode의 시간스텝이 20이면 actions의 shape은 (32,1), obs는 (32,4), episode_returns는 (2,), episode_starts는 (32,)로 된다. 각 episode의 시간스텝은 episode_starts에서 알 수 있다. True에서 다음 True 직전까지의 길이가 첫 번째 episode의 시간스텝이고, 두 번째 True에서 마지막 False까지가 두 번째 episode의 시간스텝이다.

다음 프로그램은 앞 프로그램의 dummy_expert( ) 함수를 이용하여 만들어 놓은 전문가 데이터셋(dummy_export_cartpole.npz)에 PPO2 policy를 사전학습시키는 프로그램을 보여 주고 있다. 먼저 ExpertDataset 클래스를 이용하여 generate_expert_traj에서 만들어 놓은 전문가 데이터셋을 expert_path='dummy_export_cartpole.npz'으로 지정해 주고 있다. traj_limitation은 사전학습에 사용할 전문가의 trajectory 수(즉, episode 수)를, batch_size는 사전학습에 사용할 transition 수를 의미한다. 이 transition들은 traj_limitation에 지정된 전문가 trajectory에서 임의로 추출된다. 그러므로 traj_limitation이 최소한 2개 이상이어야 하지만 간편한 결과를 위해 여기에서는 1로 지정하였다.

```
from stable_baselines import PPO2
from stable_baselines.gail import ExpertDataset
```

```
dataset=ExpertDataset(expert_path='dummy_expert_cartpole.npz',traj_limitation=1,batch_size
=128)
model=PPO2('MlpPolicy','CartPole-v1')
model.pretrain(dataset,n_epochs=1000)

env=model.get_env()
obs=env.reset()

reward_sum=0.0
for _ in range(1000):
    action,_=model.predict(obs)
    obs,reward,done,_=env.step(action)
    reward_sum+=reward
    env.render()
    if done:
        print(reward_sum)
        reward_sum=0.0
        obs=env.reset()
env.close
```

```
actions (12, 1)
obs (12, 4)
rewards (12,)
episode_returns (1,)
episode_starts (12,)
Total trajectories: 1
Total transitions: 12
Average returns: 12.0
Std for returns: 0.0
```

위 프로그램 결과는 사전학습에서 사용한 데이터 구조를 보여주고 있다. traj_limitatuins=1이므로 returns의 표준편차는 0이다.

다음 프로그램은 PPO2 policy를 사전학습한 후, PPO2 policy를 정밀화하는 학습과정을 보여주고 있다. 단순하게 앞 프로그램에 model.learn(10000)을 추가하면 된다. 시각화를 통해 사전학습만 한 경우와 정밀화 학습까지 한 경우를 비교해 보길 바란다.

```
from stable_baselines import PPO2
from stable_baselines.gail import ExpertDataset

dataset=ExpertDataset(expert_path='dummy_expert_cartpole.npz',traj_limitation=1,batch_size
=128)
model=PPO2('MlpPolicy','CartPole-v1')
model.pretrain(dataset,n_epochs=1000)

model.learn(10000)

env=model.get_env()
obs=env.reset()

reward_sum=0.0
for _ in range(1000):
    action,_=model.predict(obs)
    obs,reward,done,_=env.step(action)
    reward_sum+=reward
    env.render()
    if done:
        print(reward_sum)
        reward_sum=0.0
        obs=env.reset()
env.close
```

사전학습은 전문가의 시연을 복제(behavior cloning)하여 강화학습 알고리즘의 수렴 속도를 높이고 성능을 개선하는 본래의 목적도 있지만, 두 개의 강화학습을 연계해서 성능을 개선할 수도 있다. 아래 프로그램은 CartPole-v1 환경에 DQN 알고리즘을 적용하여 10,000번의 시간스텝을 학습시킨 후, 10개의 episode를 expert_cartpole.npz로 저장하고 있다.

```
from stable_baselines import DQN
from stable_baselines.gail import generate_expert_traj

model=DQN('MlpPolicy','CartPole-v1')
generate_expert_traj(model,'expert_cartpole',n_timesteps=10000,n_episodes=10)
```

다음은 DQN에서 만들어진 expert_cartpole.npz에 PPO2를 사전학습한 후, PPO2를 정밀화하는 과정을 보여주고 있다.

```
from stable_baselines import PPO2
from stable_baselines.gail import ExpertDataset

dataset=ExpertDataset(expert_path='expert_cartpole.npz',traj_limitation=1,batch_size=128)
model=PPO2('MlpPolicy','CartPole-v1')
model.pretrain(dataset,n_epochs=1000)

model.learn(10000)

env=model.get_env()
obs=env.reset()

reward_sum=0.0
for _ in range(1000):
    action,_=model.predict(obs)
    obs,reward,done,_=env.step(action)
    reward_sum+=reward
    env.render()
    if done:
        print(reward_sum)
        reward_sum=0.0
        obs=env.reset()
env.close
```

```
actions (796, 1)
obs (796, 4)
rewards (796,)
episode_returns (10,)
episode_starts (796,)
Total trajectories: 1
Total transitions: 167
Average returns: 79.6
Std for returns: 10.170545708072895
```

다음은 모방학습을 위해 GAIL을 적용하기 위한 프로그램이다. 이미 언급했듯이 GAIL은 사전학습과 같이 전문가의 시연을 복제만 하는 것이 아니라, generator가 딥러닝 모형이므로 전문가 transition에 제공되지 않은 state가 입력되더라도 전문가의 state에 가장 근접하는 state들의 선형결합 및 비선형 변환을 통해 action을 출력할 수 있다. 다음 프로그램과 같이 PPO2 알고리즘의 50,000 시간스텝으로 학습된 10개의 episode를 전문가의 시연이라고 가정하자. 출력으로 10개의 episode에 대한 expert_pendulum.npz 자료구조와 구체적인 자료를 보여주고 있다.

```
import gym

from stable_baselines import GAIL,PPO2,PPO1,TD3
from stable_baselines.gail import ExpertDataset, generate_expert_traj

model=PPO2('MlpPolicy', "Pendulum-v0")
generate_expert_traj(model,'expert_pendulum',n_timesteps=50000,n_episodes=10)
```

```
actions (2000, 1)
obs (2000, 3)
rewards (2000, 1)
episode_returns (10,)
episode_starts (2000,)

{'actions': array([[-0.29945314],
        [-0.5238507 ],
        [ 0.8095166 ],
        ...,
        [ 0.99198556],
        [ 0.7255893 ],
        [ 0.9600062 ]], dtype=float32),
 'obs': array([[ 0.3983094 , -0.9172511 ,  0.8151932 ],
        [ 0.4020822 , -0.9156036 ,  0.08233689],
        [ 0.37058863, -0.9287971 , -0.6829434 ],
        ...,
        [-0.3717431 , -0.92833567, -0.00386473],
        [-0.39718905, -0.9177368 , -0.55131865],
        [-0.4484148 , -0.8938256 , -1.1307828 ]], dtype=float32),
 'rewards': array([[-1.414751 ],
        [-1.3396163],
        [-1.4661435],
        ...,
        [-3.8100493],
```

```
           [-3.9483452],
           [-4.2732186]], dtype=float32),
 'episode_returns': array([-1178.47351074, -1177.18115234, -1457.75427246,
           -1169.65283203,
           -1036.78857422, -1557.91027832, -1370.95654297, -1699.07250977,
           -1586.11157227, -1330.14990234]),
 'episode_starts': array([True, array([False]), array([False]), ..., array([False]),
           array([False]), array([False])], dtype=object)}
```

다음 프로그램은 expert_pendulum.npz 데이터에 GAIL을 적용하여 generator(즉, policy)를 학습시키는 프로그램이다. generator_loss는 $-E_{\pi_\theta}(\log D_w(s,a))$를, expert_loss는 $-E_{\pi_E}(\log(1-D_w(s,a))$를, entropy는 $H(\pi_\theta)$를, entropy_loss는 $entropy \times (-entcoeff)$를 정의한다. entcoeff=0.001(default)로 GAIL 옵션이며 이 값을 증가시키면 policy π_θ의 탐색 기능(exploration)을 강화하게 된다. generator_loss와 expert_loss는 작은 것이 반드시 좋은 것은 아니다. 너무 작으면 discriminator가 generator 자료와 전문가 자료를 너무 잘 구분하므로 결과적으로 generator의 성능이 나쁘다는 의미가 되기 때문이다. 좀 더 중요한 지수는 generator_acc와 expert_acc로 각각 generator의 정밀도와 전문가 자료의 정밀도를 나타낸다. discriminator가 generator 자료를 generator 자료로, 전문가 자료를 전문가 자료로 분류한 비율을 나타낸다. 두 개의 값이 0.5에 가까울수록 discriminator가 generator와 전문가 자료를 구분하지 못한다는 말이 되므로 generator가 잘 학습된 것으로 해석할 수 있다.

```
dataset=ExpertDataset(expert_path='expert_pendulum.npz',traj_limitation=10,verbose=1)
model_gail=GAIL('MlpPolicy','Pendulum-v0',dataset,verbose=1)

model_gail.learn(50000)
model_gail.save('./temp/gail_pendulum-v0')
```

```
generator_loss | expert_loss |  entropy | entropy_loss |  generator_acc | expert_acc
      0.88573 |     0.71767 | 0.65000 |    -0.00065 |        0.33398 | 0.52051
------------------------------------
| EpLenMean            | 200          |
| EpRewMean            | 161.30466    |
| EpThisIter           | 5            |
| EpTrueRewMean        | -1.41e+03    |
| EpisodesSoFar        | 250          |
| TimeElapsed          | 232          |
| TimestepsSoFar       | 50176        |
| entloss              | 0.0          |
| entropy              | 1.7098658    |
| explained_variance_t... | -0.000427 |
| meankl               | 0.0145599935 |
| optimgain            | 0.025720913  |
| surrgain             | 0.025720913  |
------------------------------------
```

위 프로그램 결과는 지면상 GAIL의 최종 결과만 보여주고 있지만 generator_acc와 expert_acc가 시간스텝에 따라 0.5를 중심으로 변동하는 것을 볼 수 있을 것이다.

다음 프로그램은 모방 학습한 GAIL 모형의 결과를 보여주는 프로그램이다. pendulum을 똑바로 세우지 못하는 것을 볼 수 있을 것이다. 전문가 데이터를 가장한 PPO2가 이 정도만큼 학습되었을 가능성이 높기 때문이다. 만약 사전학습된 PPO2가 pendulum을 세우고 있었다면 이는 GAIL에서 채택한 GAN 모형 때문일 가능성이 높다. GAIL에서 사용한 GAN 모형은 매우 불안정한 모형으로 최근에는 개선된 GAN 모형이 많이 발표되고 있어, GAIL의 성능은 많이 개선될 것으로 기대하고 있다.

```
import gym
from stable_baselines import GAIL

env=gym.make('Pendulum-v0')

model=GAIL.load('./temp/gail_pendulum-v0')
```

```
obs=env.reset()
for i in range(1000):
    action, _states=model.predict(obs, deterministic=True)
    obs,rewards,dones,_=env.step(action)
    env.render()
```

GAIL은 사전학습과 다른 측면이 있다 할지라도, 전문가 시연의 모방학습이라는 관점에서 사전학습으로 사용할 수 있다. 다음의 연속적인 3개의 프로그램은 PPO2로 학습된 10개의 episode를 전문가 episode로 가정(앞 프로그램과 동일)하여 expert_pendulum.npz를 만들고 두 번째 프로그램은 expert_pendulum.npz를 이용하여 GAIL 모형을 학습시키고 있다. GAIL의 학습은 50,000번의 시간스텝을 반복하였으며 학습결과로 만들어진 10개의 episode로 expert_pendulum_gail.npz 데이터를 만들고 있다. 또한 이 데이터에 TD3를 적용하여 사전학습시킨 후, 추가적으로 TD3를 정밀화하는 학습과정을 보여주고 있다. 세 번째 프로그램은 이러한 과정을 걸쳐 학습된 TD3를 실행하여 시각화하고 있다. pendulum이 똑바로 세워져 있는 것을 볼 수 있을 것이다.

```
import gym

from stable_baselines import GAIL,PPO2,PPO1,TD3
from stable_baselines.gail import ExpertDataset, generate_expert_traj

model=PPO2('MlpPolicy', "Pendulum-v0")
generate_expert_traj(model,'expert_pendulum',n_timesteps=50000,n_episodes=10)
```

```
dataset=ExpertDataset(expert_path='expert_pendulum.npz',traj_limitation=10,verbose=1)
model_1=GAIL('MlpPolicy','Pendulum-v0',dataset,verbose=1)
generate_expert_traj(model_1,'expert_pendulum_gail',n_timesteps=50000,n_episodes=10)

dataset_1=ExpertDataset(expert_path='expert_pendulum_gail.npz',traj_limitation=10)
model_3=TD3('MlpPolicy','Pendulum-v0',verbose=1)
```

```
model_3.pretrain(dataset_1,n_epochs=1000)
model_3.learn(50000)
model_3.save('./temp/gail_td3_pendulum-v0')
```

```
import gym
from stable_baselines import GAIL, SAC, PPO1,TD3

env=gym.make('Pendulum-v0')

model=TD3.load('./temp/gail_td3_pendulum-v0')


obs=env.reset()
for i in range(1000):
    action, _states=model.predict(obs, deterministic=True)
    obs,rewards,dones,_=env.step(action)
    env.render()
```

끝으로 당연하지만, 사전학습한 강화학습 policy의 network 아키텍처와 추가적으로 정밀화된 policy의 network 아키텍처는 동일해야 한다. 예를 들어, GAIL의 policy network은 MlpPolicy이므로 노드가 64개인 두 개의 MLP 은닉층이 있는 아키텍처이고, TD3에서도 MlpPolicy를 사용하였으므로 GAIL과 TD3는 동일한 아키텍처를 가지고 있다. 아키텍처가 다르면 사전학습된 policy는 의미가 없어지게 된다.

13장

확률분포 강화학습

강화학습에서 목적함수 역할은 주어진 state에서 최대 가치가 기대되는 action을 선택하는 데 있다. DQN에서 $Q(s,a)$를 계산하여 $\max_a Q(s,a)$로 policy를 만들게 되므로, state s를 입력하면 각 action a의 기대 가치(expected return)를 출력하는 딥러닝 모형 $Q_\theta(s,a)$을 추정하게 된다. 딥러닝 모형은 예를 들어 주어진 state에 대해 2개의 action이 있을 때, 2개의 실숫값을 출력하게 된다. 그러나 각 action에 대한 하나의 기댓값을 출력하는 $Q(s,a)$ 대신, $Q(s,a)$의 기댓값을 계산할 수 있는 return의 분포를 출력하게 되면 $Q(s,a)$에 대한 좀 더 유용한 정보를 구할 수 있을 것이다. 예를 들어, 출근길 A와 B가 있는데 A와 B는 모두 평균적으로 30분 걸린다고 가정한다면 $Q(s,a)$에 s는 집이고 a는 출근길 A와 B인 경우이다. $Q(s,A)=Q(s,B)$이므로 action A와 B는 동일한 state-action 가치를 가지고 있다고 해석할 수 있다. 그러나 출근길 A는 10번 중 6번은 10분 걸리고 4번은 60분이 걸리는 길이고, 출근길 B는 0.5의 확률로 20분 또는 40분 걸리는 길이라면, 출근길 B가 좀 더 선호되는 길이 될 것이다.

return의 분포를 출력하는 방법은 두 가지가 있다. 하나는 return의 최댓값과 최솟값을 등 간격으로 m개로 나눈 후, state와 m개의 등 간격 값을 network에 입력하고 각 값에 대응하는 확률을 출력하는 것이고, 다른 하나는 0~1 사이의 확률을 m개의 등 간격으로 나눈 후, state와 등 간격 확률을 network에 입력하고 각 확률에 대응하는 return을 출력하는 방법이다. 이해를 돕기 위해 action이 2개이고 $m=3$인 경우를 가정하고 그림으로 표현하면 다음과 같다.

<그림 13.1>을 하나씩 살펴보도록 하자. 첫 번째 Q 학습은 state s를 network에 입력하면 2개의 실숫값 $Q(s,a_1)$과 $Q(s,a_2)$를 출력한다. 이러한 Q 학습과 대비하여 확률분포 강화학습 I과 II를 살펴보도록 하자. 확률분포 강화학습 I에서는 state s와 return(reward가 아님)을 network에 입력하고 있다. R을 return이라는 확률변수라고 할 때 확률분포 강화학습 I에서는 출력으로 $P(R=r_i)=p_i$를 출력하고 있다. r_i가 등 간격, 즉

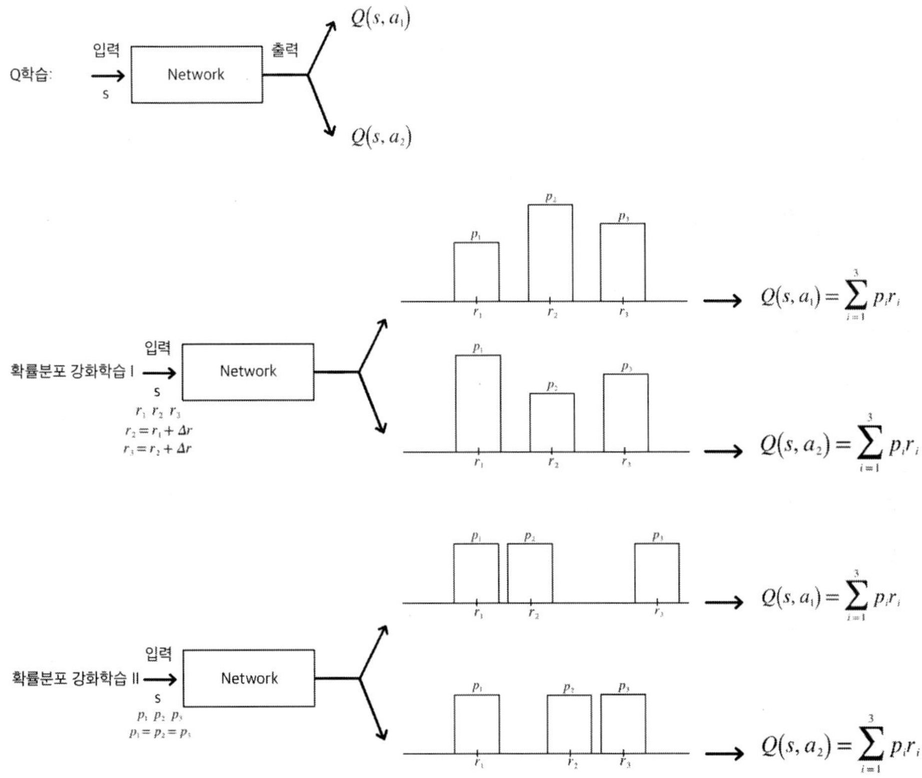

그림 13.1 Q 학습과 확률분포 강화학습

$$r_i = r_{i-1} + \Delta r,\ \Delta r = \frac{r_{\max} - r_{\min}}{m-1}$$

이므로 두 번째 그림의 오른쪽에서 볼 수 있듯이 r_1, r_2, r_3은 등 간격이지만 대응되는 p_i는 action a_1과 a_2가 다르게 나타난 것을 볼 수 있다. $P(R = r_i) = p_i$가 출력되므로 $Q(s,a) = \sum_{i=1}^{3} p_i r_i$로 쉽게 구할 수 있다.

간단한 예를 들어보면 다음과 같다. state s에서 return의 최댓값은 4이고 최솟값은 1이라고 가정하고 $m = 4$라고 가정하자. 그러면 $\Delta r = \frac{4-1}{3} = 1$이고 $r_1 = 1$, $r_2 = 2, r_3 = 3, r_4 = 4$가 된다. network에 s와 $r_1 \sim r_4$를 입력하면 $P(R = r_i | a)$를 출력하게 된다. 예를 들어,

$$P(R=r_1|a_1)=0.1,\ P(R=r_2|a_1)=0.2,\ P(R=r_3|a_1) \\ =0.4,\ P(R=r_4|a_1)=0.3$$

그리고

$$P(R=r_1|a_2)=0.3,\ P(R=r_2|a_2)=0.3,\ P(R=r_3|a_2)=0.1, \\ P(R=r_4|a_2)=0.4$$

을 출력한다.

확률분포 강화학습 II를 살펴보도록 하자. $\tau_i = P(R \le r_i)$라고 정의할 때 τ_i를 입력하고 r_i를 출력하는 network이 강화학습 II이다. 그러므로 강화학습 I과 강화학습 II는 역함수 관계라고 할 수 있다. 강화학습 I에서는 r_i를 입력하고 $P(R=r_i)$를 출력하는 반면, 강화학습 II는 $\tau_i = P(R \le r_i)$를 입력하고 이 τ_i에 대응하는 r_i를 출력하기 때문이다. $P(R \le r_i)$를 R의 cdf(cumulative distribution function)라고 하며, $P(R \le r_i) = \tau_i$를 만족하는 r_i를 cdf의 역함수 값, τ_i를 quantile이라고 한다. 그러므로 확률분포 강화학습 II에서는 등 간격의 quantile을 입력하고 이에 대응하는 r_i를 출력하게 된다. quantile은 확률이므로 최솟값은 0, 최댓값은 1이며 m개의 등간격 quantile은

$$\tau_i = \frac{i}{m},\ i=1,2,\cdots,m$$

으로 정의된다. 예를 들어, $m=5$이면 $\tau_1=0.2$, $\tau_2=0.4$, $\tau_3=0.6$, $\tau_4=0.8$, $\tau_5=1$가 된다. 그러나 $\tau_0=0$과 $\tau_5=1$은 return의 최솟값과 최댓값에 대응되는 quantile이므로 정보로서의 가치가 없다. 그러므로 실질적으로는

$$\hat{\tau}_i = \frac{\tau_{i-1}+\tau_i}{2},\ i=1,2,\cdots,m$$

을 사용한다. <그림 13.1>에서 $m=3$이므로 $\hat{\tau}_1=\frac{1}{6}, \hat{\tau}_2=\frac{3}{6}, \hat{\tau}_3=\frac{5}{6}$가 된다. $p_1=\hat{\tau}_1,\ p_2=\hat{\tau}_2-\hat{\tau}_1,\ p_3=\hat{\tau}_3-\hat{\tau}_2$이므로 $p_1=p_2=p_3=\frac{1}{3}$가 된다. 즉, 확률분

포 강화학습 II에서는 state s와 $\hat{\tau}_1, \hat{\tau}_2, \hat{\tau}_3$ 이 입력되고 각 quantile에 대응되는 r_1, r_2, r_3을 출력하게 된다. 세 번째 그림에서 볼 수 있듯이 action에 관계없이 $p_i = \frac{1}{3}$로 같지만, action에 따라 r_1, r_2, r_3가 등 간격이 아닌 것을 볼 수 있다. <그림 13.1>에서 확률분포 강화학습 I은 다음 절에서 논의할 범주형 DQN(categorical DQN)이며, 확률분포 강화학습 II는 13.2절에서 설명할 QR-DQN(Quantile Regression DQN)이다.

13.1 범주형 DQN(Categorical DQN)

범주형 DQN은 6장 Deep Q learning과 다를 바 없다. 그러므로 복습을 겸해서 DQN의 손실함수를 고려해 보자. DQN의 손실함수는 Bellman의 최적 방정식

$$Q_\theta(s,a) = E_{s' \sim p(s'|s,a)}[r(s,a,s') + \gamma \max_{a'} Q_{\theta'}(s',a')] \tag{13.1}$$

으로부터 목적변수 $y_i = r(s_i, a_i, s_i') + \gamma \max_{a'} Q_{\theta'}(s_i', a')$으로 정의하여

$$L(\theta) = \frac{1}{k}\sum_{i=1}^{k}(y_i - Q_\theta(s_i, a_i))^2$$

를 최소로 하는 θ를 구하였다. 동일선상에서 $R_\theta(s,a)$를 주어진 state-action 쌍 (s,a)에서의 범주형 return 확률변수라고 하자. 즉, $R_\theta(s,a)$는 등 간격의 return $r_1, r_2, \cdots, r_m$ 값을 가지며 $P(R_\theta(s,a) = r_i) = p_i$, $i = 1, 2, \cdots, m$의 분포함수를 가진 확률변수 $R_\theta(s,a)$를 말한다. 그러므로 network $R_\theta(s,a)$을 확률변수로 표현하면 입력되는 $r_1, r_2, \cdots, r_m$ 값을 의미하고 출력의 관점에서는 $R_\theta(s,a)$는 $r_1, r_2, \cdots, r_m$ 각각에 대응하는 확률 p_i가 된다. 이와 같은 $R_\theta(s,a)$의 이중적 의미를 갖도록 한 것은 범주형 DQN을 이론적으로 설명하는 데 불필요한 수식의 복잡성을 피하기 위

함이다. $R_\theta(s,a)$을 확률변수라는 관점에서

$$E(R_\theta(s,a)) = \sum_{i=1}^{m} r_i P(R_\theta(s,a) = r_i) = \sum_{i=1}^{m} r_i p_i = Q_\theta(s,a)$$

의 관계를 가지게 된다. 범주형 DQN 논문(Bellemare 외, 2017)에 따르면 $m=51$일 때 가장 성능이 우수한 $R_\theta(s,a)$을 보여 범주형 DQN을 C51 모형이라고도 한다. Q 함수의 Bellman 방정식 (13.1)을 확률변수 $R_\theta(s,a)$에 그대로 적용하면

$$R_\theta(s,a) = E_{s' \sim p(s'|s,a)}[r(s,a,s') + \gamma \max_{a'} R_{\theta'}(s',a')] \tag{13.2}$$

가 된다. $\max_{a'} R_{\theta'}(s,a')$에서 a'는 $\text{arg}max_{a'} E(R_{\theta'}(s',a')) = \text{arg}max_{a'} Q_{\theta'}(s',a')$이다.

식 (13.2)를 확률분포 Bellman 방정식(distributional Bellman equation)이라고 한다. 식 (13.2)로부터 확률변수 $R_\theta(s,a)$의 목적 확률변수는

$$Y_{\theta'}(s,a) = r(s,a,s') + \gamma \max_{a'} R_{\theta'}(s',a')$$

으로 정의할 수 있다. $R_\theta(s,a)$가 $P(R_\theta(s,a) = r_i)$를 출력하듯이 $Y_{\theta'}(s,a)$도 $Y_{\theta'}(s,a) = r_i$일 확률 $P(Y_{\theta'}(s,a) = r_i)$를 출력해서, 두 확률이 최대한 가깝도록 network $R_\theta(s,a)$를 학습시켜야 한다. 그러나 $R_\theta(s,a)$와 $R_{\theta'}(s',a')$은 동일하게 $r_1, r_2, \cdots, r_m$값을 가지게 되므로(물론, 각각의 값을 가질 확률은 다를 수 있다) $Y_{\theta'}(s,a) = r(s,a,s') + \gamma \max_{a'} R_{\theta'}(s',a')$는 $r_1, r_2, \cdots, r_m$값을 가질 가능성이 거의 없다. 예를 들어 $r_1 = 1, r_2 = 2, r_3 = 3$이고 $R_{\theta'}(s',a')$의 출력이 $P(R_{\theta'}(s',a') = r_1) = 0.3$, $P(R_{\theta'}(s',a') = r_2) = 0.5$, 그리고 $P(R_{\theta'}(s',a') = r_3) = 0.2$가 나왔다고 하자. 그런데 $r(s,a,s') = 0.3$으로 관측되고 $\gamma = 0.9$이면, 확률 0.3으로 $Y_{\theta'}(s,a) = 0.3 + 0.9(1) = 1.2$, 확률 0.5로 $Y_{\theta'}(s,a) = 0.3 + 0.9(2) = 2.1$, 그리고 확률 0.2로 $Y_{\theta'}(s,a) = 0.3 + 0.9(3) = 3$이 된다. 그러므로

$$P(Y_{\theta'}(s,a) = 1.2), P(Y_{\theta'}(s,a) = 2.1), P(Y_{\theta'}(s,a) = 3)$$

을

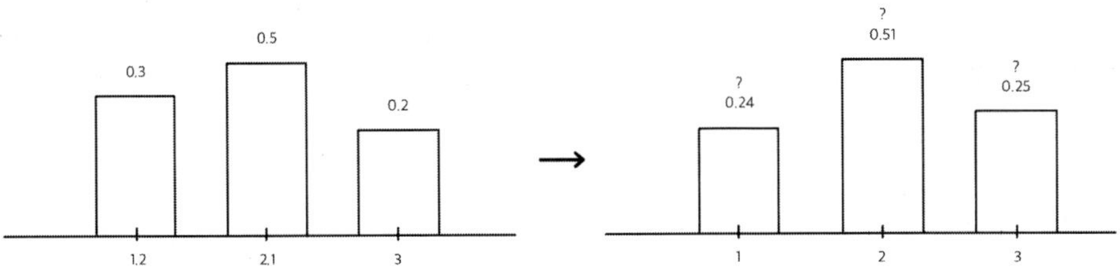

그림 13.2 동일한 확률분포 support를 만들기 위한 확률 배분

$$P(Y_{\theta'}(s,a)=1), P(Y_{\theta'}(s,a)=2), P(Y_{\theta'}(s,a)=3)$$

으로 이동시키는 사전작업이 필요하다. 이 사전작업을 투사(projection)스텝이라고 한다. 즉, <그림 13.2>와 같은 투사스텝이 필요하다.

<그림 13.2>의 투사스텝을 위해 r_1보다 작은 $Y_{\theta'}(s,a)$는 모두 r_1으로 수정하고 (2개 이상이면 확률을 합한다), r_m보다 큰 $Y_{\theta'}(s,a)$은 모두 r_m으로 수정한 후, 가장 가까운 support의 거리에 반비례하여 확률을 배분하면 된다. $Y_{\theta'}(s,a)=1.2$는 $r_1=1$과 $r_2=2$ 사이에 있으므로 1과 2의 1.2으로부터의 거리는 각각 0.2와 0.8이다. 거리에 반비례하여 확률을 배분하므로 $r_1=1$에 확률 $0.3\times 0.8=0.24$를, $r_2=2$에 확률 $0.3\times 0.2=0.06$을 할당한다. 동일한 방법으로, $Y_{\theta'}(s,a)=2.1$은 r_2와 r_3 사이에 있으므로 $r_2=2$에 확률 $0.5\times 0.9=0.45$를, $r_3=3$에 확률 $0.5\times 0.1=0.05$를, 그리고 $Y_{\theta'}(s,a)=3$은 $r_3=3$과 같으므로 r_3에 확률 0.2를 할당한다. 이 결과로 $Y_{\theta'}(s,a)=1$에 확률 0.24, $Y_{\theta'}(s,a)=2$에 확률 0.51, 그리고 $Y_{\theta'}(s,a)=3$에 확률 0.25를 갖게 된다.

이와 같은 투사스텝을 거친 $Y_{\theta'}(s,a)$와 $R_\theta(s,a)$은 동일한 support $r_1, \cdots, r_m$을 가지게 된다. support $r_1, r_2, \cdots, r_m$에 대한 $Y_{\theta'}(s,a)$의 출력확률을 각각 $f_1, f_2, \cdots, f_m$으로 표현하고, $R_\theta(s,a)$의 출력확률을 각각 $p_1, p_2, \cdots, p_m$이라고 표현하자. 그러면 $R_\theta(s,a)$의 모수 θ를 추정하기 위한 손실함수는

$$L(\theta)=-\sum_{k=1}^{m} f_k \log p_k \tag{13.3}$$

로 정의된다. 식 (13.3)을 categorical cross-entropy라고 말하며 음의 다항분포 우도함수(the likelihood function of a multinomial distribution)와 동일하다. 여기에서 p_i는 모수 θ의 함수이므로 gradient decent에 의해 $\theta = \theta - \alpha \nabla_\theta L(\theta)$로 θ를 update한다. $R_{\theta'}(s', a')$의 θ'은 DQN에서 마찬가지로 $R_\theta(s, a)$의 θ를 복사한 것으로 일정 시간스텝마다 update된다.

범주형 DQN 알고리즘을 정리하면 다음과 같다.

1. θ를 초기화하고 $\theta' = \theta$로 놓는다.
2. replay buffer D를 초기화하고 m, r_1, r_m값을 설정한다.
3. $t = 0$부터 $T - 1$까지:

   3.1 $R_\theta(s_t, a)$로부터 $p_1, p_2, \cdots, p_m$을 출력받고 $Q(s_t, a) = \sum_{k=1}^{m} r_k p_k$를 계산한다.

   3.2 epsilon-greedy policy로 a_t를 선택한다. 즉, ϵ의 확률로 임의의 a_t를 선택하고 $1 - \epsilon$의 확률로 $a_t = \mathrm{arg}max_a Q(s_t, a)$으로 선택한다.

   3.3 (s_t, a_t, r_t, s_{t+1})을 D에 저장하고 D가 일정수준이 아니면: continue

   3.4 D로부터 임의로 transition (s, a, r, s')을 추출한다.

   3.5 $R_{\theta'}(s', a)$로부터 확률 $p_1', p_2', \cdots, p_m'$을 출력받아 $Q(s', a) = \sum_{k=1}^{m} r_k p_k'$을 계산한다.

   3.6 $a' = \mathrm{arg}max_a Q(s', a)$으로 action을 선택하여 reward r을 관측한 후, $Y_{\theta'}(s, a) = r + R_{\theta'}(s', a')$을 계산한다.

   3.7 $Y_{\theta'}(s, a)$의 support를 $r_1, r_2, \cdots, r_m$으로 이동시키고 $p_1', p_2', \cdots, p_m'$을 이용하여 확률배분을 위한 투사(projection)스텝으로 $r_1, r_2, \cdots, r_m$값을 가질 확률 $f_1, f_2, \cdots, f_m$을 계산한다.

   3.8 $R_\theta(s, a)$로부터 $p_1, p_2, \cdots, p_m$을 출력받고 categorical cross-entropy

$$L(\theta) = -\sum_{k=1}^{m} f_k \log p_k$$

를 정의한 후,

3.9 $\theta = \theta - \alpha \nabla_{\theta} L(\theta)$로 θ를 update한다.

3.10 $t \bmod d = 0$이면:

$\theta' = \theta$로 복제하여 θ'을 update한다.

4. 단계 3을 반복한다.

13.2 QR-DQN(Quantile Regression DQN)

QR-DQN은 <그림 13.1>에서 논의했듯이 확률분포 강화학습 II에 해당하므로, $\tau_i = \dfrac{i}{m}$을 이용하여

$$\hat{\tau}_i = \frac{\tau_{i-1} + \tau_i}{2},\ i = 1, 2, \cdots, m$$

으로 계산된 quantile $\hat{\tau}_i$과 state s를 network $R_{\theta}(s,a)$에 입력하면 support r_1, r_2, $\cdots, r_m$을 출력하는 $R_{\theta}(s,a)$을 추정하는 데 목적이 있다. 그러므로 범주형 DQN과 비교해서, 초모수인 support의 최솟값과 최댓값을 지정할 필요가 없을 뿐만 아니라 목적 확률변수 $Y_{\theta'}(s,a)$의 투사(projection)스텝도 불필요하다.

목적변수 $y = r(s,a,s') + \max_{a'} R_{\theta'}(s',a')$이고 $R_{\theta'}(s',a')$이 $r_1, r_2, \cdots, r_m$을 출력하므로 y는 $r(s,a,s') + r_1, r(s,a,s') + r_2, \cdots, r(s,a,s') + r_m$값을 갖게 된다. network $R_{\theta}(s,a)$에 의해 출력되는 m개의 출력값 각각이, 대응되는 m개의 y 값과 가능한 한 일치하도록 하는 것이 $R_{\theta}(s,a)$의 학습 목표이다. 목적변수 y와 $R_{\theta}(s,a)$의 거리를 측정하기 위해 m개의 y 값을 $y_1(s,a)$, $y_2(s,a)$, $\cdots, y_m(s,a)$로 표기하고, $R_{\theta}(s,a)$의

출력을 $r_1(s,a), r_2(s,a), \cdots, r_m(s,a)$라고 표현하자. 이를 이용하여 소위 QR (quantile regression) 손실을 정의하면

$$E_Y[\sum_{i=1}^{m} \rho_{\hat{\tau}_i}(y(s,a) - r_i(s,a))] \tag{13.4}$$

으로 정의된다. 여기에서

$$\rho_{\hat{\tau}}(\chi) = \begin{cases} \chi(\hat{\tau} - 1) & \text{만약 } \chi < 0 \\ \chi\hat{\tau} & \text{만약 } \chi \geq 0 \end{cases}$$

이다.

$m = 4$인 경우를 예로 들어보자. 그러면 $\hat{\tau}_1 = 0.125$, $\hat{\tau}_2 = 0.375$, $\hat{\tau}_3 = 0.625$, $\hat{\tau}_4 = 0.875$가 된다. 식 (13.4)의 Y에 대한 기대치는

$$\frac{1}{m} \sum_{j=1}^{m} \sum_{i=1}^{m} \rho_{\hat{\tau}_i}(y_j(s,a) - r_i(s,a))$$

으로 추정할 수 있다.

$[y_j(s,a), j = 1,2,3,4] = [1,3,6,8]$이고 $[r_i(s,a), i = 1,2,3,4] = [2,5,7,9]$이라고 가정하자. 즉, [1,3,6,8]과 [2,5,7,9]는 quantile $\hat{\tau}_1$, $\hat{\tau}_2$, $\hat{\tau}_3$, $\hat{\tau}_4$에 대응되는 목적변수 y 값과 $R_\theta(s,a)$의 출력값이다. 이제 QR 손실을 구해보자.

1. $j = 1$일 때,

$$\begin{aligned}\sum_{i=1}^{4} \rho_{\hat{\tau}_i}(y_1(s,a) - r_i(s,a)) &= \rho_{\hat{\tau}_1}(1-2) + \rho_{\hat{\tau}_2}(1-5) + \rho_{\hat{\tau}_3}(1-7) + \rho_{\hat{\tau}_4}(1-9) \\ &= -1(0.125-1) + (-4)(0.375-1) + (-6)(0.625-1) + (-8)(0.875-1) \\ &= 6.625,\end{aligned}$$

2. $j = 2$일 때,

$$\sum_{i=1}^{4}\rho_{\hat{\tau}_i}(y_2(s,a)-r_i(s,a))=\rho_{\hat{\tau}_1}(3-2)+\rho_{\hat{\tau}_2}(3-5)+\rho_{\hat{\tau}_3}(3-7)+\rho_{\hat{\tau}_4}(3-9)$$
$$=1\cdot 0.125+(-2)(0.375-1)+(-4)(0.625-1)+(-6)(0.875-1)$$
$$=3.625,$$

3. $j=3$일 때,

$$\sum_{i=1}^{4}\rho_{\hat{\tau}_i}(y_3(s,a)-r_i(s,a))=\rho_{\hat{\tau}_1}(6-2)+\rho_{\hat{\tau}_2}(6-5)+\rho_{\hat{\tau}_3}(6-7)+\rho_{\hat{\tau}_4}(6-9)$$
$$=4\cdot 0.125+1\cdot 0.375+(-1)(0.625-1)+(-3)(0.875-1)$$
$$=1.625,$$

4. $j=4$일 때,

$$\sum_{i=1}^{4}\rho_{\hat{\tau}_i}(y_4(s,a)-r_i(s,a))=\rho_{\hat{\tau}_1}(8-2)+\rho_{\hat{\tau}_2}(8-5)+\rho_{\hat{\tau}_3}(8-7)+\rho_{\hat{\tau}_4}(8-9)$$
$$=6\cdot 0.125+3\cdot 0.375+1\cdot 0.625+(-1)(0.875-1)$$
$$=2.625,$$

이므로 QR 손실은

$$\frac{1}{m}\sum_{j=1}^{m}\sum_{i=1}^{m}\rho_{\hat{\tau}_i}(y_j(s,a)-r_i(s,a))=\frac{1}{4}(6.625+3.625+1.625+2.625)$$
$$=3.625$$

으로 계산된다. QR 손실함수의 의미를 살펴보기 위해 위 예제에서 $[r_i(s,a),i=1,2,3,4]=[2,5,7,9]$를 $[2,5,7,3]$으로 바꿔보자. $\hat{\tau}=P(R_\theta(s,a)\le r)$이므로 $\hat{\tau}$이 증가하면 r도 증가해야 한다. 그런데 $\hat{\tau}_4=0.875$에 대응하는 $r_4=3$이 $\hat{\tau}_2$, $\hat{\tau}_3$에 대응하는 r_2, r_3보다 작은 예제이다. 이론적으로는 이런 현상이 발생하지 말아야 하지만 $R_\theta(s,a)$가 딥러닝 모형이므로 이런 경우가 발생하게 된다. 앞의 예제와 동일한 방법으로 QR 손실을 계산하면

1. $j=1$일 때

$$-1(0.125-1)+(-4)(0.375-1)+(-6)(0.625-1)+(-2)(0.875-1)=5.975$$

2. $j=2$일 때

$$1\cdot 0.125+(-2)(0.375-1)+(-4)(0.625-1)+0\cdot 0.875=2.575$$

3. $j=3$일 때

$$4\cdot 0.125+1\cdot 0.375+(-1)(0.625-1)+3\cdot 0.875=3.875$$

4. $j=4$일 때

$$6\cdot 0.125+3\cdot 0.375+1\cdot 0.625+5\cdot 0.875=6.875$$

가 되어 QR 손실은 $\frac{1}{4}(5.975+2.575+3.875+6.875)=4.825$가 된다. 그러므로 앞 예제와 비교하여 손실이 3.625에서 4.825로 증가한 것을 볼 수 있다. quantile의 단조 증가 함수 성질에 어긋나는 support는 $j=3$과 4에서 볼 수 있듯이 양의 값이 큰 가중치 $\hat{\tau}_4$가 곱해지기 때문이다. 그러므로 $\rho_{\hat{\tau}}$ 함수는 단조 증가를 어긴 support에 좀 더 가중된 손실을 주는 역할을 하게 된다. 그러나 QR 손실은 QR-DQN 알고리즘에 사용되지 않는다. 주된 이유는 $\rho_{\hat{\tau}}$ 함수가 0에 대해 미분 불능이기 때문이다. 대신 다음과 같이 정의된 Huber 함수를 이용하여 손실을 계산한다.

$$H_k(\chi)=\begin{cases}\frac{1}{2}\chi^2 & \text{만약 } |\chi|\le k\\ k(|\chi|-\frac{1}{2}k) & \text{만약 } |\chi|>k\end{cases}$$

$\rho_{\hat{\tau}}(\chi)$과 $H_k(\chi)$ 함수를 비교하기 위해 그림을 그리면 <그림 13.3>과 같다.

<그림 13.3>에서 볼 수 있듯이 Huber 손실함수는 $-k\le\chi\le k$이면 2차 함수이고 다른 χ값에 대해서는 1차 함수로 모든 점에서 미분가능하다. Huber 함수를 이용한 Quantile Huber 함수는

$$\rho^H_{\hat{\tau}}(\chi)=\begin{cases}H_k(\chi)(1-\hat{\tau}) & \text{만약 } \chi<0\\ H_k(\chi)\hat{\tau} & \text{만약 } \chi\ge 0\end{cases}$$

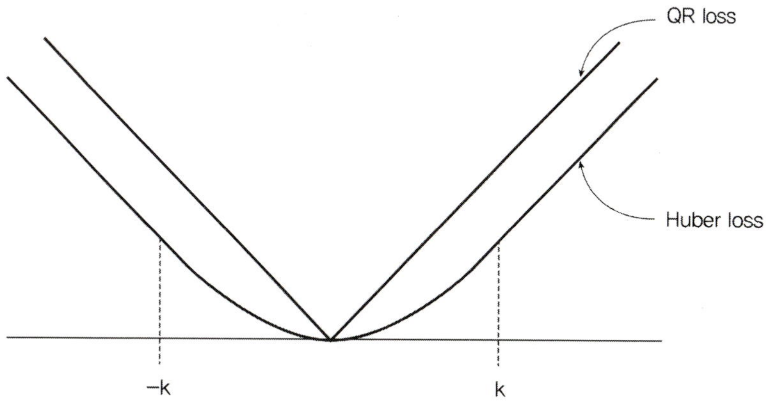

그림 13.3 QR 손실함수와 Huber 함수의 비교

으로 정의되고 $R_\theta(s,a)$의 추정을 위한 손실함수는

$$L(\theta)=\frac{1}{m}\sum_{j=1}^{m}\sum_{i=1}^{m}\rho_{\hat{\tau}_i}^{H}(y_j(s,a)-r_i(s,a))$$

으로 정의된다. 그러므로 $R_\theta(s,a)$의 모수 θ는 $\theta=\theta-\alpha\nabla_\theta L(\theta)$로 update된다.

13.3 D4PG(Distributed Distributional Deep Deterministic Policy Gradient)

D4PG는 알고리즘 이름이 스스로 대변하듯이 11장에서 배운 DDPG와 확률분포 강화학습을 접목한 강화학습이다. D4PG 아키텍처는 DDPG의 아키텍처와 크게 다를 바가 없기 때문에 DDPG 알고리즘을 간략하게 정리해 보자. DDPG는 actor-critic 구조이며 결정적 actor network $\mu_\phi(s)$, 즉 주어진 state에 대해 결정적 policy로 action을 선택한다. replay buffer로부터 임의의 k개의 transition을 추출하여

$$J(\phi)=\frac{1}{k}\sum_{i=1}^{k}Q_\theta(s_i,\mu_\phi(s_i))$$

를 최대로 하는 $\mu_\phi(s)$를 추정하며(고정된 θ에서), 또한 critic network인 Q 함수 $Q_\theta(s,a)$는

$$L(\theta) = \frac{1}{k}\sum_{i=1}^{k}(y_i - Q_\theta(s_i, a_i))^2$$

를 최소로 하는 $Q_\theta(s_i,a_i)$를 추정한다. 단, $y_i = r_i + \gamma Q_{\theta'}(s_i{}', \mu_{\phi'}(s_i{}'))$이며 $\theta' = \tau\theta + (1-\tau)\theta'$이고 $\phi' = \tau\phi + (1-\tau)\phi'$이다(자세한 내용은 11장 참조).

이러한 DDPG의 actor-critic 알고리즘을 바탕으로 D4PG를 논의해 보자. actor network $\mu_\phi(s)$의 목적함수는 DDPG와 동일하지만 Q 함수를 계산하는 방법이 다르다. 즉,

$$J(\phi) = \frac{1}{k}\sum_{i=1}^{k} Q_\theta(s_i, \mu_\phi(s_i))$$

에서 $Q_\theta(s_i,a_i) = \sum_{j=1}^{m} r_j p_j$으로 정의되며 범주형 DQN을 사용하면 p_j는 $R_\theta(s_i,a_i)$의 출력이므로 p_j가 θ의 함수이고, QR-DQN이면 r_j는 $R_\theta(s_i,a_i)$의 출력이므로 r_j가 θ의 함수이다. 딥러닝 모형 $R_\theta(s,a)$는 맨 마지막 은닉층에 action a가 하나의 노드로 반영되어 있다. 그러므로 $J(\phi)$의 ϕ에 대한 미분은

$$\nabla_\phi J(\phi) = \frac{1}{k}\sum_{i=1}^{k}[\nabla_a Q_\theta(s_i,a)\nabla_\phi \mu_\phi(s_i)]$$

으로 계산되고 ϕ는 $\phi = \phi + \alpha\nabla_\phi J(\phi)$으로 update된다.

D4PG의 policy $\mu_\phi(s)$는 결정적이기 때문에 $\mu_\phi(s)$에 L개의 독립적인 오차항을 더해 주어 state s에 대해 L개의 독립적인 action을 선택한다. 이 결과로 동일한 state에 대해 L개의 독립적인 transition들이 만들어진다. 이 transition들은 replay buffer에 저장된다. DDPG와 비교하여 D4PG의 또 다른 두 가지는, prioritized replay buffer를 사용한다는 것과 n-스텝 return을 이용하여 목적 확률변수를 정의한다는 것이다. 즉, 목적 확률변수를 범주형 DQN과 QR-DQN에서는 1-스텝

return인 $Y_{\theta'}(s,a)=r(s,a,s')+\gamma \max_{a'} R_{\theta'}(s',a')$으로 하였으나 D4PG에서는 목적확률변수를 n-스텝 return으로 다음과 같이 정의한다.

$$Y_{\theta'}(s,a)=\sum_{k=0}^{n-1}\gamma^k r(s_{t+k},a_{t+k},s_{t+1+k})+\gamma^n R_{\theta'}(s_{t+n},\mu_{\phi'}(s_{t+n}))$$

으로 목적확률 변수를 정의하고

$$L(\theta)=\frac{1}{k}\sum_{i=1}^{k}d(Y_{\theta'}(s_i,a_i),\ R_\theta(s_i,a_i)) \tag{13.5}$$

으로 $R_\theta(s,a)$의 손실함수를 정의할 수 있다. 여기에서 k는 replay buffer로부터 임의로 추출한 k개의 transition들이고 d는 범주형 DQN일 경우에는 categorical cross-entropy이고 QR-DQN일 경우에는 quantile Huber 손실함수이다. 그러나 앞에서 언급했듯이 prioritized replay buffer를 사용하므로 식 (13.5)를 수정하여 아래와 같이 $R_\theta(s,a)$의 손실함수를 정의한다.

$$L(\theta)=\frac{1}{k}\sum_{i=1}^{k}(M\cdot\eta_i)^{-1}d(Y_{\theta'}(s_i,a_i),\ R_\theta(s_i,a_i))$$

여기에서 M은 buffer 크기이고 η_i는 표본 추출된 i번째 transition에 부여된 prior이다.

D4PG 알고리즘을 정리하면 다음과 같다.

1. network $\mu_\phi(s)$와 $R_\theta(s,a)$의 모수 ϕ와 θ를 초기화한다.
2. $\phi'=\phi$, $\theta'=\theta$로 놓는다.
3. 다음 단계 4를 반복한다.
4. $t=0$부터 $T-1$까지:

   4.1 $actor=1,2,\cdots,L$:

   (1) $\mu_\phi(s_t)+N(0,1)$으로부터 action a_t를 선택한다.

   (2) (s_t,a_t,r_t,s_{t+1}), $\cdots$, $(s_{t+n-1},a_{t+n-1},r_{t+n-1},s_{t+n})$을 replay buffer에

저장한다.

4.2 replay buffer의 크기가 M개를 넘지못하면: continue

4.3 replay buffer로부터 임의로 k개의 transition들을 추출한 후

4.4 n-스텝 $Y_{\theta'}(s_i, a_i)$를 계산하고

$L(\theta) = \frac{1}{k}\sum_{i=1}^{k}(M \cdot \eta_i)^{-1} d(Y_{\theta'}(s_i, a_i), R_\theta(s_i, a_i))$를 정의한다.

4.5 $\nabla_\theta L(\theta)$를 계산한 후, $\theta = \theta - \alpha \nabla_\theta L(\theta)$로 θ를 update한다.

4.6 $J(\phi) = \frac{1}{k}\sum_{i=1}^{k} Q_\theta(s_i, \mu_\phi(s_i))$으로부터

$\nabla_\phi J(\phi) = \frac{1}{k}\sum_{i=1}^{k}[\nabla_a Q_\theta(s_i, a)\nabla_\phi \mu_\phi(s_i)]$를 계산한 후

$\phi = \phi + \alpha \nabla_\phi J(\phi)$으로 ϕ를 update한다.

4.7 $t \bmod d = 0$이면: $\phi' = \phi$, $\theta' = \theta$로 ϕ'와 θ'을 update한다.

이번 장에서 논의한 범주형 DQN, QR-DQN, D4PG는 Stable Baselines에 설치되어 있지 않다. 관심있는 독자는 https://github.com/marload/DistRL-Tensor Flow2에서 범주형 DQN과 QR-DQN 코드를 참고하고 https://github.com/msinto93/D4PG에서 D4PG 코드를 참고하길 바란다.

부록

강화학습 알고리즘

1 몬테카를로 정책 반복법

단계 1 모든 state s와 action a에 대해 $T(s,a)=0$, $N(s,a)=0$으로 놓는다.

단계 2 1. 임의의 policy π에서 하나의 episode를 생성한다.

2. episode에서 생성된 $(s_0,a_0,r_0),(s_1,a_1,r_1),\cdots,(s_{T-1},a_{T-1},r_{T-1})$를 저장한다.

3. 시점 $t=0$부터 $T-1$까지:

만약 (s_t,a_t)가 최초의 방문이면:

3.1 $G(s_t,a_t)=\sum_{k=t}^{T-1}\gamma^{k-t}r_k$를 계산한다.

3.2 $T(s_t,a_t)=T(s_t,a_t)+G(s_t,a_t)$를 계산한다.

3.3 $N(s_t,a_t)=N(s_t,a_t)+1$으로 $N(s_t,a_t)$를 증가시킨다.

3.4 $Q(s_t,a_t)=\dfrac{T(s_t,a_t)}{N(s_t,a_t)}$를 구한다.

4. 3.에서 구한 모든 (s,a)의 $Q(s,a)$를 이용하여 $a^*=\mathrm{arg}max_a Q(s,a)$으로 action a^*를 구한다.

5. $1-\epsilon$의 확률로 state s에서 action a^*를 선택하고 ϵ의 확률로 임의의 action a를 선택하는 policy로 π를 update한다. update된 π로부터 $(s_0,a_0,r_0),(s_1,a_1,r_1),\cdots,(s_{T-1},a_{T-1},r_{T-1})$을 생성한다.

6. 3~5를 M번 반복한다.

2 off-policy 몬테카를로 알고리즘

단계 1 모든 (s,a)에 대해 $Q(s,a)$의 초기치를 임의로 부여하고 $c(s,a)=0$으로 놓는다. $b(a|s)$는 epsilon-greedy policy로, $\pi(a|s)$는 greedy policy로 정의한다.

단계 2 다음을 M번 반복한다.

1. 행동 policy로부터 $[(s_0,a_0,r_0),(s_1,a_1,r_1),\cdots,(s_{T-1},a_{T-1},r_{T-1})]$을 생성한다.
2. $G_t=0, \omega=1$로 놓는다.
3. $t=T-1, T-2, \cdots, 0$ 역순으로:

   3.1 $G_t=G_t+r_t$를 계산한다.

   3.2 $c(s_t,a_t)=c(s_t,a_t)+w$으로 $c(s_t,a_t)$를 update한다.

   3.3 $Q(s_t,a_t)=Q(s_t,a_t)+\dfrac{\omega}{c(s_t,a_t)}(G_t-Q(s_t,a_t))$으로 $Q(s_t,a_t)$를 update한다.

   3.4 $a^*=\mathrm{arg}max_a Q(s_t,a)$으로 $\pi(a^*|s_t)=1$이 되도록 update한다.

   3.5 $a_t \neq a^*$이면 go to 단계 2의 1번으로

   3.6 $a_t=a^*$이면 $\omega=\omega\dfrac{1}{b(a_t|s_t)}$로 update한다.

단계 3 목표정책 π를 반환한다.

3 SARSA 알고리즘

1. 모든 (s,a)에 대해 $Q(s,a)$의 초기치를 임의로 부여한다.
2. 각 episode에 대해

   2.1 env.reset( )으로 초기 state s_0를 생성한다.

   2.2 $Q(s_0,a_0)$를 이용하여 epsilon-greedy policy로 action a_0를 선택한다.

   2.3 t=0부터 T-1까지:

      1. env.step(a_t)로 r_t와 s_{t+1}을 관측한다.
      2. $Q(s_{t+1},a_{t+1})$을 이용하여 epsilon-greedy policy로 a_{t+1}을 선택한다.
      3. $Q(s_t,a_t) = Q(s_t,a_t) + \alpha(r_t + \gamma Q(s_{t+1}, a_{t+1}) - Q(s_t,a_t))$로 $Q(s_t,a_t)$를 update한다. 여기에서 a_{t+1}은 절차 2.3.2에서 선택된 action이다.

4 Q-학습 알고리즘

1. 모든 (s,a)에 대해 $Q(s,a)$의 초기치를 임의로 부여한다.
2. 각 episode에 대해

   2.1 env.reset( )으로 초기 state s_0를 생성한다.

   2.2 t=0부터 T-1까지:

      1. $Q(s_t,a_t)$를 이용하여 epsilon-greedy policy로 action a_t를 선택한다.
      2. env.step(a_t)로 r_t와 s_{t+1}을 관측한다.
      3. $Q(s_t,a_t) = Q(s_t,a_t) + \alpha(r_t + \gamma \max_{a'} Q(s_{t+1}, a') - Q(s_t,a_t))$로 $Q(s_t,a_t)$를 update한다. 여기에서 $a_{t+1} = a'$이 된다.

5 DQN 알고리즘

1. main network $Q_\theta(s,a)$의 모수 θ에 초기치를 부여한다.
2. target network $Q_{\theta'}(s,a)$의 모수 θ'를 θ와 같게 놓는다(copy).
3. Experience replay buffer를 초기화한다.
4. 아래 단계 5를 N번 반복한다(즉, N번의 episode 반복).
5. $t=0$부터 $T-1$까지:

   5.1 s_t를 관측한 후 a_t를 epsilon-greedy policy로 선택한다.

   5.2 r_t와 s_{t+1}을 관측하여 (s_t, a_t, r_t, s_{t+1})을 replay buffer에 저장한다.

   5.3 미리 정해진 buffer 크기에 도달하지 않으면: continue

   5.4 replay buffer로부터 k개의 batch를 임의표집(random sample)한다.

   5.5 $L(\theta)=\frac{1}{k}\sum_{i=1}^{k}(r_i+\gamma \max_{a'} Q_{\theta'}(s_i', a')-Q_\theta(s_i, a_i))^2$를 정의한다.

   5.6 $\theta=\theta-\alpha\nabla_\theta L(\theta)$로 θ를 update한다.

   5.7 t mod $d=0$이면 θ를 copy하여 θ'으로 놓는다.

6 REINFORCE 알고리즘

1. $\pi_\theta(a_t|s_t)$의 모수 θ를 초기화한다.
2. $\pi_\theta(a_t|s_t)$로부터 N개의 episode를 생성한다.
3. 각 episode로부터 return $R(\tau)$를 계산한다.
4. 다음 미분값을 계산한다.

$$\nabla_\theta J(\theta) = \frac{1}{N}\sum_{i=1}^{N}[\sum_{t=0}^{T-1} \nabla_\theta \log \pi_\theta(a_t|s_t) R(\tau)]$$

5. $\theta = \theta + \nabla_\theta J(\theta)$로 θ를 update한다.
6. 2 ~ 5를 반복한다.

7 policy gradient with baseline 알고리즘

1. policy network $\pi_\theta(a|s)$의 모수 θ와 value network $V_\phi(s)$의 모수 ϕ를 초기화한다.
2. $\pi_\theta(a|s)$로부터 N개의 episode를 생성하고 $R(t)$를 계산한다.
3. $\nabla_\theta J(\theta) = \frac{1}{N}\sum_{i=1}^{N}[\sum_{t=0}^{T-1} \nabla_\theta \log \pi_\theta(a_t|s_t)(R(t) - V_\phi(s_t))]$를 계산한다.
4. $\theta = \theta + \alpha \nabla_\theta J(\theta)$로 θ를 update한다.
5. $V_\phi(s)$를 추정하기 위해 다음의 MSE(mean squared error)를 정의한다.

   $$L(\phi) = \frac{1}{N}\sum_{i=1}^{N}\sum_{t=0}^{T-1}(R(t) - V_\phi(s_t))^2$$

6. $\phi = \phi - \alpha \nabla_\phi L(\phi)$으로 ϕ를 update한다.
7. 2~6을 반복한다.

8 A2C 알고리즘

1. actor network 모수 θ와 critic network 모수 ϕ에 초기치를 부여한다.

2. 아래 단계 3을 N번 반복한다.
3. $t=0$부터 $T-1$까지:
   3.1 $\pi_\theta(a_t|s_t)$으로부터 a_t를 선택한다.
   3.2 r_t와 s_{t+1}을 관측한다.
   3.3 actor network 목적함수의 미분값을 계산한다.
   $\nabla_\theta J(\theta)=\nabla_\theta \log\pi_\theta(a_t|s_t)[r(s_t,a_t,s_{t+1})+\gamma V_\phi(s_{t+1})-V_\phi(s_t)]$
   3.4 actor network 모수 θ를 $\theta=\theta+\alpha\nabla_\theta J(\theta)$으로 update한다.
   3.5 critic network의 손실함수를 계산한다.
   $L(\phi)=(r(s_t,a_t,s_{t+1})+\gamma V_\phi(s_{t+1})-V_\phi(s_t))^2$
   3.6 critic network 모수 ϕ를 $\phi=\phi-\alpha\nabla_\phi L(\phi)$으로 update한다.

9 TRPO 알고리즘

1. policy network $\pi_\theta(a|s)$의 모수 θ와 가치함수 $V_\phi(s)$의 모수 ϕ에 초기치를 부여한다.
2. policy $\pi_\theta(a|s)$으로부터 M개의 episode를 생성한다.
   2.1 각 episode 내의 시간스텝 $t=0,1,\cdots,T-1$까지
      2.1.1 reward-to-go $R(t)$를 계산한다.
      2.1.2 advantage $A(a_t,s_t)$를 계산한다.
3. policy gradient g를 계산한다.
   $$g=\frac{1}{M}\sum_{i=1}^{M}[\sum_{t=0}^{T-1}\nabla_\theta\log\pi_\theta(a_t|s_t)A(a_t|s_t)]$$
4. $s=H^{-1}g$를 계산한다.
5. $D(\theta)\le\delta$를 만족하는 j를 결정하고 policy network 모수 θ를 update한다.

$$\theta = \theta + \alpha^j \sqrt{\frac{2\delta}{g^T H^{-1} g}} \cdot s$$

6. 가치 network $V_\phi(s)$의 손실함수로부터 ϕ를 update한다.

$$L(\phi) = \frac{1}{M}\sum_{i=1}^{M}\sum_{t=0}^{T-1}(R(t) - V_\phi(s_t))^2, \quad \phi = \phi - \alpha \nabla_\phi L(\phi)$$

7. 2 ~ 6을 반복한다.

10 PPO-clipped 알고리즘

1. policy network 모수 θ와 가치 network 모수 ϕ를 초기화한다.
2. policy $\pi_\theta(a|s)$로부터 M개의 episode를 생성한다.
   2.1 각 episode 내의 시간스텝 $t = 0, 1, \cdots, T-1$까지
      2.1.1 reward-to-go $R(t)$를 계산한다.
      2.1.2 advantage $A(a_t, s_t)$를 계산한다.
3. policy network 목적함수

$$J(\theta) = \frac{1}{M}\sum_{i=1}^{M}\sum_{t=0}^{T-1}\min\left[\frac{\pi_\theta(a_t|s_t)}{\pi_{\theta_{old}}(a_t|s_t)}A^{\pi_{\theta_{old}}}(a_t, s_t), clip\left(\frac{\pi_\theta(a_t|s_t)}{\pi_{\theta_{old}}(a_t|s_t)}, 1-\epsilon, 1+\epsilon\right)A^{\pi_{\theta_{old}}}(a_t, s_t)\right]$$

   의 미분 $\nabla_\theta J(\theta)$를 계산한 후, $\theta = \theta + \alpha \nabla_\theta J(\theta)$으로 θ를 update한다.

4. 가치함수 $V_\phi(s_t)$의 손실함수 $L(\phi) = \frac{1}{M}\sum_{i=1}^{M}\sum_{t=0}^{T-1}(R(t) - V_\phi(s_t))^2$으로부터 $\phi = \phi$

   $- \alpha \nabla_\phi L(\phi)$으로 ϕ를 update한다.

5. 2 ~ 4를 반복한다.

11 PPO-penalty 알고리즘

1. policy network 모수 θ와 가치 network 모수 ϕ를 초기화한다.
2. penalty 계수 β_1과 초모수 δ 값을 부여한다.
3. policy $\pi_\theta(a|s)$으로부터 M개의 episode를 생성한다.
   3.1 각 episode 내의 시간스텝 $t=0,1,\cdots,T-1$까지
      3.1.1 reward-to-go $R(t)$를 계산한다.
      3.1.2 advantage $A(a_t,s_t)$를 계산한다.
4. policy network 목적함수

$$J(\theta)=\frac{1}{M}\sum_{i=1}^{M}\sum_{t=0}^{T-1}\left[\frac{\pi_\theta(a_t|s_t)}{\pi_{\theta_{old}}(a_t|s_t)}A^{\pi_{\theta_{old}}}(a_t,s_t)-\beta_i D_{KL}(\pi_{\theta_{old}}(\cdot|s_t)||\pi_\theta(\cdot|s_t))\right]$$

   으로부터 $\theta=\theta+\alpha\nabla_\theta J(\theta)$으로 θ를 update한다.
5. $D_{KL}\geq 1.5\delta$이면 $\beta_{i+1}=2\beta_i$로, $D_{KL}<1.5\delta$이면 $\beta_{i+1}=\beta_i/2$로 조절한다.
6. 가치함수 $V_\phi(s_t)$의 손실함수 $L(\phi)=\frac{1}{M}\sum_{i=1}^{M}\sum_{t=0}^{T-1}(R(t)-V_\phi(s_t))^2$으로부터

   $\phi=\phi-\alpha\nabla_\phi L(\phi)$으로 ϕ를 update한다.
7. 3 ~ 6를 반복한다.

12 DDPG 알고리즘

1. critic network 모수 θ와 actor network 모수 ϕ에 초기치를 부여한다.
2. $\theta'=\theta$ 그리고 $\phi'=\phi$로 놓는다.
3. replay buffer D를 초기화한다.

4. t=0부터 T-1까지:

   4.1 $\mu_\phi(s_t)+N$으로부터 a_t를 추출하고

   4.2 transition (s_t, a_t, r_t, s_{t+1})를 D를 저장한다.

   D가 일정 수준에 도달하지 않으면: continue

   4.3 D로부터 k개의 transition들을 임의로 추출한다.

   4.4 $y_i = r_i + \gamma Q_{\theta'}(s_i', \mu_{\phi'}(s_i'))$를 계산한다.

   4.5 $L(\theta) = \frac{1}{k}\sum_{i=1}^{k}(y_i - Q_\theta(s_i, a_i))^2$으로부터 $\theta = \theta - \alpha \nabla_\theta L(\theta)$으로 θ를 update 한다.

   4.6 $J(\phi) = \frac{1}{k}\sum_{i=1}^{k} Q_\theta(s_i, \mu_\phi(s_i))$으로부터 $\phi = \phi + \alpha \nabla_\phi J(\phi)$으로 ϕ를 update한다.

   4.7 $\theta' = \tau\theta + (1-\tau)\theta'$, $\phi' = \tau\phi + (1-\tau)\phi'$으로 θ'과 ϕ'을 update한다.

5. 단계 4를 반복한다.

13 TD3 알고리즘

1. critic network 모수 θ_1과 θ_2, 그리고 actor network 모수 ϕ에 초기치를 부여한다.
2. $\theta_1' = \theta_1$, $\theta_2' = \theta_2$, 그리고 $\phi' = \phi$으로 놓는다.
3. replay buffer D를 초기화한다.
4. t=0부터 T-1까지:

   4.1 $\mu_\phi(s_t)+N$ 으로부터 a_t를 추출한다.

   4.2 transition (s_t, a_t, r_t, s_{t+1})를 D를 저장한다.

   D가 일정 수준에 도달하지 않으면: continue

   4.3 D로부터 k개의 transition들을 임의로 추출한다.

4.4 목표변수 y를 계산하기 위해 $\mu_{\phi'}(s')+\epsilon$으로부터 action $\tilde{a}_i'$를 추출한다.

4.5 $y_i = r_i + \gamma \min_{j=1,2} Q_{\theta_j'}(s_i', \tilde{a}_i')$를 계산한다.

4.6 critic network의 손실함수 $L(\theta_j) = \frac{1}{k}\sum_{i=1}^{k}(y_i - Q_{\theta_j}(s_i, a_i))^2,\ j=1,2$를 정의한다.

4.7 $\theta_j = \theta_j - \alpha \nabla_{\theta_j} L(\theta_j)$으로 θ_j를 update한다.

4.8 만약 $t \bmod d = 0$이면:

(1) $J(\phi) = \frac{1}{k}\sum_{i=1}^{k} Q_{\theta_1}(s_i, \mu_\phi(s_i))$으로부터 $\phi = \phi + \alpha \nabla_\phi J(\phi)$으로 ϕ를 update한다.

(2) $\theta_j' = \tau\theta_j + (1-\tau)\theta_j',\ j=1,2$ 그리고 $\phi' = \tau\phi + (1-\tau)\phi'$으로 θ_j'과 ϕ'을 update한다.

5. 단계 4를 반복한다.

14 SAC 알고리즘

1. $V_\psi(s)$ network 모수 ψ, Q network 모수 θ_1과 θ_2, 그리고 actor network 모수 ϕ에 초기치를 부여한다.
2. $\psi' = \psi$으로 놓는다.
3. replay buffer D를 초기화한다.
4. t=0부터 T-1까지:

4.1 $\pi_\phi(s_t)$로부터 a_t를 추출하고

4.2 transition (s_t, a_t, r_t, s_{t+1})를 D를 저장한다.

D가 일정 수준에 도달하지 않으면: continue

4.3 D로부터 k개의 transition들을 임의로 추출한다.

4.4 $y_{v_i} = \min_{j=1,2} Q_{\theta_j}(s_i, a_i) - \alpha \log \pi_\phi(a_i | s_i)$를 계산한다.

4.5 $L_v(\psi) = \frac{1}{k}\sum_{i=1}^{k}(y_{v_i} - V_\psi(s_i))^2$으로부터 $\psi = \psi - \lambda \nabla_\psi L_v(\psi)$으로 ψ를 update한다.

4.6 $y_{q_i} = r_i + V_{\psi'}(s_i')$을 계산하고 $L_q(\theta_j) = \frac{1}{k}\sum_{i=1}^{k}(y_{q_i} - Q_{\theta_j}(s_i, a_i))^2$, $j = 1, 2$ 으로부터 $\theta_j = \theta_j - \lambda \nabla_{\theta_j} L_q(\theta_j)$으로 θ_j를 update한다.

4.7 $J_\pi(\phi) = \frac{1}{k}\sum_{i=0}^{k}[Q_{\theta_1}(s_i, \pi_\phi(a | s_i)) - \alpha \log \pi_\phi(a | s_i)]$으로부터 $\phi = \phi + \lambda \nabla_\phi J_\pi(\phi)$으로 ϕ를 update한다.

4.8 $\psi' = \tau\psi + (1-\tau)\psi'$으로 ψ'을 update한다.

5. 단계 4를 반복한다.

15 DAgger 알고리즘

1. dataset D에 전문가의 trajectory 하나를 초기화한다.
2. policy $\pi_\theta(a | s)$ 모수 θ에 초기값을 부여하고 이를 $\hat{\pi}_1$로 표기한다.
3. $i = 1$부터 N까지:

3.1 $\pi_i = \beta_i \pi_E + (1-\beta_i)\hat{\pi}_i$으로 정의한다. 단, $\beta_i = p^{i-1}$이며 p는 $0 < p < 1$인 초모수이다.

3.2 π_i로부터 경로 하나를 생성한다.

3.3 경로에 나타난 state에 대응하는 action을 전문가에 요청하고 새로운 dataset $D_i = \{(s_t, \pi_E(s_t)), t = 0, 1, \cdots, T-1\}$을 만든다.

3.4 $D = D \cup D_i$으로 dataset을 증가시킨다(aggregate).

3.5 $\hat{\pi}_i$를 D에 학습시킨 후, 이를 $\hat{\pi}_{i+1}$로 놓는다.

16 DQfD 알고리즘

1. $Q_\theta(s,a)$의 모수 θ에 초깃값을 부여하고 $\theta' = \theta$로 놓는다.
2. replay buffer D에 전문가의 transition들을 저장한다.
3. 사전학습단계

   $i = 1$부터 N까지:

   3.1 replay buffer D로부터 k개의 transtion들을 추출한다.

   3.2 $L(\theta)$를 계산하고 $\theta = \theta - \nabla_\theta L(\theta)$로 θ를 update한다.

   3.3 i mod $d = 0$이면 $\theta' = \theta$으로 θ'을 update한다.
4. 학습단계

   $i = 1$부터 N까지:

   4.1 epsilon-greedy policy로 action을 선택한다.

   4.2 $((s_t, a_t, r_t, s_{t+1}), (s_{t+1}, a_{t+1}, r_{t+1}, s_{t+2}), \cdots, (s_{t+n-1}, a_{t+n-1}, r_{t+n-1}, s_{t+n}))$ 을 관측하고 D에 저장한다.

   4.3 prioritized replay buffer D로부터 k개의 transition들을 추출한다.

   4.5 $L(\theta)$를 계산하고 $\theta = \theta - \nabla_\theta L(\theta)$로 θ를 update한다.

   4.6 i mod $d = 0$이면 $\theta' = \theta$으로 θ'을 update한다.

17 IRL 알고리즘

1. network $r_\phi(s,a)$의 모수 ϕ에 초기치를 부여한다.
2. 전문가의 transition들을 D에 저장한다.
3. $r_\phi(s,a)$를 이용하여 policy network π $(a|s)$를 구한다.
4. $\pi_\theta(a|s)$를 이용하여 식 (12.3)으로 (s)를 계산한다.
5. $p(s)$를 (12.2)에 대입하여 $\nabla_\phi \ell(\phi)$를 계산하고 $\phi = \phi + \alpha \nabla_\phi \ell(\phi)$로 ϕ를 update한다.
6. 3 ~ 5를 반복한다.

18 범주형 DQN 알고리즘

1. θ를 초기화하고 $\theta' = \theta$로 놓는다.
2. replay buffer D를 초기화하고 m, r_1, r_m값을 설정한다.
3. $t = 0$부터 $T-1$까지:
   - 3.1 $R_\theta(s_t, a)$로부터 $p_1, p_2, \cdots, p_m$을 출력받고 $Q(s_t, a) = \sum_{k=1}^{m} r_k p_k$를 계산한다.
   - 3.2 epsilon-greedy policy로 a_t를 선택한다. 즉, ϵ의 확률로 임의의 a_t를 선택하고 $1-\epsilon$의 확률로 $a_t = \text{arg}max_a Q(s_t, a)$으로 선택한다.
   - 3.3 (s_t, a_t, r_t, s_{t+1})을 D에 저장하고 D가 일정 수준이 아니면: continue
   - 3.4 D로부터 임의로 transition (s, a, r, s')을 추출한다.
   - 3.5 $R_{\theta'}(s', a)$로부터 확률 $p_1', p_2', \cdots, p_m'$을 출력받아 $Q(s_t', a) = \sum_{k=1}^{m} r_k p_k'$을

계산한다.

3.6 $a' = \mathrm{arg}max_a Q(s', a)$으로 action을 선택하여 reward r을 관측한 후, $Y_{\theta'}(s, a) = r + R_{\theta'}(s', a')$을 계산한다.

3.7 $Y_{\theta'}(s, a)$의 support를 $r_1, r_2, \cdots, r_m$으로 이동시키고 $p_1', p_2', \cdots, p_m'$을 이용하여 확률배분을 위한 투사(projection)스텝으로 $r_1, r_2, \cdots, r_m$값을 가질 확률 $f_1, f_2, \cdots, f_m$을 계산한다.

3.8 $R_\theta(s, a)$로부터 $p_1, p_2, \cdots, p_m$을 출력받고 categorical cross-entropy

$$L(\theta) = -\sum_{k=1}^{m} f_k \log p_k$$

를 정의한다.

3.9 $\theta = \theta - \alpha \nabla_\theta L(\theta)$로 θ를 update한다.

3.10 t mod $d = 0$이면:

$\theta' = \theta$로 복제하여 θ'을 update한다.

4. 단계 3을 반복한다.

19 D4PG 알고리즘

1. network $\mu_\phi(s)$와 $R_\theta(s, a)$의 모수 ϕ와 θ를 초기화한다.
2. $\phi' = \phi$, $\theta' = \theta$로 놓는다.
3. 다음 단계 4를 반복한다.
4. $t = 0$부터 $T-1$까지:

4.1 $actor = 1, 2, \cdots, L$:

(1) $\mu_\phi(s_t) + N(0, 1)$으로부터 action a_t를 선택한다.

(2) $(s_t, a_t, r_t, s_{t+1}), \cdots, (s_{t+n-1}, a_{t+n-1}, r_{t+n-1}, s_{t+n})$을 replay buffer에 저장한다.

4.2 replay buffer의 크기가 M개를 넘지 못하면: continue

4.3 replay buffer로부터 임의로 k개의 transition들을 추출한다.

4.4 n-스텝 $Y_{\theta'}(s_i, a_i)$를 계산하고

$$L(\theta) = \frac{1}{k}\sum_{i=1}^{k}(M \cdot \eta_i)^{-1} d(Y_{\theta'}(s_i, a_i), R_\theta(s_i, a_i))$$를 정의한다.

4.5 $\nabla_\theta L(\theta)$를 계산한 후, $\theta = \theta - \alpha \nabla_\theta L(\theta)$로 θ를 update한다.

4.6 $J(\phi) = \frac{1}{k}\sum_{i=1}^{k} Q_\theta(s_i, \mu_\phi(s_i))$으로부터

$\nabla_\phi J(\phi) = \frac{1}{k}\sum_{i=1}^{k}[\nabla_a Q_\theta(s_i, a) \nabla_\phi \mu_\phi(s_i)]$를 계산한 후 $\phi = \phi + \alpha \nabla_\phi J(\phi)$으로 ϕ를 update한다.

4.7 $t \bmod d = 0$이면: $\phi' = \phi$, $\theta' = \theta$로 ϕ'와 θ'을 update한다.

참고문헌

1. Andrychowicz, M., Wolski, F., Ray, A., Schneider, J., Fong R., Welinder, P., McGrew, B., Tobin, J., Abbeel, P., and Zaremba, W. (2018). Hindsight Experience Replay. *arXiv:1707.01495 (cs)*
2. Atienza, R. (2018). *Advanced Deep Learning with Keras.* Packt Publishing
3. Bellemare, M.G., Dabney, W., and Munos, R. (2017). A Distributional Perspective on Reinforcement Learning. *arXiv:1707.06887 (cs)*
4. Bigin, E. (2020). *Mastering Reinforcement Learning with Python.* Packt Publishing
5. Bonaccorso, G. (2020). *Mastering Machine Learning Algorithms. 2nd* eds. Packt Publishing
6. Fang, M., Zhou C., Shi, B., Gong, B., Xu, J., and Zhang, T. (2018). DHER: Hindsight experience replay for dynamic goals. *International Conference on Learning Representations.*
7. Finn, C., Levine, S., and Abbeel, P. (2016). Guided Cost Learning: Deep Inverse Optimal Control via Policy Optimization. *arXiv:1603.00448v3*
8. Fujimoto, S., Hoof, H.V., and Merger, D. (2018). Addressing Function Approximation Error in Actor-Critic Methods. *arXiv:180209477 (cs)*
9. Gabriel, B.M., Hoffman, M.W., Budden, D., Dabney W., Horgan, D., Dhruva T., Muldal. A., Heess, N., and Lillicrap, T. (2018). Distributed Distributional Deterministic Policy Gradients. *arXiv:1804.08617v1*
10. Géron, A (2019). H*ands-On Machine Learning with Scikit-Learn, Keras & TensorFlow. 2nd eds.* O'REILLY
11. Gulli, A., Kapoor A., and Pal S. (2019). *Deep Learning with TensorFlow 2 and Keras.* Packt Publishing
12. Haarnoja, T., Zhou, A., Abbeel, P., and Levine, S. (2018). Soft Actor-Critic: Off-Policy Maximum Entropy Deep Reinforcement Learning with a Stochastic Actor. *arXiv:1801.01290v2*
13. Hester, T., Vecerik, M., Pietquin, O., Lanctot, M., Schaul, T., Piot, B., Horgan, D., Quan, J., Sendonaris, A., Osband, I,. Dulac-Arnold,

G., Agapiou, J., Leibo, J, and Gruslys, A. (2018). Deep q-learning from demonstrations, *Proceedings of the AAAI Conference on Artificial Intelligence 32 (1).*

14. Ho, J. and Ermon, S. (2016). Generative Adversarial Imitation Learning. *arXiv:1606.03476v1*
15. Jain, A., Fandango, A., and Kapoor, A. (2018). *TensorFlow Machine Learning Projects.* Packt Publishing
16. King, A. (2019). https://towardsdatascience.com/creating-a-custom-openai-gym-environment-for-stock-trading-be532be3910e
17. Lapan, M. (2018). *Deep Reinforcement Learning Hands-On.* Packt Publishing
18. Lapan, M. (2020). *Deep Reinforcement Learning Hands-On. 2nd eds.* Packt Publishing
19. Lillicrap, T.P., Jonathan, J.H., Pritzel, A., Heess, N., Erez, T. Yassa, Y., Silver, D., and Wierstra. (2015). Continuous control with deep reinforcement learning. *arXiv:1509.02971 (cs)*
20. Lonza, A. (2019). *Reinforcement Learning Algorithms with Python.* Packt Publishing
21. Munos, R., Stepleton, T., Harutyunyan, A., and, Bellemare, M.G. (2016). Safe and Efficient Off-Policy Reinforcement Learning. *arXiv:1606.02647 (cs)*
22, Palanisamy, P. (2021). *TensorFlow 2 Reinforcement Learning Cookbook.* Packt Publishing
23. Palmas, A., Ghelfi, E., Petre, A.G., Kulkarni, M, Anand, N.S., Nguyen, Q., Sen, A., So, A., and Basak, S. (2020). *The Reinforcement Learning Workshop.* Packt Publishing
24. Pattanayak, S. (2019). *Intelligent Projects using Python.* Packt Publishing
25. Raschka, S., and Mirjalili, V. (2019). *Python Machine Learning. 3rd eds.* Packt Publishing
26. Ravichandiran, S. (2020). *Deep Reinforcement Learning with* Python. 2nd eds., Packt Publishing
27. Schulman, J., Levine, S., Moritz, P., Jordan, M., and Abbeel, P. (2017). Trust Region Policy Optimization. a*rXiv:1502.05477v5*

28. *stable baselines Documentation, Release 2.10.2*
29. Sutton, R.S. and Barto, A.G. (2018). *Reinforcement Learning. 2nd eds.* The MIT press
30. Wang, Z., Bapst, V., Heess, N., Mnih, V., Munos, R., Kavukvcuoglu, K., and Freitas, N. (2017). Sample Efficient Actor-Critic with Experience Replay. *arXiv:1611.01224v2*
31. Wu, Y., Mansimov, E., Liao, S., Grosse, R., and Ba, J. (2017). Scalable trust-region method for deep reinforcement learning using Kronecker-factored approximation. *arXiv:1708.15144v2*
32. 박유성(2020). 텐서플로 케라스를 이용한 딥러닝. 자유아카데미.
33. 이웅원, 양혁렬, 김건우, 이영무, 이의령(2017). 파이썬과 케라스로 배우는 강화학습. 위키북스.
34. https://towardsdatascience.com/how-to-implement-prioritized-experience-replay-for-a-deep-q-network-a710beecd77b
35. https://reinforcement-learning-kr.github.io/2018/10/22/QR-DQN/.
36. https://www.programmersought.com/article/23345070194/
37. https://github.com/rlcode/reinforcement-learning/blob/master/2-cartpole/5-a3c/cartpole_a3c.py
38. https://github.com/liziniu/RL-PPO-Keras
39. https://towardsdatascience.com/creating-a-custom-openai-gym-environment-for-stock-trading-be532be3910e
40. https://towardsdatascience.com/deep-deterministic-and-twin-delayed-deep-deterministic-policy-gradient-with-tensorflow-2-x-43517b0e0185
41. https://stable-baselines.readthedocs.io/en/master/guide/custom_env.html
42. https://stable-baselines.readthedocs.io/en/master/
43. https://stackoverflow.com/questions/63080326/could-not-find-module-atari-py-ale-interface-ale-c-dll-or-one-of-its-dependenc/64104353#64104353
44. https://paperswithcode.com/method/prioritized-experience-replay#
45. https://towardsdatascience.com/dueling-deep-q-networks-81ffab672751
46. https://openreview.net/forum?id=Byf5-30qFX
47. https://paperswithcode.com/method/trpo
48. https://spinningup.openai.com/en/latest/algorithms/ppo.html
49. https://jonathan-hui.medium.com/rl-proximal-policy-optimization-ppo-explained-77f014ec3f12

50. https://jonathan-hui.medium.com/rl-basics-algorithms-and-terms-ae98314851d7#f5f
51. https://thegradient.pub/learning-from-humans-what-is-inverse-reinforcement-learning/
52. https://jonathan-hui.medium.com/rl-inverse-reinforcement-learning-56c739acfb5a

찾아보기

기타

A

B

C

V

W

Stable Baselines를 이용한 강화학습

저　자　박유성
발 행 인　김지영
발 행 처　자유아카데미
주　소　경기도 파주시 회동길 37-42
파주출판도시
전　화　031-955-1321
팩　스　031-955-1322
홈페이지　www.freeaca.com
전자우편　main@freeaca.com (대표)
editor@freeaca.com (편집)
crm@freeaca.com (영업)
등　록　제406-2003-017호, 1980. 7. 12
제1판1쇄　2021년 8월 5일 발행

ISBN 979-11-5808-313-7 93000

본 연구는 고려대학교 연구비에 의해 수행되었음(K2112211).